ENCYCLOPÉDIE DES PROFESSIONS INDUSTRIELLES ET AGRICOLES
Série H. N° 33.

GUIDE PRATIQUE.

POUR LA CULTURE DES

PLANTES FOURRAGÈRES

PAR

A. GOBIN

ANCIEN ÉLÈVE DE L'ÉCOLE IMPÉRIALE DE GRAND-JOUAN,
EX-DIRECTEUR DE LA COLONIE AGRICOLE PÉNITENTIAIRE
DU VAL D'YÈVRE (CHER), ETC.

« Est à souhaiter le plus du domaine être
employé en herbages, trop n'en peuvent avoir
pour le bien de la ménagerie ; d'autant que
sur une ferme, foudement de toute agriculture
s'appuie là-dessus. »

(OLIVIER DE SERRES. — 1600.)

DEUXIÈME PARTIE

PRAIRIES ARTIFICIELLES — PLANTES-RACINES

PARIS

LIBRAIRIE SCIENTIFIQUE, INDUSTRIELLE ET AGRICOLE
Eugène LACROIX, Éditeur
LIBRAIRE DE LA SOCIÉTÉ DES INGÉNIEURS CIVILS
15, QUAI MALAQUAIS, 15

GUIDE PRATIQUE

POUR LA CULTURE DES

PLANTES FOURRAGÈRES

Paris. — Imprimerie de P.-A. Bourdier et Cie, rue des Poitevins, 6.

BIBLIOTHÈQUE DES PROFESSIONS INDUSTRIELLES ET AGRICOLES
Série H. Nº 33.

GUIDE PRATIQUE

POUR LA CULTURE DES

PLANTES FOURRAGÈRES

PAR

A. GOBIN

ANCIEN ÉLÈVE DE L'ÉCOLE IMPÉRIALE DE GRAND-JOUAN,
EX-DIRECTEUR DE LA COLONIE AGRICOLE PÉNITENTIAIRE
DU VAL D'YÈVRE (CHER), ETC.

« Est à souhaiter le plus du domaine être
employé en herbages, trop n'en peuvent avoir
pour le bien de la ménagerie ; d'autant que
sur une ferme, fondement de toute agriculture
s'appuie là-dessus. »

(OLIVIER DE SERRES. — 1600.)

DEUXIÈME PARTIE

PRAIRIES ARTIFICIELLES — PLANTES-RACINES

PARIS

LIBRAIRIE SCIENTIFIQUE, INDUSTRIELLE ET AGRICOLE
Eugène LACROIX, Éditeur
LIBRAIRE DE LA SOCIÉTÉ DES INGÉNIEURS CIVILS
15, QUAI MALAQUAIS, 15

GUIDE PRATIQUE

SUR LA CULTURE DES

PLANTES FOURRAGÈRES

INTRODUCTION

Dans la première partie de ce travail, nous avons traité
des prairies naturelles et des pâturages. Mais si les unes
et les autres sont connus de temps immémorial, il n'en est
pas de même des prairies artificielles et des racines, dont
l'origine est en quelque sorte toute moderne, et qui ont
un instant failli détrôner les fourrages qu'on a nommés
naturels. Mais l'expérience, la science et le raisonnement
n'ont pas tardé à démontrer que les fourrages, quelle que
soit leur origine, spontanés ou semés, sont la base de toute
agriculture rationnelle, et on s'est appliqué à étendre la
superficie qui leur est consacrée.

Les prairies naturelles se sont accrues de 2,378,000 hectares de 1840 à 1860, en vingt ans; les prairies artificielles de 986,943 hectares; dans le même laps de temps.
De telle sorte que la superficie consacrée au bétail, en
France, se trouve aujourd'hui ainsi composée :

Prairies naturelles.	6,567,222 hect.	
Jachères.	5,705,017 »	18,852,222 hect.
Pâturages, pâtis, landes, etc.	6,579,983 »	
Prairies artificielles	2,563,490 »	4,209,803 »
Cultures des plantes racines.	1,646,313 »	
. Soit ensemble.	23,062,025 »	

La superficie totale de la France étant égale à 53,028,176 hectares, ce serait une proportion de 43 hectares de fourrages pour 100 hectares de superficie; la culture arable embrassant 40,032,602 hectares, ce serait une proportion de 57 hectares de fourrages pour 100 hectares de culture arable.

Quelques agronomes font honneur de *l'invention* des prairies artificielles à Camillo Torello, au seizième siècle. Suivant un auteur italien, le premier essai de cette culture aurait eu lieu sur le territoire de Brescia, et le sénat de cette ville en aurait accordé le privilége à Torello, par un décret en date du 29 septembre 1566. D'autres rapportent cette invention à l'Anglais Hartlib, qui ne florissait qu'au siècle suivant (vers 1660). Il est possible que la même idée soit venue à ces deux agriculteurs, à un siècle de distance, sans qu'il y ait eu plagiat; mais il n'est pas improbable qu'Hartlib n'ait fait qu'imiter, d'après un voyage ou les renseignements d'un étranger, l'exemple de Torello. Quant à l'invention en elle-même, nous avouons ne pas trop la concevoir. Et, en effet, les Romains avaient cultivé la luzerne, et avant eux les Grecs, inventant ainsi, il y a longtemps, l'art d'obtenir des fourrages par le semis d'une plante vivace. On n'a jamais dit ce qu'avaient semé Torello ni Hartlib. De ce que Schubart a le premier introduit le trèfle dans la grande culture, on n'a jamais dit qu'il eût inventé les prairies artificielles; et cependant sa découverte modifia complétement l'agriculture de l'Europe. Encore M. Heuzé, s'appuyant sur le dire de John Gerarde, conteste-t-il à Schubart la première idée de cultiver le trèfle, qui aurait, dès 1597, déjà formé en Italie d'excellentes prairies artificielles.

Le sainfoin, connu en Belgique dès 1552, dans le Dauphiné dès 1586, ardemment conseillé par Olivier de Serres en 1600, n'a commencé à entrer dans la grande culture qu'à la fin du siècle dernier, lors de l'introduction des mérinos. Puis vinrent le ray-grass (1677); la spergule, l'ajonc marin, le topinambour (1762); la betterave champêtre (1775); la chicorée sauvage (1784); la lupuline ou minette, la pomme de terre, le seigle de la Saint-Jean ou multicaule (1785); le rutabaga (1789); le fromental, l'ortie dioïque, le chou à vaches (1790), la betterave de Silésie (1809); la carotte blanche à collet vert (1825); et, plus récemment, le sainfoin à deux coupes, les trèfles incarnats hâtif et tardif, la gesse velue, la spergule géante, le chou de Lannilis, les trèfles élégant et hybride, le sorgho sucré, l'igname de la Chine, le lupin jaune, la luzerne de la Chine, le brome de Schrader, et cent autres plantes plus ou moins vantées, mais aussitôt oubliées.

Les Anglais sont plus riches encore que nous en plantes, et surtout en variétés fourragères; ils auraient obtenu, selon M. Heuzé, 14 variétés de rutabagas, et 53 variétés de raves et de navets; ils cultivent en grand le ray-grass anglais, le timothy (fléole des prés), le fiorin (agrostis traçante), les turneps, etc.

On voit que ce ne sont pas les plantes fourragères qui font défaut à notre agriculture; mais s'il est bon, pour obéir à tous les principes de l'alternance, de varier autant que possible les végétaux sur un même sol, ces plantes n'en appartiennent pas moins, pour le plus grand nombre, aux deux familles des graminées et des légumineuses. Que trouvera-t-on jamais de préférable, d'ailleurs, à la luzerne, au sainfoin et au trèfle, au ray-grass, à la vesce et aux choux; à la betterave, à la carotte et à la pomme de terre?

Si les instruments perfectionnés, si la machinerie agricole si multipliée aujourd'hui ont une raison d'être, ils la puisent dans la nécessité de suppléer à la main-d'œuvre devenue rare. Si les animaux améliorés jouissent d'une faveur méritée, c'est que la viande est rare et chère et qu'on n'en produit pas assez. Mais, de même qu'on peut faire d'excellente culture avec une charrue, une herse, un rouleau, une faux et un fléau, de même aussi on peut obtenir assez de fourrages de la luzerne, du sainfoin ou du trèfle, de la betterave, de la carotte ou du navet, et produire avec ces plantes d'aussi bons et beaux animaux qu'avec le lupin jaune, la luzerne de Chine, ou le brome de Schrader.

L'ardeur avec laquelle on recherche tous ces fourrages nouveaux vient de ce que, de l'aveu général, la luzerne, le sainfoin et le trèfle décroissent sensiblement en durée et en produit. Il n'est donc pas inutile de rechercher quelles ont pu être les causes de cette sorte de dégénérescence, qui a frappé vivement dans ces dernières années les cultivateurs et les sociétés d'agriculture.

§ 1. Épuisement, effritement.

Le vocabulaire de la science agricole reste presque tout entier à créer. Il est certaines idées qu'il importe de fixer par des mots propres, ayant un sens bien distinct et parfaitement déterminé. Telle est celle de l'épuisement du sol : autre chose est d'épuiser un sol, autre de l'effriter. Les défricheurs de l'Amérique épuisent leur sol, malgré sa prodigieuse fécondité, en y cultivant sans cesse le blé, le maïs, le tabac, etc., sans lui jamais rendre d'engrais. L'assolement triennal perfectionné : 1° trèfle; 2° céréales d'hiver; 3° céréales de printemps, effritait le sol pour le trèfle, quelque engrais qu'on lui rendît d'ailleurs; on fut obligé d'y renoncer, ou du moins de le modifier, ainsi que nous l'avons pu voir dans le Nord, par exemple, à Templeuve, chez M. Demesmay : 1° betteraves fumées; 2° blé d'hiver; 3° trèfle ne revenant sur le même sol que tous les huit ans.

Nous pourrions citer encore un fait récent et bien constaté. Dans le rapport sur la prime d'honneur du département de l'Yonne (1859), MM. Dumonchel et Legros, parlant des cultures de M. de Bontin, dans la Puisaye, disent : « Il a constamment une grande surface en prairies « artificielles, ce qui est une excellente chose; mais pour « cela il abuse peut-être trop de la facilité avec laquelle « certaines de ses terres produisent de la luzerne, et tou- « jours, en sacrifiant l'avenir au présent, il fait revenir « trop souvent cette plante au même endroit, où il la « laisse trop longtemps; la terre se salit par les mauvaises « herbes qui remplacent la luzerne, et il perd ainsi une « partie de l'amélioration que cette plante donne au sol. » Il est peu d'exploitations dans lesquelles on n'aurait à constater de semblables pratiques. Dans les Flandres belges, M. Joigneaux constate que le rendement du trèfle a baissé et que le regain, envahi par l'orobanche, a cessé de pousser. Cependant les terres flamandes sont fumées tous les ans, ajoute-t-il, et plutôt deux fois qu'une, et avec une prodigalité sans exemple ailleurs.

Ce n'est pas seulement à l'endroit du trèfle, de la luzerne et du sainfoin, que ce phénomène de l'effritement s'est déjà fait sentir. Dans ces dernières années, les cultivateurs du Nord ont eu cruellement à se repentir de l'abus qu'ils avaient fait de la betterave : une notable diminution dans les rendements est venue les alarmer sérieusement sur l'avenir de cette culture. Peut-on s'en étonner beaucoup lorsqu'on sait quels sont les assolements pratiqués par les fabricants de sucre? M. Decrombecque, à Lens, M. Bazin, au Mesnil-Saint-Firmin, font depuis longtemps : 1° betteraves fumées; 2° blé, et ainsi de suite. M. Crespel-Delisse fait mieux encore : 1° betteraves fumées; 2° betteraves avec compost de tourteaux; 3° blé avec cendres pyriteuses; 4° trèfle plâtré; 5° blé avec cendres. A coup sûr, ce ne sont pas les engrais qui font défaut à ces assolements, et néanmoins le produit moyen, qui s'élevait à 30 et 35,000 kilos par hectare, il y a quelque quinze ans, est déjà descendu à 20 ou 25,000 kilos depuis que la multiplication des sucreries et distilleries, faisant hausser le prix des betteraves, a eu pour conséquence leur retour plus fréquent dans les cultures. Quelle que soit la cause qu'on veuille assigner à la maladie, observée encore en 1864 par M. de Vogué dans le Berry, par M. J. Reiset, en Normandie, par M. Payen dans le Nord, altération des tissus, cryptogames ou ravages des insectes, la vraie cause n'est-elle pas l'effritement? Ne pourrait-on pas assigner la même cause totale ou partielle à la maladie qui, depuis 1844, a envahi nos récoltes de pommes de terre, cette plante précieuse dont on a tant abusé aussi?

M. Liébig cite semblable fait se rapportant à la culture du tabac : « Le prix élevé et la demande considérable des tabacs ont, dans les dix dernières années, accru cette culture d'une manière extraordinaire dans le Palatinat rhénan. En 1853, il y avait un huitième, et en 1857, année où la production du tabac atteignit son maximum, un sixième de toutes les terres arables planté en tabac. Mais le revirement fut prompt. En 1858, les plantations du tabac n'oc-

cupèrent plus qu'un huitième, en 1859 plus qu'un neu-
vième, et en 1860 plus qu'un dixième de la surface totale.
Et tandis qu'en 1856 le rendement moyen par journal
était de 800 à 1,500 livres, il descendit en 1860 à 725 livres, c'est-à-dire qu'il diminua de plus d'un huitième. »
(*Les Lois naturelles de l'agriculture*, t. Ier p. 146, en note).

Enfin, nous citerons encore un fait de cette nature ayant
trait à la garance; il diffère un peu des précédents en ce
que le résultat a été plutôt une diminution dans la qualité
que dans la quantité du produit; mais il n'en reconnaît
pas moins des causes semblables. M. de Gasparin, dans
un mémoire présenté à la Société impériale d'Agriculture,
signalait « la diminution graduelle de la matière colo-
« rante de la garance dans les cantons du département de
« Vaucluse, où elle est le plus anciennement cultivée. Les
« fabricants constatent que depuis trente ans la propriété
« colorante de ces garances a baissé de 25 p. 100. » Et le
savant agronome trouve la cause de ce fait dans « la ten-
« dance, l'entraînement à répéter cette culture le plus
« possible, à la faire revenir plusieurs fois de suite ou a de
« très-courts intervalles sur le même terrain ; et comme
« la diminution de matière colorante se fait remarquer
« aussi sur les terrains ordinaires (autres que les Paluds),
« où la culture de la garance est fréquemment répétée, et
« qu'elle ne se montre pas dans les terrains nouvelle-
« ment consacrés à cette culture, c'est à un véritable épui-
« sement qu'on peut attribuer la décroissance de la cou-
« leur. » (*Annales de l'Agriculture française*, V^e série,
t. XVIII, p. 113.) M. de Gasparin, qui emploie ici à tort
le mot épuisement, aurait pu dire cependant : à un véritable épuisement d'une substance composée qui est conte-
nue ou qui se produit dans la terre. « Il y a des sols,

« ajoute-t-il, où cette substance ne se crée point, qui, dès
« la première récolte, ne produisent que des racines grises. »
Dans ce dernier cas, les engrais minéraux (carbonate de
chaux, engrais ferrugineux) seraient plus efficaces sans
doute que tout autre moyen ; mais nous touchons alors à
une question économique.

Il est moins facile de prouver par des chiffres la diminution de rendement des prairies artificielles, rendement
trop variable avec le climat, le sol et l'année, pour qu'on
puisse établir une moyenne probable et comparative ;
mais personne, croyons-nous, ne contestera le fait. Nous
lui assignerons pour première et principale cause l'effritement du sol et aussi l'épuisement et l'effritement du
sous-sol. Au principe, les longues et vivaces racines de la
luzerne, du sainfoin, du trèfle lui-même, trouvaient
abondamment dans les sous-sols friables une certaine richesse accumulée. Telle est l'origine de la réputation de
plantes amélioratrices, et puisant leur nourriture en
grande partie dans l'atmosphère, qu'on a faite aux plantes
légumineuses ; réputation conservée à peu près intacte
jusqu'ici, mais qui ne tardera pas sans doute à décroître.
Le trésor se trouve aujourd'hui en grande partie dévoré,
et on n'a point assez de souci de le reconstituer par des
défoncements qui permettraient aux engrais d'y descendre
avec la pluie, ou par l'apport, ainsi que le conseille
M. Liébig, des engrais minéraux plus spécialement préférés par chaque plante. Ailleurs, c'est l'humidité de ce
même sous-sol qui, chassant les racines profondes, force
la plante à vivre exclusivement dans le sol cultivé, d'où
une diminution de durée et de produit, l'épuisement et l'effritement rapides de la couche arable : c'est ici que les services du drainage devraient être utilisés avec empressement.

§ 2. Choix et production des graines.

Nous ne pouvons mieux faire que de citer quelques lignes écrites par Bosc, en 1809, dans le *Dictionnaire d'Agriculture* publié par Deterville, et dont si peu de cultivateurs ont tenu compte. « Communément, dit-il, on ne « cueille la graine que sur de vieilles luzernes qu'on veut « détruire, et même sur la troisième repousse de ces lu- « zernes. Ce n'est pas ainsi qu'agit un cultivateur instruit, « parce qu'il sait que de la bonté de la graine dépend la « beauté des semis, et que c'est celle qui mûrit la pre- « mière qui est la meilleure. » Ce que dit Bosc pour la luzerne, dont nous faisons le plus ordinairement venir les semences de la Provence ou du Poitou, s'applique également au sainfoin et au trèfle dont, plus généralement, nous produisons nous-mêmes la graine. Pour cela, sur la seconde coupe, nous conservons ; le plus souvent, des parties qui ne sont point venues à hauteur pour la faux. De même, pour les sainfoins, nous choisissons les champs les plus chétifs. Nous sommes loin de demander qu'on consacre à la production des semences les cultures les plus vigoureuses ; ce serait encore une pratique défectueuse : l'exubérance de la végétation et la verse ne permettraient d'espérer qu'un bien faible produit ; mais nous voudrions qu'on se rappelât que, dans le règne végétal, comme dans le règne animal, *fortes creantur fortibus et bonis* (Horace). Les parents sains et vigoureux donnent seuls le jour à des fils forts et vaillants.

Les intéressantes expériences de M. Louis Vilmorin sur les betteraves, le colza, le topinambour, peuvent donner la mesure de la faculté héréditaire chez les végétaux. Par la sélection des porte-graines, cet infatigable savant est parvenu à augmenter notablement la richesse des races en sucre et en huile, et à obtenir des racines régulières de formes et d'un emploi plus facile et plus économique.

Nous avons soin de choisir pour semence, avant la moisson, nos champs de céréales les plus beaux par la longueur des épis, la grosseur du grain, la solidité et la hauteur moyenne de la paille ; mais nous réservons pour graine nos moins beaux trèfles, nos plus vieilles luzernes, nos plus chétifs sainfoins ; étrange inconséquence qui a dû, dans des limites assez étendues, contribuer au fait désastreux que nous étudions.

§ 3. Place dans la rotation.

Ici, nous devons établir une distinction parmi les plantes fourragères suivant leur durée : les unes vivaces, comme la luzerne, le sainfoin ; les autres annuelles ou qu'on peut considérer comme telles, le trèfle, la vesce, le sarrasin, etc. Les premières sont rarement cultivées en dedans de l'assolement, et forment d'ordinaire une sole à part. Schwertz cependant cite quelques exemples dans lesquels la luzerne et le sainfoin entrent dans des assolements réguliers :

1 à 8. Luzerne.	1. 2. 3. Sainfoin.
9. Betteraves ou pommes de terre.	4. Blé.
	5. Pommes de terre.
10. Sainfoin.	6. Orge.
11. Orge.	7. Jachère fumée.
12. Jachère fumée.	8. Seigle.
13. Colza.	9. Jachère.
14. Épeautre.	10. Blé.
15. Seigle.	11. Jachère.
16. Orge.	12. Blé.

mais nous ne saurions donner ni l'un ni l'autre comme exemple à imiter.

Dans le val de la Loire, sur les riches terres d'alluvion de ses fermes de Vaux et des Mazerets, M. de Béhague a longtemps pratiqué l'assolement suivant :

1° Pommes de terre fumées.
2° Sarrasin, millet, orge ou avoine.
3° à 9° Luzerne ;

mais c'étaient des terres riches et profondes, et malgré cela il a fallu revenir à une plus prudente pratique.

Que les plantes des prairies artificielles rentrent ou non dans la rotation, elles doivent trouver un sol enrichi par une récente et abondante fumure, défoncé et ameubli par des cultures soignées, nettoyé par des plantes sarclées, parfaitement assaini, doué enfin, par une longue culture, de ce qu'on appelle de la vieille force. Le sainfoin et la luzerne refusent, on le sait, de croître sur les terres trop neuves de défrichements, jusqu'à ce que leur acidité ait été neutralisée par les engrais, les amendements calcaires et l'assainissement. Une jachère vive fumée, sur laquelle on place un sarrasin-fourrage qui servira d'abri à la jeune plante ; une, et mieux encore, deux récoltes sarclées et fumées, seront les meilleurs précédents pour les fourrages vivaces. Sans exiger du sol une extrême richesse (le sainfoin surtout, pourvu qu'il soit calcaire), ces deux plantes demandent au moins un sous-sol de roches friables, dans les fissures duquel leurs longues racines puissent aller chercher de la fraîcheur et les principes nutritifs accumulés là par le temps. Dans les terres fécondes, mais à sous-sol humide, la luzerne est promptement remplacée par les mauvaises herbes, à mesure que les hivers et les étés la détruisent. Aussi sa durée n'y est-elle que de quatre à cinq ans, du moins sa durée productive, car, tant qu'elle fournit un fourrage fauchable, on conserve la luzernière devenue bien plutôt une prairie. Triste calcul !

On a posé en principe que le sainfoin et la luzerne pouvaient revenir sans inconvénient, sur le même sol, après un laps de temps égal à leur durée. Hâtons-nous de dire que ceci est vrai seulement pour les terres exceptionnelles, et qu'il est toujours prudent de faire cet intervalle égal à une fois et demie au moins la durée du précédent retour. Nous ajouterons encore qu'il vaut mieux restreindre cette durée afin d'obtenir un produit abondant, et rendre le retour un peu plus fréquent. Que de terres n'avons-nous pas vues dans le Berry, la Bourgogne, la Champagne, effritées par le sainfoin, grâce à l'avidité mal entendue d'ignorants fermiers !

Quant aux fourrages annuels, nous nous occuperons du plus important d'abord, du trèfle. On sait que les terres neuves, acides, privées complétemeut de calcaire, lui sont partout hostiles. Exigeant moins de profondeur que la luzerne, il réclame plus de richesse dans le sol et un non moins parfait assainissement. L'assolement si bien combiné de Grignon nous semble offrir au trèfle la réunion de toutes les circonstances favorables à sa réussite ; le voici :

1º Plantes-racines sarclées avec défoncement et abondante fumure.
2º Céréales de printemps (orge).
3º Trèfle.
4º Froment d'hiver.
5º Colza d'hiver fumé.
6º Froment d'hiver.

Les luzernes et les sainfoins sont en dehors de la rotation. Malheureusement, cet assolement suppose un sol déjà riche, de nombreuses prairies naturelles ou artificielles vivaces, ou enfin la possibilité de se procurer, à bon prix, des engrais du dehors. Mais il peut toujours être suivi sur les meilleures terres d'une ferme, tout en aidant à l'amélioration du reste. Nous pourrions encore recommander l'assolement de quatre ans (de huit ans pour le trèfle) suivi en Sologne par M. Gustave Salvat :

1° Récoltes-racines sarclées et fumées (betteraves, pommes de terre, etc.).
2° Céréales d'hiver (froment, seigle).
3° Trèfle sur moitié de la sole, vesce sur l'autre moitié.
4° Céréales d'hiver ou de printemps (avoine).

Dans tous les cas, le trèfle ne doit point revenir plus souvent que tous les cinq ou six ans sur la même terre, en admettant qu'on ne le conserve qu'une année. M. Nivière, à la Saussaie, dans la Dombes, pouvait bien, sur des terres neuves pour le trèfle, faire :

1° Vesces d'hiver et de printemps fortement fumées.
2° Froment d'hiver.
3° Trèfle.
4° Froment d'hiver.
5° Avoine et seigle.

Mais le trèfle était rompu aussitôt la première coupe. D'un autre côté, nous ne pensons pas que l'assolement suivant pratiqué par M. C. de Witt, au val Richer (Calvados) puisse se soutenir bien longtemps, quelle que soit la dose des fumures, parce que le trèfle effritera le sol et refusera d'y prospérer :

1° Betteraves fumées à 100,000 kilogr.
2° Avoine.
3° Trèfle.
4° Froment avec 300 kilos de guano.

Certaines contrées de culture pastorale mixte, après avoir fauché le trèfle la première année, le font pâturer la seconde et quelquefois la troisième année. M. de Béhague a suivi, à Dampierre, cette pratique sur des terres légères ; M. Dubreuil-Chambardel, à Marolles, près Loches, sur ses défrichements ; M. Lefèvre, à Saint-Ouen (île de Jersey), sur des terres granitiques. Dans la Brenne, M. Briffault, auprès du Blanc, fauche deux années et fait pâturer la troisième. Si cette pratique est admissible dans certaines circonstances exceptionnelles, elle est en général blâmable et contre tout principe d'agriculture raisonnée.

Le trèfle incarnat, particulièrement dévolu aux terres légères, offre un précoce et précieux fourrage qui peut alterner avec le trèfle ordinaire ou le remplacer sur les terres maigres et légères. Sa place dans la rotation peut être la même que pour celui-ci, seulement on le sème sur le chaume après la moisson et non dans la plante en végétation ; il doit être assez rapproché de la fumure et de la jachère ou culture-racine pour que le sol soit à la fois assez riche et assez propre. Ordinairement, on le place après la première céréale qui suit la jachère ou les racines. Ainsi, à Dampierre, sur les terres légères de la deuxième classe, M. de Béhague a fait longtemps :

1° Jachère parquée.
2° Céréales d'hiver (seigle).
3° Trèfle incarnat pour moitié, vesces d'hiver sur l'autre moitié.
4° Céréales d'hiver (seigle ou avoine).

5° Fourrages, navets, etc.
6° Céréales d'hiver (froment).
7° Trèfle ordinaire.
8° Avoine.

Quelquefois, comme en Bretagne et dans le Gâtinais, on lui associe, et avec raison, de la graine de nabusseaux, qui fournissent au printemps un fourrage abondant et plus précoce encore, qu'on arrache sans nuire aucunement au trèfle.

Les vesces d'hiver remplacent d'ordinaire une jachère, une plante sarclée ou un trèfle, et doivent, dans les deux premiers cas, recevoir une fumure directe. Quoique le trèfle et la vesce appartiennent à une même famille, leur mode de végétation diffère sensiblement, et leur culture alternative effrite moins le sol pour chacune d'elles que deux récoltes successives de l'une ou de l'autre. Dans l'assolement de Grignon, une partie de la première sole peut fort bien être consacrée aux vesces d'hiver ou de printemps. M. Malingie père, dans son assolement de la Charmoise, cultivait les vesces après le blé qui suivait la plante sarclée de la première sole, éloignant ainsi le retour du trèfle rejeté à la huitième sole. Ainsi :

1° Récoltes sarclées et fumées à 50,000 kilos.
2° Froment fumé avec 500 kilos de tourteau.
3° Vesces d'hiver mêlées de pois et de seigle.
4° Froment fumé avec 500 kilos de tourteau.
5° Colza fumé à 50,000 kilos.
6° Choux cabus et branchus fumés à 50,000 kilos, suivis de féveroles ou de maïs.
7° Froment.
8° Trèfle ordinaire.

M. Nivière qui, dans la Dombes, manquait de main-d'œuvre pour la culture des plantes sarclées, faisait occuper toute la sole de jachère par des vesces d'hiver et de printemps. Quoique la semence de cette plante soit d'un prix un peu élevé et que sa culture soit assez chanceuse (à cause des gelées et des dégels et aussi de la sécheresse du printemps), elle nous paraît avoir été trop négligée, et devrait plus fréquemment venir en aide au trèfle et aux autres fourrages.

Le sarrasin, le blé des pauvres contrées, de la Sologne, de la Bretagne, d'une partie du Gâtinais, etc., est encore, en grande partie, la base de leur ressource fourragère. Peu exigeant sur le sol, pourvu qu'il soit parfaitement ameubli, il fournit au bétail une alimentation de médiocre qualité, il est vrai, mais abondante et précieuse en l'absence de tout autre fourrage vert pendant l'été. Il peut succéder à une récolte sarclée (choux branchus, rutabagas, etc.), à une céréale fauchée en vert (avoine, seigle, escourgeon, etc.), à des vesces-fourrages, à du trèfle incarnat, etc., pourvu que ces plantes aient reçu une fumure, que le sol soit assez riche, ou qu'on lui applique quelque stimulant (noir animal, guano, cendres, etc.). En Sologne, M. Ménard, de Huppemeau, faisait faner ce fourrage, et nous avons pu voir son gros bétail et ses chevaux l'appéter presque à l'égal du foin. A Dampierre, M. de Béhague ne craint pas de faire entrer cette plante verte, en mélange, dans l'alimentation de son bétail d'élevage.

Le ray-grass offre deux variétés principales cultivées dans des circonstances différentes : celui d'Italie dans les terres riches et fraîches ou celles que l'on peut arroser ; celui d'Angleterre, d'un emploi plus fréquent sur les sols ordinaires, soit comme mélange avec le trèfle, soit pour former seul des fourrages fauchables ou des pâturages. Appartenant à la famille des Graminées, le ray-grass ne contribue en rien à l'effritement du sol pour les légumineuses ; mais il se lasse assez vite d'un retour fréquent. A la colonie du val d'Yèvre, dans des marais tourbeux où les céréales ne peuvent croître, on suit l'assolement :

1° Racines (pommes de terre, betteraves, carottes).
2° Colza ou haricots.
3° Ray-grass d'Italie.

Depuis quinze ans environ qu'on suit ce cours, chaque sol ayant, par conséquent, porté cinq récoltes de ray-grass, on remarque déjà une diminution sensible des produits, et un ralentissement dans la végétation ; la réussite est beaucoup moins assurée, quoique le sol ait été toujours de plus en plus fécondé. Dans un temps.plus ou moins rapproché, cette culture deviendra certainement impossible. Uni au trèfle, le ray-grass anglais augmente le produit et la qualité de la première coupe sans nuire aux suivantes ; cultivé seul, il donne un fourrage d'assez bonne qualité quand il est fauché de bonne heure et convenablement fané.

§ 4. État et préparation du sol.

Toute terre n'est pas également propice à toute plante ; chaque sol a ses végétaux de prédilection ; chaque plante a ses exigences particulières :

Nec verò terræ ferre omnes omnia possunt.   (Virgile.)

Le cultivateur doit étudier avant tout ces prédilections et ces exigences. Aux sables riches et profonds mais sains, aux côteaux à sous-sol de roches crevassées ou friables, la luzerne ; aux collines calcaires, le sainfoin ; aux grasses terres de la plaine, le trèfle et la vesce ; aux maigres terres de bruyère, aux tourbes acides, le rustique blé noir.

Mais, de même que la main patiente et habile de l'homme a pu modifier les formes et les aptitudes des animaux, de même aussi il a su modifier les propriétés et les aptitudes des sols. Le chaulage et le marnage apportent à la terre l'élément qui lui faisait défaut, la rendent même, dans certains cas, apte à porter le sainfoin, ou tout au moins y permettent la culture du trèfle. Le défoncement par les labours profonds et l'emploi de la fouilleuse, en augmentant l'épaisseur de la couche arable, en contribuant à son assainissement, favorisent toutes les cultures en général, et celle de la luzerne en particulier ; le drainage lui-même peut être employé dans ce but. M. de Béhague, à Dampierre, obtient par ce moyen une coupe de plus, outre que le plant se conserve mieux garni, et qu'aucune obstruction par les racines ne s'est produite dans les tuyaux placés à 1 m. 05 c. de profondeur.

Avant que la pratique du drainage se fût répandue en France, M. Ménard, lauréat de la prime d'honneur du Loir-et-Cher, était parvenu, à Huppemeau, à obtenir des luzernes dont la durée était de quatre à six ans. Par cinq labours, il disposait son terrrain en damiers dont les cases étaient bombées en tout sens. Dans la longueur, il formait des planches bombées de 15 mètres de large, qu'il traversait ensuite par d'autres également bombées, mais de 1 m. 80 c. de large seulement. Il perdait évidemment une notable partie du terrain par les dérayures qui ne se garnissaient que de plants rares et chétifs ; mais n'était-ce rien que d'obtenir en Sologne deux coupes et un pâturage de luzerne chaque année ?

Ainsi, pour établir une prairie artificielle vivace, il ne
suffit pas que le sol soit riche de vieille date, ou fumé récemment, il faut encore qu'il permette une profonde introduction des racines ; que, par conséquent, il soit exempt
d'humidité en hiver, quoique frais en été ; il faut que la
surface en soit bien ameublie et purgée de tous germes de
mauvaises herbes. Nous supposons enfin que la plante est
séparée du dernier retour par une période de temps suffisante ; que la céréale qui lui servira d'abri n'est point semée
trop épais ; que la graine fourragère venue à parfaite maturité, a été récoltée sur des plantes jeunes et vigoureuses ;
que la jeune plante, après sa levée, n'a pas été brûlée par
la sécheresse ; que l'alternative des gelées et des dégels du
premier hiver ne l'a pas déchaussée. Nous supposons tout
cela, dis-je, et cependant il nous reste beaucoup à faire
pour assurer la quantité et la qualité du produit. *Nil ac-
tum reputo si quid superest agendum.*

Pour les fourrages annuels, trèfles rouge et incarnat,
vesce, ray-grass, sarrasin, etc., la question est beaucoup
moins complexe, quoique non moins importante. Une
bonne place dans la rotation, une convenable préparation
du sol, voilà, si le terrain leur est favorable et si leur retour n'est pas trop rapproché, les principales conditions de
leur réussite, soumise, du reste, bien plus encore que
celle des plantes vivaces, aux influences de la température. L'homme peut encore favoriser leur végétation,
comme celle des fourrages vivaces, par des soins, des engrais, des stimulants, et dans certains cas, par l'irrigation.

Ce qui différencie le mode de culture et de préparation
du sol pour les plantes des prairies dites artificielles, c'est
la profondeur à laquelle peuvent et doivent atteindre leurs
racines. Dans un terrain meuble, la luzerne plonge jusqu'à

2 et 3 mètres et parfois plus ; le sainfoin de 1 mètre à 1^m, 50 ; le trèfle jusqu'à 0^m,40 à 0^m, 50. Il faut donc chercher à placer, autant que possible, les plantes dans ces conditions de réussite.

§ 5. Des engrais et des stimulants.

Connus seulement depuis un siècle à peine, les effets du plâtre, sensibles sur les légumineuses surtout et dans quelques cas sur les graminées, sont aussi merveilleux que bizarres et inconstants. On croit avoir observé qu'ils sont nuls dans les sols qui renferment déjà une petite proportion de sulfate de chaux ; d'un autre côté, ils ne sont pas toujours assurés dans ceux qui manquent presque complétement de carbonate calcaire. Son usage ne saurait donc être général, ni absolument recommandé. Partout où il réussit, il est d'une bonne économie de plâtrer les fourrages vivaces ou annuels appartenant à la famille des légumineuses. La végétation de ces plantes en reçoit une violente impulsion, au détriment des herbes adventices ; le produit actuel en est plus élevé, celui de l'avenir d'autant plus assuré. Dans certains cas, on se trouvera bien de répandre la dose de deux hectolitres et demi à trois hectolitres par hectare, en deux fois, au printemps d'abord, puis après la première coupe, en mélangeant le plâtre de moitié cendre ; pour la luzerne, on pourra donner une demi-dose au printemps, et une autre après chaque coupe. Le sainfoin ne donnant d'ordinaire qu'une coupe et un regain, il est préférable d'appliquer toute la dose, au printemps, en une seule fois, et de même pour les vesces.

Les jeunes luzernières se trouvent bien, en outre, de

recevoir, après l'enlèvement de la céréale qui les abritait, un léger chaulage, surtout si l'année est sèche. Pour cela, on fait éteindre en poudre 300 kilos de chaux vive qu'on sème par hectare comme le plâtre. Nous avons vu, à Dampierre, en 1857, cette pratique être suivie d'un merveilleux effet. Il est probable qu'elle ne serait pas moins favorable aux jeunes trèfles, dont on pourrait peut-être, par ce moyen, obtenir une coupe en vert dès la première année, celle de la semaille.

Les fumures en couverture sont peu à recommander pour les prairies artificielles vivaces, parce qu'elles favorisent l'envahissement des mauvaises herbes; elles peuvent cependant être employées pour régénérer des champs qui ont souffert par quelque cause anormale. Dans ce cas, on doit choisir de préférence du fumier mélangé, moyennement pailleux, et l'appliquer en juillet et août, ainsi que le recommande avec raison M. Simon, l'habile praticulteur. Appliqué à cette époque, cet engrais produit un résultat infiniment plus sensible et plus durable qu'à l'automne et au printemps. Les stimulants, le guano surtout, les cendres, le noir animal peuvent être employés dans le même but, mais à la fin de l'hiver. Les composts de vase, de boues, de terreau, d'herbes, de débris de toute nature, unis à de la chaux et bien décomposés, doivent être préférés aux stimulants pour les plantes vivaces dont les racines s'enfoncent souvent à une profondeur considérable.

Tous ces soins d'entretien sont fréquemment négligés, même le plâtrage, et on s'en rapporte, pour le produit, au sol et à la clémence de l'atmosphère. Aussi, l'année est-elle sèche, la coupe reste insignifiante, et le plant se dégarnit au profit des mauvaises herbes; le dommage s'étend alors aux coupes et aux années qui suivent, puis aux récoltes qui succèdent. C'est un peu l'histoire du clou de Franklin, clou négligé et faute duquel le fer tombe, le cheval boite, et le cavalier est pris.

§ 6. Des soins d'entretien.

Les prairies artificielles une fois établies, il faut les entretenir par des façons culturales et des soins trop souvent omis. Celles vivaces ont besoin d'être protégées contre l'envahissement des herbes naturelles qui épuisent sans grand profit, détruisent le plant utile, et abrégent la durée qu'on en peut attendre. On y parvient par divers soins au nombre desquels sont les hersages, si fortement et avec tant de raison recommandés par M. de Dombasle, non-seulement au printemps, mais encore, s'il en est besoin, dans le courant de l'année, après les coupes, aussi bien pour les sainfoins que pour les luzernes. Cette façon a pour effet de contrarier la croissance de beaucoup de mauvaises herbes, en même temps que de favoriser la végétation de la prairie en donnant au plant une petite façon culturale qui aère le sol et le rend plus perméable aux pluies et aux rosées. Ce hersage se fait avec une herse à dents de fer ou de bois, en accrochant ou en décrochant, selon la nature et l'état du sol. Dans les terres caillouteuses, il devra être précédé d'un épierrage, et dans certains cas, suivi d'un roulage qui tasse à nouveau le terrain pour le préserver d'un trop prompt desséchement. Dans de vieilles luzernes ou de vieux sainfoins envahis par la mousse et les graminées, nous avons vu obtenir d'excellents résultats d'un léger coup de scarificateur ; on faisait ensuite enlever et brûler les débris arrachés par l'instrument.

Il est une plante parasite dont on n'apprécie pas assez les ravages au moment où elle se montre pour la première fois; c'est une négligence dont on ne tarde pas à se repentir. Je veux parler de la cuscute (*Cuscuta europæa*), une plante parasite qui s'attaque plus particulièrement aux légumineuses, comme la crête de coq (*Rhinantus crista-galli*) aux graminées. M. de Dombasle dut, à Roville, renoncer à la culture de la luzerne, à cause de ses constants ravages. En 1857, à Dampierre, nous avons vu la seconde coupe d'un trèfle magnifique détruite aux trois cinquièmes, et en moins de quinze jours, par l'invasion de cette plante. Tout cultivateur peut se rappeler mille faits semblables. Rien n'est plus facile cependant que de s'opposer aux progrès du mal, à la seule condition de le combattre dès son apparition première. Il y a cent moyens de détruire la cuscute : faucher sans cesse les places infectées, y répandre de la paille à laquelle on met le feu, les arroser de purin à plusieurs reprises, circonvenir les places envahies par le parasite d'un petit fossé qu'il ne franchira pas, faire pâturer pendant toute la saison les champs où il se montre. Mais, nous le répétons, ces soins malheureusement sont négligés par la plus grande partie des cultivateurs, malgré leur immense influence sur les produits. Ailleurs c'est un autre parasite de la luzerne, le rhyzoctone (*Rhizoctonia medicaginis*), un cryptogame qui n'est pas moins à redouter que la cuscute dans les contrées où il s'est répandu.

Dans le Midi s'y joignent les ravages d'un insecte, l'eumolpe obscur ou colaspis noir (*Eumolpus obscura, vel Colaspis atra*); c'est le négril, encore appelé *bourbotte* ou *miron*. Il attaque et souvent détruit entièrement les secondes coupes de luzerne. Il est assez facile à détruire en ce que sa ponte est cantonnée dans un petit rayon du champ que l'on peut faucher ou incendier, afin de couper le mal dans son principe. La question se résout à choisir l'époque juste où la ponte vient de finir, et où l'éclosion n'a pas commencé. Un vétérinaire, M. Gillis, a proposé pour le détruire à l'état parfait de répandre, en juin, sur la luzerne, une poudre composée de cendres, de goudron de houille et d'aloès. Un autre insecte, mais moins dangereux à beaucoup près, s'attaque aussi dans nos climats aux tiges du trèfle, de la luzerne, du sainfoin, et en général de toutes les légumineuses dont les pousses tendres lui offrent une nourriture préférée. C'est la larve de la cercope écumeuse (*Cercops spumaria*, classe des Hémyptères, famille des Homoptères, ordre des Cicadaires). Mais, nous le répétons, le dommage qu'il cause est à peu près insignifiant; il serait très-difficile d'ailleurs de s'y soustraire (1).

Les larves du hanneton (*Melolontha*) et celles de divers taupins (*Elater*) sont peu redoutables, d'autant que leurs ravages souterrains ne se décèlent que lorsque le mal est accompli. Mais, à part l'emploi des engrais et des stimulants dont l'odeur ou la causticité leur sont mortelles, l'homme est en quelque sorte impuissant à les détruire. Le guano, la suie, le noir animal, l'arrosement avec les engrais liquides, cependant voilà des moyens dont le résultat est double, on le comprend. Il est prudent, d'ailleurs, lorsqu'on défriche ces prairies, de faire suivre la charrue d'un enfant qui ramasse ces larves pour les détruire. Dans le midi de la France, la luzerne a encore à souffrir, dans certaines années, des ravages de la cantharide marginée

____

(1) Voir *Guide pratique d'entomologie agricole*, p. 47-58, 91-120.

(*Lytta marginata*), et du charançon pyriforme (*Curculio acridulus*), dont on se préserve en fauchant la plante avant sa floraison. Ce sont tous de petits ennemis dont on n'aperçoit les dégâts qu'en y regardant de près et lorsqu'il n'est souvent plus temps de les prévenir.

§ 7. Du produit des prairies artificielles.

Il nous paraît incontestable, nous le répétons, et c'est un fait d'observation pratique, que le produit des fourrages artificiels va constamment décroissant depuis un certain nombre d'années ; non-seulement le produit annuel est moindre, mais encore la durée du plant va toujours diminuant. Tandis qu'une luzernière bien établie et bien entretenue peut durer et durait dix, quinze, vingt ans et plus, sa durée moyenne n'est plus guère aujourd'hui que de cinq à six ; encore, les dernières récoltes laissent-elles souvent à désirer dans le produit en fourrage ; il en est de même aussi pour le sainfoin qui, de six à huit ans de durée, est descendu à trois ou quatre. Yvart, en 1809, disait encore que la longévité naturelle du sainfoin peut aller dans quelques cas jusqu'à 27 ans et peut-être même au delà, ainsi que l'atteste un fait cité par M. Bonneau, et celle de la luzerne à trente ans comme il s'en est convaincu lui-même.

Outre les causes que nous avons précédemment assignées à ce fait regrettable, il en est d'autres encore que nous devons signaler ici. De même que le régime d'un animal doit être ausi varié que possible, de même que les engrais rendus au sol doivent être alternés dans leur composition et dans leur nature, de même aussi le mode d'exploitation des prairies artificielles doit alterner par le fauchage et le pâturage. Le premier, coupant la plante, assez près de son collet, favorise la repousse de nouvelles tiges; le second tasse et raffermit le sol, qu'il enrichit en outre de quelques engrais. Mais tous deux doivent être surveillés dans la pratique sous peine de devenir préjudiciables: le fauchage ne sera exécuté ni trop haut ni trop près de la terre; le pâturage se fera seulement par les temps secs, en excluant les poulains, les chevaux et surtout les moutons. Dans certaines parties du Berry, le fait du pâturage d'un sainfoin par un troupeau de bêtes à laine est une cause de résiliation de bail ou d'indemnité par le fermier au propriétaire. Pour le trèfle, le pâturage du dernier regain par toute espèce de bétail, si l'on ne conserve la plante qu'un an, ne présente, on le conçoit, aucun inconvénient. Quant au sarrazin, nous pouvons affirmer ici un fait que nous avions longtemps regardé comme une fable, et dont nous avons eu depuis maint exemple sous les yeux, c'est que son pâturage par les moutons leur fait enfler la tête, amène une ophthalmie et peut aller jusqu'à l'hydrocéphalie.

Une récolte de fourrage artificiel destinée au fanage épuise un peu plus, sans doute, que celle consommée en vert, mais la compensation peut à peu près se rétablir par les feuilles qui tombent et restent sur le sol pendant la dessiccation. Une question plus grave est celle de la production des graines. En thèse générale, vu l'incertitude de leurs qualités et le haut prix vénal des semences du commerce, chaque cultivateur devrait se mettre en mesure de produire lui-même toutes celles dont il a besoin. Nous avons demandé, plus haut, qu'au lieu des champs âgés et dégarnis, au lieu des plantes les plus chétives, on y consacrât des pièces en plein rapport, de trois à quatre ans pour la luzerne, de deux à trois ans pour le sainfoin, en choisissant celles où, sans être trop élevées, les tiges fussent vigoureuses et en belle floraison. Mais cette production des semences, comme celle de toutes graines, épuise le sol et la plante ; aussi, faut-il faire alterner les champs auxquels on la demande, et ne pas imiter nombre de cultivateurs qui, chaque année, y consacrent la deuxième coupe de la même luzernière. C'est pour le sainfoin surtout qu'il est important de récolter soi-même sa graine, afin d'avoir la certitude qu'elle n'a qu'un an et possède toute sa faculté germinative. Nous avons parlé plus haut de l'importance que présente l'hérédité; nous n'y reviendrons ici que pour appuyer sur cette influence, à tort méconnue.

§ 8. Des succédanés aux fourrages artificiels vivaces.

Il a été question, plus haut, du trèfle incarnat, de la lupuline, de la vesce, du sarrazin, etc., comme pouvant suppléer au trèfle, à la luzerne, au sainfoin, dans les circonstances où ils ne réussissent pas, ou leur venir dans tous les cas en aide. Il existe une foule de plantes qui peuvent avantageusement varier la production fourragère pour le sol et pour le bétail, les racines d'abord, betteraves, carottes, rutabagas, pommes de terre, navets, puis les choux branchus, moelliers et pommés; diverses plantes annuelles ou vivaces des prairies, le ray-grass, la houque laineuse, les brômes, les fétuques, le thimoty, le fromental, la chicorée sauvage, le brôme de Schräder, le bunias d'Orient, la spergule, etc.; puis les fourrages mélangés, millet, moha, pois gris, maïs, avoine, seigle, escourgeon. Le choix est varié et il y en a pour toutes les natures de terres, pour toutes *les* saisons de l'année. Nous nous bornerons à les nommer ici parce qu'on les retrouvera dans le courant de ce volume.

Quelle que soit l'opinion qu'on adopte sur la base des assolements alternes, sympathies et antipathies des plantes, excrétions, épuisement chimique de principes organiques ou inorganiques, on n'en tombera pas moins d'accord, sans doute, sur la nécessité de varier les plantes et les engrais sur le même sol, si l'on veut obtenir un maximum durable dans les produits. Nous savons qu'il est bien séduisant de posséder des sainfoins et des luzernes dont, pendant trois à six ans, on n'a à s'occuper que pour y aller chercher des fourrages dont le prix de revient est moins élevé que celui des racines et des prairies naturelles même. Mais c'est un calcul mal entendu que celui qui, se bornant au présent, ne fait point entrer l'avenir en compte. Et d'ailleurs, on admettra, sans aucun doute, avec nous, que dans un intervalle de quarante ans, par exemple, le produit sera plus élevé avec deux luzernes durant chacune quatre ans, qu'avec une seule qu'on conserverait huit ans, et dont les dernières années ne donneraient qu'une demi-récolte. Toute prairie artificielle qui, malgré les soins, cesse de donner un plein produit, doit être défrichée, parce que chaque année de décroissance empiète sur une année future de récolte complète. Nous demanderons, en outre, qu'on éloigne le retour des trèfles, luzernes et sainfoins, à cause même de leurs précieux avantages, en employant d'autres plantes fourragères choisies selon la nature du sol, les besoins de la culture, l'ordre de la rotation. Or, rien n'est plus facile que de combiner des assolements de cette nature, soit en alternant les fourrages par soles, soit en subdivisant les soles elles-mêmes. Tel serait par exemple l'assolement biennal alterne qui suit :

1° Plantes-racines (betteraves, carottes, etc.) fumées et sarclées, choux, pépinière de colza, etc.
2° Froment d'hiver.
3° Trèfle ordinaire.
4° Avoine d'hiver ou de printemps.
5° Dragées fumées.
6° Froment d'hiver.
7° Trèfle incarnat suivi de sorgho fumé.
8° Orge de printemps, etc.

Le trèfle ordinaire ne reviendrait ici que tous les huit ans, ou même tous les seize ans, si l'on accordait la moitié de la sole à des vesces. Les sainfoins et luzernes pourraient occuper successivement une partie de chaque sole mise en dehors de l'assolement pour y rentrer ensuite.

§ 9. Conséquences de la diminution de produit des prairies artificielles.

Nous avons dit avec quel enthousiasme le trèfle avait été accueilli à son apparition dans la culture, enthousiasme qui fut suivi d'une réaction en faveur des prairies naturelles et des plantes artificielles vivaces. C'est aux qualités mêmes dont sont douées ces précieuses plantes qu'est dû l'abus qu'on en a fait et que nous sommes amenés à déplorer aujourd'hui. Il est à craindre que le produit continuant à décroître, on ne soit conduit, par un faux raisonnement, à négliger d'autant plus les conditions qui leur sont favorables, ce qui bientôt produirait un complet abandon. Or, le trèfle, la luzerne et le sainfoin constituent les meilleurs fourrages secs que nous possédions pour le bétail. Ce sont ceux, en outre, dont la culture bien comprise, peut nous les fournir au plus bas prix. Il importe donc d'éclairer à cet égard les cultivateurs sur leurs véritables intérêts qui sont ceux du sol et de la société tout entière. Les conseils donnés par les livres à bon marché, par des instructions populaires, les primes décernées pour ces cultures par les comices et les Sociétés d'agriculture, pourraient exercer sur ce point une puissante influence. Il faut que les cultivateurs comprennent bien que rien ne coûte plus cher, dans le présent et dans l'avenir, qu'une demi-récolte; que rien n'est plus productif qu'une récolte complète, et qu'en agriculture, il n'est pas vrai que le premier épargné soit le premier gagné. Une dépense productive, au contraire, est la première économisée ; et si l'usage d'une pratique, d'une culture, d'un sytème est quelquefois louable, l'abus en est toujours condamnable : Utere, non abutere : use, mais n'abuse pas.

DEUXIÈME PARTIE

PRAIRIES ARTIFICIELLES

SECTION PREMIÈRE

PLANTES DES PRAIRIES ARTIFICIELLES

CHAPITRE PREMIER

PLANTES DE LA FAMILLE DES LÉGUMINEUSES

Cette famille, qui appartient à la classe des dicotylédonées, a pour caractères distinctifs :

Fleurs polypétales, pérygines ; — calice monophylle,

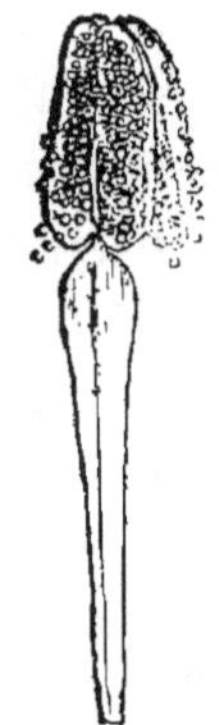

Fig. 1.
Étamine après
l'ouverture
de l'anthère.

Fig. 2.
Androcée ou étamines
réunies.

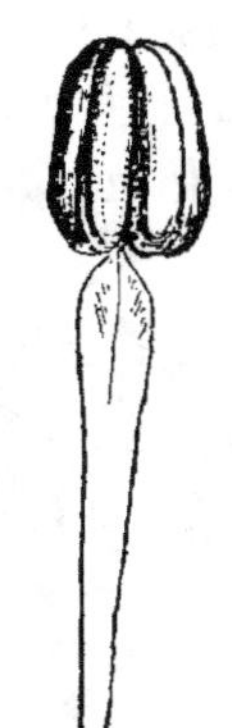

Fig. 3.
Étamine grossie.

tubuleux, ordinairement quinquéfide ; — corolle polypétale, quelque fois nulle ; — dix étamines, rarement moins, distinctes ou réunies en un ou deux faisceaux ; — un style ;

Fig. 4.
Pistil coupé
longitudinalement.

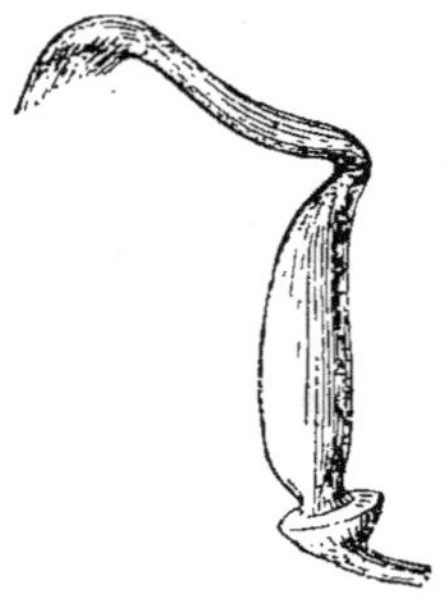

Fig. 5.
Pistil.

— un stigmate ; — une gousse ; — feuilles alternes, composées, décomposées et plus rarement simples.

Cette famille très-nombreuse, qui comprend des plantes herbacées, des arbustes, des arbrisseaux et des arbres, a été divisée en trois sections : mimosées, cassiées et papillionacées. C'est à cette dernière qu'appartiennent les plantes fourragères dont nous devons nous occuper ici.

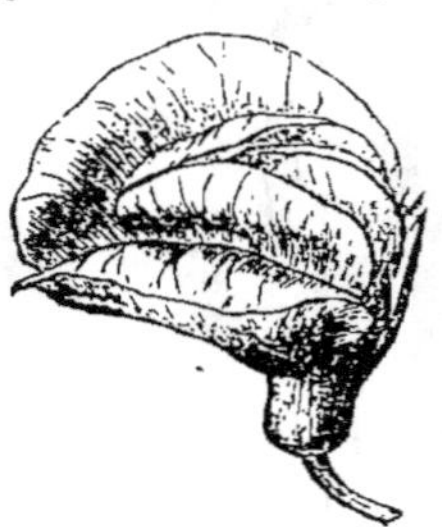

Fig. 6.
Fleur.

Elle se distingue par un calice monophylle ; — une corolle irrégulière, pentapétale, papillionacée ; —dix étamines, le plus souvent diadelphes. La corolle est formée de quatre divisions ou pétales, ainsi disposées : une à la partie supérieure appelée *étendard ;* deux opposées sur les côtés, appelés les *ailes ;* et une en bas, recourbée et parfois divisée, que l'on nomme la *carène.*

§ 1. Genre luzerne.

A. LUZERNE CULTIVÉE.

Le genre *luzerne* est caractérisé par un calice cylin-drique ; — son étendard écarté et réfléchi, — son fruit en gousse plus ou moins courbée en forme de faux ou con-tournée en spirales ; — ses feuilles ternées, à folioles den-tées en scie ; — ses fleurs disposées en petites grappes lâches.

A. *La luzerne cultivée* a les tiges droites, hautes de $0^m,30$ à $0^m,70$, glabres, peu rameuses ; — ses racines sont vivaces et pénètrent dans les sols meubles ou les roches perméables à la profondeur de 4 et même 6 mètres ; elles sont riches en soude et en potasse et peuvent être em-ployées en guise de savon économique ; — ses folioles sont ovales et lancéolées, dentées vers leur sommet seulement ; ses fleurs varient du bleu au violet pourpre, et ont parfois une teinte un peu jaunâtre ; — elles donnent naissance à des gousses glabres, étroites, contournées sur elles-mêmes comme l'hélice d'un limaçon. — Son nom botanique de *medicago savita* (luzerne cultivée), provient du nom de *médikê* que lui donna le grec Pedanius ou Pedacius Dioscoride, d'Anazarbe en Cilicie (64 ans après J.-C.), dans son *Traité des matières médicales et de bota-nique*, et qui signifie *plante de la Médie*. Son nom vulgaire moderne vient, d'après M. Heuzé, du mot provençal *lau-serdo*, par lequel on la désignait dans cette contrée en 1570.

On la croit originaire de la Médie, contrée de l'Asie ; il est présumable que les Grecs la rapportèrent de l'Asie comme un trophée glorieux de la guerre Médique (cinquième siècle avant J.-C.); ils lui donnèrent le nom de plante médique qui lui fut conservé par les Romains. Ceux-ci, près de trois siècles plus tard, appelés en Grèce par les Étoliens (210 ans avant J.-C.), faisaient leur première apparition dans cet État, et en rapportaient très-probablement la luzerne, dont ils semblent longtemps avoir ignoré ou dédaigné les merveilleuses qualités. Varron (116 à 38 ans avant J.-C.), Columelle (30 ans avant J.-C.), Palladius (371 à 395 ans après J.-C.), croyaient devoir rappeler aux cultivateurs de leur temps, les avantages et l'utilité de cette précieuse plante. Virgile, dans ses *Géorgiques*, se borne à indiquer l'époque de sa semaille :

> . . . . Tum te quoque, medica, putres,
> Accipiunt sulci et milio venit annua cura,
> Candidus auratis aperit cum cornibus annum
> Taurus, et averso cedens canis occidit astro.

« Au printemps, la terre devenue friable, reçoit la plante « médique; et le millet réclame sa culture annuelle, « lorsque de ses cornes dorées, le Taureau céleste ouvre « le cercle de l'année, et que, dans l'éclat du nouvel astre, « Syrius s'efface et meurt. »

Mais elle fut négligée par la suite en Italie même, puisqu'elle ne commença à être cultivée dans le Brescian qu'en 1550.

On croit que c'est de la Grèce même qu'elle fut importée en Espagne, où on a la preuve de sa culture dès 1548; elle y portait alors le nom d'Alfalfa. Fut-elle introduite en Gaule par les Romains à l'époque de la conquête (1)? Passa-t-elle d'Espagne en France, c'est ce qu'on ignore. La plus ancienne mention qui en soit faite dans

____

(1) Reynier, *Économie publique et rurale des Celtes, Germains, etc.*, p. 445.

notre patrie date de 1516, époque où, d'après M. Heuzé, François Ruel la dit répandue dans le Soissonnais. Nous perdons dès lors sa trace jusqu'en 1600, jusqu'à Olivier de Serres qui la décrit sous le nom de sainfoin qu'elle porte encore dans le midi, l'appelle encore la merveille du mesnage des champs, et lui consacre un long chapitre. C'est à partir de cette époque que la luzerne s'empara insensiblement, en France, d'une part notable dans la culture des contrées méridionales d'abord, gagnant toujours vers le centre et le nord. Car son origine la rend, malgré le long temps qui s'est écoulé depuis son introduction en Europe, encore assez sensible pour que, même sous le climat de Paris, elle ait quelquefois à souffrir des gelées tardives, si le sol qu'elle occupe est quelque peu humide. Depuis lors, Dieu sait quel usage jusqu'à l'abus on a fait de cette plante, et quelles en ont été les conséquences. Elle ne pénétra en Angleterre que vers l'année 1657.

Malgré qu'elle soit d'origine méridionale, la luzerne s'est parfaitement naturalisée en France et même dans des contrées plus septentrionales ; on la cultive dans le département du Nord, où, chez M. Hamoir Boursier, à Saulain, elle donne, en première coupe, de 6 à 8,000 kilog. de foin, et en seconde coupe, de 4 à 5,000 kilog., soit ensemble de 10 à 13,000 kilog. de fourrage sec par an. On la cultive en Belgique, en Hollande, en Allemagne, en Angleterre et jusqu'en Danemark. « Toutefois, dit « M. Heuzé, dans son *Traité des plantes fourragères*, elle « redoute, dans les contrées septentrionales de l'Europe, « l'exposition au nord et une humidité extrême du sol ; « en outre, les gelées tardives du printemps lui nuisent « souvent à cause de sa précocité. C'est pour ces motifs

« que, dans les Pays-Bas et en Angleterre, on lui préfère
« le trèfle. »

Une des qualités de la luzerne, en effet, c'est sa végétation précoce au printemps, dès que la température
moyenne de la journée s'élève à 8 ou 10° C., et elle produit une coupe de fourrage par chaque quotité de 900° C.
de chaleur accumulée depuis le départ jusqu'à l'arrêt de
sa végétation, cinq coupes et un regain dans le midi, trois
coupes et un pâturage sous le climat de Paris, à moins de
sécheresses exceptionnelles.

La luzerne verte renferme 80,40 pour 100 d'eau ;
9,60 d'amidon, sucre, etc. ; 2,80 d'albumine et caséine ;
0,80 de matières grasses ; 5,10 de ligneux et de cellulose ;
1,30 de sels inorganiques ; 0,45 d'azote. Le foin de luzerne
ne renferme plus que 15 p. 100 d'eau ; 41,80 de sucre et
amidon ; 12 p. 100 d'albumine et caséine ; 3,50 de matières grasses ; 22,00 de ligneux et cellulose ; 5,70 de sels
inorganiques, et 1,92 d'azote (Boussingault). Les cendres,
d'après Sprengel, contiennent 14,03 p. 100 de sels de
soude et de potasse ; 50,57 de chaux et de magnésie ;
0,63 de sels d'alumine et de fer ; et 3,46 de silice. On voit
clairement que, non-seulement la proportion d'eau a diminué par le fanage, mais encore que l'amidon, le sucre,
l'albumine et les matières grasses se sont élevées hors de
rapport avec l'humidité évaporée. La proportion des sels
de chaux indique avec évidence la nécessité de cet élément dans le sol où l'on veut cultiver cette plante.

En effet, c'est dans les sols calcaires que la luzerne
donne, sinon le plus abondant, du moins le meilleur produit ; et lorsque le sol ne contient pas naturellement cet
élément, il faut se hâter de le lui apporter, sous forme de
chaux ou de marne. De ce que nous avons dit que la lu-

zerne a des racines pivotantes qui s'étendent à une grande
profondeur, il est facile d'en déduire que le terrain qu'on
lui destine sera profond, ou tout au moins que le sous-
sol sera perméable à ces racines; les roches friables ou
fendillées, les tufs calcaires remplissent ces conditions.
Mais il est essentiel que le sol et le sous-sol soient frais
sans être humides; dès que les racines ont atteint le
niveau de l'eau stagnante, elles pourrissent et meurent; sa
durée est donc dépendante des qualités physiques et chi-
miques du sol qui la nourrit. Un sable frais et profond,
des terres calcaires profondes ou reposant sur un sous-
sol friable, des terres argileuses ou argilo-siliceuses défoncées et assainies, toutes les terres enfin qui sont bien
et profondément divisées, qui sont fraîches et assainies,
lui conviennent; plus ces conditions sont favorables et
plus le produit et la durée de la luzerne sont assurés.

La luzerne n'exige pas une très-grande fertilité du sol,
mais il faut qu'elle puisse trouver dans le sous-sol, par
ses puissantes racines, les éléments de sa nutrition; c'est
ce que M. de Gasparin exprime fort bien dans les lignes
suivantes : « Dans les terrains qui ont du fonds, elle pros-
« pérera même avec une fumure médiocre, s'ils n'ont pas
« encore porté de luzerne; dans ceux qui ont peu de
« fonds, elle donnera de grandes espérances à sa pre-
« mière année, mais elle dépérira à mesure que ses ra-
« cines atteindront le sous-sol. Si le terrain a déjà porté
« une ou deux fois de la luzerne, son dépérissement com-
« mence de bonne heure, et sa durée est limitée à peu
« d'années, quoique la surface du terrain ait été abon-
« damment fumée. Ainsi, ce que la plante paraît recher-
« cher de préférence, c'est la richesse dans la profondeur,
« c'est de pouvoir approfondir continuellement ses racines

« dans une terre qui renferme toujours des principes pro-
« pres à sa nutrition. » Voici encore ce phénomène d'é-
puisement ou plutôt d'effritement du sol que nous avons
signalé dans l'Introduction. Il est facile de l'expliquer.
La luzerne vit surtout dans le sous-sol; ses racines s'y
divisent autant qu'il est nécessaire pour parcourir les
fentes de la roche, les filons les plus riches du sous-sol
perméable, et y puisent tout ce qui leur convient, éléments organiques entraînés jusque-là par les pluies sécu-
laires, principes inorganiques provenant du laboratoire
naturel dirigé par le temps. Mais les uns ni les autres ne
peuvent se renouveler promptement, et dès qu'ils sont
épuisés, la plante y meurt de faim. C'est ce qui est arrivé
pour la plus grande partie du sol de l'Europe.

« Olivier de Serres donnait quinze ans de durée à un
« champ de luzerne; nous en avons vu qui sont arrivés
« à cet âge dans des terrains neufs; mais aujourd'hui, ils
« atteignent à peine cinq ans, et il y en a beaucoup qu'il
« faut défricher à la quatrième année. Comme il faut né-
« cessairement semer cette plante sur des sols profonds,
« toutes les terres d'un domaine n'y sont pas indistincte-
« ment propres, d'où résulte le retour trop fréquent de
« cette culture sur les mêmes espaces de terrain. Dans
« l'assolement de Nîmes, la luzerne revient douze ans
« après son défoncement, et là aussi, on s'aperçoit que
« ce temps est trop court. » (De Gasparin, *Cours d'agriculture*, t. I, p. 694.)

Pour établir une luzernière en lui assurant une longue
durée et un produit abondant, le seul but qu'on doive
chercher à atteindre, il faut préparer le sol en conformité
des exigences de la plante, c'est-à-dire bien ameublir et
nettoyer la surface, défoncer aussi profondément que

possible en mélangeant les engrais avec le sol et le sous-
sol; chauler, marner, drainer, selon que l'élément calcaire
fait plus ou moins défaut, et que le sous-sol est plus
ou moins humide. Personne mieux que l'illustre agronome d'Orange n'a traité cette question; aussi lui ferons-
nous encore un long emprunt pour le profit du lecteur:
« Dans les terrains qui ne sont pas naturellement meu-
« bles, dit-il, on prépare, par des labours profonds, une
« couche perméable aux racines de la luzerne. Cette
« profondeur fixe, pour ainsi dire, dans les terres com-
« pactes, la durée de cette plante. En quatre ou cinq ans,
« ses pivots atteignent à 0^m,30 environ de longueur, et si
« le sous-sol se trouve si dur qu'il ne puisse être pénétré,
« la plante ne tarde pas à périr.

« Il faut ensuite disposer d'une quantité de fumier suf-
« fisante pour que son mélange avec la terre ou l'infiltra-
« tion de ses sucs atteigne la couche que les racines
« doivent occuper; cette condition est indispensable pour
« les terrains qui ont déjà porté de la luzerne et dont les
« couches profondes sont déjà épuisées. Or, les sucs filtrant
« à travers le sol et déposant successivement une partie
« des matières qu'ils tiennent en suspension, n'arrivent
« pas très-profondément sans être complétement dépouillés
« de leurs principes fertilisants. C'est ce qui borne encore
« la durée de la luzerne quand il faut procéder par des
« engrais artificiels; et cela est si vrai, que le fumier
« accroît bien la récolte en proportion de son abondance,
« mais ne prolonge pas dans cette même proportion la
« durée de la plante; d'ailleurs les cultivateurs répugnent
« à enterrer profondément le fumier, de crainte qu'il ne
« puisse être atteint ensuite par les céréales qui sont
« semés sur des labours moins profonds.

« Ainsi, tout le succès, dans les terres qui ne sont pas
« neuves pour la luzerne, dépend de ces deux choses :
« profondeur du labour, abondance d'engrais. La pre-
« mière prolonge la durée de la plante en offrant de l'es-
« pace pour l'allongement de ses racines et en facilitant
« l'infiltration des sucs du fumier; la deuxième fournit la
« meilleure nutrition.... De cette tendance de la luzerne à
« puiser sa nourriture par l'extrémité de ses racines, ré-
« sulte aussi que l'engrais déposé près de la surface de la
« terre reste presque intact; et qu'après le défrichement,
« le sol se trouve dans un état de richesse qui prouve à
« quel point elle s'approprie les éléments atmosphériques.
« Les récoltes de blé qui succèdent se comportent exac-
« tement comme si le fumier accordé à la luzerne était
« demeuré tout entier à la disposition des récoltes qui
« vont la suivre.... On peut la considérer comme un ha-
« bile mineur qui va chercher dans la profondeur de la
« terre les filons de la richesse végétale qui y est enfouie;
« mais quand la mine est épuisée, elle se refuse bientôt à
« fouiller inutilement la terre. » (*Cours d'agric.*, t. 1er,
p. 695-698.)

C'est donc surtout au moment de la création de la luzernière qu'il faut donner au sol l'abondante et profonde
fumure destinée à nourrir la plante pendant toute la durée
de sa vie. Les fumures données postérieurement en couverture, les engrais liquides, les stimulants (guano, tourteau, poudrette, etc.), ne sauraient profiter à la plante et
favorisent l'herbe qui vit, elle, dans la superficie du sol,
et qui alors se développe aux dépens de la luzerne qu'elle
étouffe bientôt. Le plâtre seul, qui semble borner ses effets
aux plantes de la famille des légumineuses, peut et doit
être employé, là où il est efficace, non pas seulement au

printemps, mais après chaque coupe; la luzerne seule en profitera, tandis qu'on cherchera, au contraire, par tous les soins possibles (hersages, sarclages, etc.), à contrarier la végétation des graminées et des autres herbes adventices qui tendent toujours à envahir la superficie du sol. Nous ne saurions, cependant, dans aucun cas, blâmer l'emploi de composts bien décomposés et exempts de graines de mauvaises herbes. Ce n'est guère que dans les dernières années d'une luzernière qu'on peut tenter de redonner à la plante un peu de vigueur par une fumure d'engrais moyennement décomposés et appliqués en couverture. Mais nous l'avons dit et nous le répétons, c'est un mauvais calcul que de conserver des luzernes envahies par l'herbe et qui ne donnent plus un produit suffisant. C'est épuiser le sol pour une demi-récolte et effriter le sous-sol pour une année correspondante à une bonne récolte entière.

La luzerne se sème presque à toutes les saisons de l'année, excepté en hiver pourtant. Dans le midi, on sème fréquemment en automne, avant les pluies de l'équinoxe, soit en septembre. Dans le centre et le nord, on sème, soit en mars et avril, soit en juin et juillet. Les semailles se font presque toujours à la volée, après qu'on a semé et enterré à la herse une plante céréale ou fourragère destinée à protéger la luzerne en même temps qu'à donner un produit dès cette première année; dans d'autres cas, on répand la semence de la légumineuse sur une céréale semée dès l'automne précédent. Expliquons-nous.

Les semailles de printemps peuvent se faire sur une céréale d'automne ou sur une céréale de printemps. Dans le premier cas, après avoir convenablement préparé et fumé le sol, on a semé en octobre, novembre ou même décembre, du blé ou de l'avoine; en mars ou avril, on répand la graine de luzerne sur le sol emblavé, avant de donner le hersage ou le roulage de printemps. Quoique la céréale ait dû être semée très-clair, dans cette prévision, elle n'en étouffe pas moins souvent la jeune plante que les mauvaises herbes ont alors plus de disposition à contrarier. Mieux vaut ordinairement semer dans une céréale de printemps, orge, avoine ou froment. On sème le grain d'abord, ainsi que de coutume, puis on roule et on herse; on sème en dernier lieu la luzerne qu'on enterre par une herse légère d'épines; la herse ordinaire l'enterrerait trop profondément; la herse renversée sur le dos ferait plomber le sol par la pluie. On sème parfois en mai ou juin, aussi, dans du sarrasin, du chanvre ou du lin; le premier pour fourrage, les derniers pour filasse et pour graine; mais le sarrasin doit être préféré, parce qu'il donne son abri à la jeune plante, contre la sécheresse, et qu'il ne tarde pas à lui laisser le terrain libre. Le lin et le chanvre, plantes étouffantes, épuisent aussi beaucoup le sol.

Dans le midi on sème souvent, en septembre ou octobre, en mars ou avril, parfois en juillet, sans donner aucune plante pour abri. La luzerne peut alors se développer librement, s'enraciner solidement, et se défendre elle-même de la sécheresse; on y perd le produit de la céréale, mais on y gagne un pâturage dès la première année, et un produit plus assuré pour les années suivantes.

On emploie par hectare de 20 à 25 kilos de semence. « La graine de la luzerne, dit M. Heuzé, est aplatie, allongée, et présente à sa partie médiane une courbure et une échancrure semblables à celles que l'on remarque dans la semence du haricot de Soissons. Lorsqu'elle est nouvelle, elle est un peu luisante et sa couleur est

« jaune verdâtre. En vieillissant, elle devient terne et
« prend une teinte jaune rougeâtre plus ou moins foncée.
« Les graines de luzerne les plus belles sont celles que
« l'on récolte dans les provinces méridionales et que l'on
« désigne dans le commerce sous le nom de *graines de*
« *Provence*. Ces semences sont bien nourries et remar-
« quables par leur couleur uniforme. Les graines de qua-
« lité secondaire sont connues sous le nom de *graines du*
« *Poitou* ou *du pays;* elles sont toujours plus petites, plus
« maigres. Les semences mal nourries ou retraites ont
« presque toujours une couleur un peu brune. » (*Les
plantes fourragères.*) Les graines de Provence se vendent
de 15 à 20 francs plus cher, année moyenne, que celles du
Poitou ou du pays. L'hectolitre de bonnes semences
pèse de 77 à 78 kilog. Elle ne conserve généralement sa
faculté germinative que pendant deux ans.

Il est donc essentiel de bien examiner les semences
qu'on veut acheter : sont-elles nouvelles où vieilles? sont-
elles pures ou mélangées? renferment-elles des graines
étrangères, de la cuscute, par exemple? Le premier point
peut être facilement résolu par l'essai de la graine placée
dans une soucoupe, au milieu d'une pièce chaude, sous du
coton constamment imbibé d'eau; ou encore en la semant
en pleine terre. Après 30 à 36 heures, quand la température s'élève de $+16$ à $18°$; après 60 heures quand elle
n'est que de $+12°$ C., les germes doivent apparaître. On
ne doit pas s'en rapporter à l'aspect seul des graines, auxquelles, par un huilage, les marchands peuvent redonner
un aspect vif et luisant, afin de les faire passer pour être
de l'année.

Quant aux semences de cuscute qui peuvent s'y trouver
mélangées, on s'en assure facilement par un essai qui con-

siste à jeter dans l'eau un petit échantillon ; les petites capsules de la cuscute, à peu près de même volume que la graine de luzerne, mais de poids différent, surnageront tandis que la luzerne tombera au fond. Toute semence renfermant de la cuscute doit être refusée quel que soit son prix ; pour l'en débarrasser, il faudrait la frotter à la main, puis la passer deux fois au tarare, encore en échapperait-il inévitablement quelques graines qui suffiraient pour infester promptement le champ tout entier.

En Angleterre, en Provence, dans les terrains très-riches, on s'est toujours bien trouvé de semer la luzerne en lignes, et de lui donner des binages et des sarclages ; le motif en est facile à comprendre et on ne saurait trop approuver cette pratique, bien peu coûteuse en somme et qui assure le produit et la durée de la luzernière. En agriculture, comme dans toute industrie, il faut savoir semer des pièces de cent sous pour récolter des louis, et, nous le répétons, rien ne doit être épargné pour établir une luzernière au milieu des conditions les plus favorables. Dans ce cas, on espace les lignes de $0^m,25$ à $0^m,30$ de distance, on sème à la main ou au semoir, et on donne selon le besoin, pendant les deux premières années, des binages et des sarclages ; on n'emploie alors que 12 à 15 kilog. de semence.

Six ou huit jours après la semaille, la luzerne montre ses deux cotylédons à la surface du sol ; ils sont ovales, d'un vert foncé en dessus et légèrement violâtres en dessous ; on peut donc facilement la distinguer du trèfle dont les cotylédons sont verts en dessous comme en dessus ; — de la lupuline dont les cotylédons sont plus elliptiques ; — du sainfoin, dont les cotylédons sont sensiblement plus charnus.

On a souvent proposé de mélanger d'autres fourrages
à la luzerne, afin d'augmenter son produit pendant les
deux années qui suivent la semaille; ce sont surtout le
trèfle et le ray-grass qu'on a employés dans ce but. Mais
tous les esprits pratiques ont promptement décidé cette
question; en effet, le trèfle et le ray-grass donnent, à la
première année, un produit plus abondant que n'eût fait
la luzerne seule, mais c'est évidemment aux dépens de
celle-ci dont la végétation se trouve entravée et qui ne
peut prendre complétement possession du sol; lorsque le
trèfle et le ray-grass disparaissent, ce sont les mauvaises
herbes qui viennent occuper leur place. Tout au plus,
dans les terrains calcaires, pourrait-on mélanger la luzerne avec le sainfoin qui peut durer huit ou dix ans.
Dans l'ordre d'idées que nous suivons, nous considérons
comme condamnable tout mélange, toute association de
la luzerne avec quelque autre plante que ce soit.

C'est dans cette vue encore qu'on ne saurait accorder
trop de soins d'entretien à la luzernière. De ce nombre sont
l'épierrement en hiver (par des femmes, des enfants ou
des vieillards) afin de rendre plus libre le passage de la
faux; le hersage, au printemps ou après les diverses coupes, qui a pour but de détruire une partie des mauvaises
herbes, de déchirer le collet de la plante pour en faire
sortir de nouveaux bourgeons, et de remuer un peu la
surface du sol pour la rendre plus perméable aux pluies
et aux rosées. Il se fait avec une herse en fer de poids variable selon la nature du sol et l'abondance ou la rareté
des herbes; plus lourde dans les terres argileuses et em-
pestées, plus légère dans les sols siliceux et propres.
Lorsque la luzernière est envahie par la mousse, le ray-
grass et autres graminées, on se trouve souvent bien de

3.

donner un ou deux coups croisés d'extirpateur. Il en est de même des hersages qu'on peut donner en accrochant ou en décrochant, croiser et multiplier suivant le besoin. Beaucoup de cultivateurs même renouvellent cette façon après chaque coupe. « Un hersage énergique en mars, dit « M. de Dombasle, doit toujours être exécuté sur les luzer- « nières, ce qui détruit beaucoup de mauvaises herbes, et « favorise singulièrement la croissance de la plante. S'il « arrivait cependant que, par l'effet d'une saison très-dé- « favorable, la luzerne se fût très-peu enracinée dans l'an- « née de la semaille, on devrait la ménager dans le her- « sage du printemps suivant; mais, dans toute autre « circonstance, on ne doit pas craindre de déchirer les « collets des plantes par les dents de la herse. » (*Calen-drier du bon cultivateur*, 7ᵉ édition, p. 65, 66.)

Dans le Midi, on fait plus que herser les luzernières, dit-on, on les laboure; mais nous ferons remarquer que cette opération conseillée déjà par Pline, s'exécute avec l'arau, charrue qui n'a qu'un soc pointu et devant lequel se déplace le collet de la plante; notre charrue ordinaire le couperait, et détruirait à peu près complétement la luzer-nière. Le scarificateur peut remplir aussi complétement le but sans offrir aucun danger, ainsi que nous l'avons dit déjà plus haut.

Nous avons recommandé également, dans l'Introduction, d'entretenir les luzernières par des engrais, des amende-ments ou des stimulants choisis parmi ceux qui favorisent la luzerne et non les mauvaises herbes. Au premier rang, nous placerons le plâtre cru ou calciné, mais toujours ré-duit en poudre, et les platras provenant des démolitions. On répand ainsi 2 hectolitres à 3 par hectare; on peut re-nouveler cette dose après chaque coupe. Nous sommes

fort porté à penser, et M. Isidore Pierre paraît être de cet
avis, que la chaux fusée en poudre produirait le même
résultat, à un prix de revient inférieur. C'est en mars ou en
avril, quand la plante a atteint $0^m,10$ à $0^m,15$ de hauteur,
qu'il est bon de plâtrer ou chauler, lorsque le temps paraît
promettre de la pluie, et en l'absence du vent. Dans le
nord et en Belgique, on emploie les cendres pyriteuses à
la dose de 6 à 8 hectolitres par hectare ; les cendres lessi-
vées à celle de 40 à 50 hectolitres ; les cendres de houille
à celle de 30 hectolitres, après les avoir fait passer dans
une citerne à purin dont elles s'imprègnent. Dans les sols
qui manquent de calcaire, le marnage ne peut être qu'une
excellente opération ; on conduit cet amendement en hiver
sur la luzernière, on laisse les pierres se déliter et on enlève soigneusement au printemps toutes celles qui ont résisté à la gelée, aux dégels et aux pluies ; 150 hectolitres
par hectare, à la fois, sont parfaitement suffisants pour une
luzernière, et il vaut mieux redoubler cette dose à intervalles de cinq ou six ans que de donner ensemble une dose
double ou triple.

Nous avons parlé, dans l'Introduction, des engrais animaux, et dit qu'on ne doit employer les fumiers en couverture que dans certains cas exceptionnels, pour redonner
par exemple un peu de vigueur à une luzernière, dans les
dernières années de sa durée ; mais nous émettrons l'avis
cependant que ce fumier pourrait être mieux employé ailleurs et qu'il vaut mieux rompre le champ ; les fumiers,
en général, renferment des germes de mauvaises herbes
qu'il est inutile d'apporter sur la luzernière, et les racines
profondes de la plante ne recevraient que bien peu des
sucs de l'engrais et bien longtemps après son apport. Nous
préférerions l'engrais liquide, le purin suffisamment étendu

d'eau, s'il n'était aussi rare, aussi cher à transporter, et d'un emploi si difficile et si onéreux ; il faut une pompe, un tonneau spécial et, en quelque sorte aussi, des ouvriers spéciaux. Il favorise trop aussi la végétation des plantes à racines traçantes qui ont envahi le sol. Les composts qui ont été mélangés de chaux et qui ont assez mûri pour que la germination des semences adventices qu'ils renferment soit anéantie, sont avec le plâtre, la chaux et la marne, les meilleurs engrais (amendements et stimulants) que nous puissions conseiller. Si on a bien compris ce que nous avons eu l'intention d'expliquer, le sol, au moment de la création de la luzernière, devait renfermer tous les éléments organiques nécessaires à sa complète végétation pendant sa durée ; la question se borne à lui fournir une partie des éléments minéraux nécessaires que le sol peut ne pas renfermer en proportion suffisante ; encore aurait-il été préférable de les y introduire avant l'ensemence-ment. C'est parce qu'on ne saurait pécher ici par l'excès, que le plâtre ou la chaux et les composts ne peuvent être que d'un emploi louable.

La luzerne, on le sait, a des racines pivotantes qui s'en-foncent à peu près aussi profondément que la perméabilité et la sécheresse du sol le leur permettent et tant qu'elles peuvent rencontrer des éléments de nutrition pour la plante ; c'est au fur et à mesure de l'âge que cet accrois-sement en longueur s'opère, car la première année, ces racines n'ont qu'un léger pivot duquel partent des radi-cules traçantes. Si le sous-sol est imperméable ou humide, dès que la nutrition devient difficile, puis impossible, la plante meurt et le champ se dégarnit rapidement, quelle que soit sa fécondité. On a bien forcé les arbres (le pécher, le pin maritime, etc.) à transformer des racines pivotantes en racines traçantes, mais il serait impossible ou inutile de l'entreprendre pour la luzerne, puisque c'est la profondeur même de son pivot qui est le principe de ses qualités. Dès lors, qui veut la fin veut les moyens, et c'est cette notion sur son mode de végétation qui doit diriger toute sa culture.

Parmi les ennemis de cette plante, il en est deux que nous avons nommés déjà et sur lesquels nous devons donner quelques renseignements ; ce sont la cuscute et le champignon (rhyzoctone de la luzerne). La cuscute, vulgairement appelée teigne, angure du lin, épithyme, rache, perruque, etc. (*cuscuta ueropœa*) est une plante de la famille des Convolvulacées dont les tiges sont filiformes, dépourvues de feuilles, munies de suçoirs à l'aide desquels elle s'implante sur les végétaux qui l'entourent et surtout sur ceux de la famille des Légumineuses (luzerne, trèfle, minette, ajonc, etc.) ; sa graine germe en terre ; mais lorsqu'elle est arrivée à une certaine période de végétation, ce sont les suçoirs de la tige qui pourvoient à la nourriture aux dépens de la victime sur laquelle ils se sont implantés. Ses tiges se ramifient presque à l'infini et elle envahit promptement un très-grand espace ; ses fleurs très-nombreuses, sessiles et de couleur rosée en couronne sur la tige même, donnent naissance à des graines en forme de capsules biloculaires qui renferment des semences très-fines, noires et nombreuses.

Il existe une foule de procédés pour détruire cette plante parasite ; on peut faucher constamment les places où elle s'est montrée ; on peut y répandre de la paille qu'on incendie ; on peut les arroser de purin ou les saupoudrer de chaux vive ; piocher et pulvériser le sol à ces endroits afin d'y faire germer les graines qui se seraient répandues, ou mieux lever le gazon en plaque et écobuer. M. Ponsard, d'Omey, arrose les places infestées avec une dissolution de sulfate de fer. L'année suivante, on resème à ces endroits, si le sol est calcaire, du sainfoin, l'une des légumineuses que la cuscute attaque le plus rarement. Quel que soit le procédé qu'on emploie, l'essentiel est de le mettre en œuvre aux premiers signes d'apparition du parasite dont les dévastations sont si rapides. C'est ordinairement vers le commencement de juin qu'il se montre ; comme la plante est annuelle, si on la détruit avant qu'elle ait porté graines, on en sera débarrassé pour longtemps. M. de Dombasle indique un dernier procédé que nous regardons presque comme pire que le mal ; il consiste à faire brouter, pendant toute la saison, la luzernière par les moutons. Nous répétons que le cultivateur soigneux se verra rarement envahi, d'abord parce qu'il choisira ses semences après les avoir essayées, et ensuite qu'il s'en délivrera promptement en s'y prenant dès le début et, par conséquent, en y veillant.

Le champignon ou rhyzoctone de la luzerne (*Rhyzoctona medicaginis*) est un cryptogame parasite commun dans certaines contrées (le Languedoc, le Poitou, la Lorraine, les environs de Genève, etc.), qui se développe «sur les raci-
« nes de luzerne qui végètent dans les lieux humides, et
« c'est dans les années pluvieuses qu'il est le plus redou-
« table. D'une belle couleur violette, il se développe sur
« les racines et vit à leurs dépens ; ses tubercules sont
« ovoïdes, irréguliers, et donnent naissance à des filets
« beaucoup plus longs, plus grêles et ramifiés. Les pre-
« miers se développent ordinairement sous la bifurcation
« des grosses racines ; les seconds, qui ont beaucoup de
« rapports avec des filets de Byssus, s'appliquent le
« long des racines ou des radicules, qu'ils tapissent d'une
« croûte violacée. » (Heuzé. *Plantes fourragères.*) Les ra-

vages de ce cryptogame, joints à ceux de la cuscute, obli-
gèrent, à Rovile, M. de Dombasle de renoncer à la culture de la luzerne. Si on ne détruit le rhyzoctone dès sa
première apparition, il devient impossible de s'en défendre ; les filets déliés s'allongent avec une extrême rapidité et ne peuvent même être arrêtés par des fossés de
0ᵐ 50 creusés pour cerner le mal. Il n'y a plus qu'à
défricher, et ce n'est pas sans crainte encore qu'on peut
réensemencer dix à douze ans plus tard. Le premier
symptôme apparent, ce sont des places rondes formées par
des tiges jaunies et flétries ; bientôt, le champignon apparaît et il ne tarde pas à gagner de proche en proche, si
on ne l'a détruit dès le principe.

Dans le centre et le nord de la France, la luzerne n'a
guère d'ennemi important parmi les insectes ; il n'en est pas
de même dans le midi. Là le plus redoutable est un petit
coléoptère, tetramère, de la famille des Cycliques, de la
tribu des chrysomélines, appelé vulgairement *négril*,
babotte ou barbotte, (*colaspis atra* (1), *cumolpus obscura*)
eumolpe obscur ; l'insecte parfait a 6 ou 7 millimètres de
long ; son corps est entièrement noir ; il a des antennes
filiformes, plus longues que la moitié du corps et jaunes à
leur base. Sa larve est un petit ver noir, long de 7 à 8 millimètres et muni de six pattes. « Des légions de larves,
« dit M. de Gasparin, paraissent quand la température
« moyenne s'élève à + 14° C. C'est vers le commence-
« ment de mai, dans le midi, moment de la pousse de la
« deuxième coupe. On s'en débarrasse en fauchant im-
« médiatement le champ où elles se montrent, quel que
« soit l'état de la luzerne ; l'insecte l'abandonne sur-le-

____

(1) Voir *Guide pratique d'entomologie agricole*, 9 .

« champ et l'on ne perd ainsi que quelques jours.
« M. Touchy a proposé de retarder la première coupe
« jusqu'à l'époque de l'apparition des larves. » (*Cours
complet d'agriculture*, t. IV, p. 436.) En effet, d'après
deux expériences, l'une de M. Masse, l'autre de M. D....,
rapportées par le même agronome, le produit des coupes
suivantes ne souffrirait pas de ce retard. On pourrait encore avancer la première coupe, ainsi que l'a proposé
M. Pons-Tende, afin de pouvoir faire la seconde avant
l'apparition des larves. On a essayé de répandre sur les
plantes de la chaux vive en poudre, ou une poudre composée de cendres, de goudron, d'eau et d'aloès, de recouvrir de paille qu'on incendie les endroits où les larves se
sont rassemblées, etc.; mais aucun procédé de destruction
n'équivaut au moyen préventif du retard ou de la hâte des
coupes, dans le but de priver le ravageur d'aliments et de
le détruire par la disette.

Le produit de cette plante, en fourrages, est excessivement variable, selon le climat, la nature et la richesse du
sol, selon que la luzerne y a été déjà cultivée ou qu'on
l'en ensemence pour la première fois, qu'elle est ou non
arrosée, qu'on lui donne plus ou moins d'engrais, de stimulants ou de soins, etc., etc. Dans le midi, et avec l'irrigation, on obtient par an de 4 à 5 et parfois même
6 coupes ;

La luzerne toujours sous la faux renaissante

donne alors jusqu'à 15,000 kilog. de fourrage sec,
soit 3,000 kilos pour chaque coupe. Sans irrigation, on
obtient trois coupes et un regain, soit 7,500 à 9,000 kilos de foin. Dans le centre et le nord on obtient trois coupes et un pâturage, soit 7,000 kilog. de foin, en moyenne;

ces rendements ne sont obtenus, nous avons à peine besoin de le dire, que pendant que la luzernière est en plein rapport, depuis sa troisième année jusqu'au moment où elle commence à être envahie par l'herbe et où on doit la défricher. Comme 1,000 kilog. de fourrage vert produisent en moyenne 300 kilog. de fourrage sec, un rendement de 15,000 kilos de foin correspond à 50,000 kilog. de luzerne verte ; celui de 7,500 à 9,000 kilog. de secs à un produit de 25,000 à 30,000 kilog. de vert; enfin, celui de 7,000 kilog. de foin, à 23,333 de luzerne verte.

Dans la Romagne, M. de Crüd récoltait :

A la 1re année, en 2 coupes...	3,360 kilos de fourrage sec.	
2e année, en 5 coupes...	10,080 —	—
3e année, en 5 coupes...	12,500 —	—
4e année, en 5 coupes...	10,080 —	—
5e année, en 4 coupes...	8,000 —	—
Soit, en 21 coupes...	44,020 k. ou 2,096 k. par coupe.	

Dans une luzernière du midi, âgée de deux ans, maintenue fraîche par un seul arrosage après chaque coupe, M. de Gasparin a obtenu :

1re coupe...... .	3,400 kilos de fourrage sec.	
2e coupe.......	4,200 —	—
3e coupe.......	3,100 —	—
4e coupe.......	2,400 —	—
5e coupe.......	2,200 —	—
Total....	15,300 kilos de fourrage sec.	

En Algérie, avec l'irrigation, on peut obtenir huit coupes par an, donnant ensemble 25,000 kilos de foin ou 83,000 kilog. de fourrage vert. Mais dans le centre et le nord de la France, nous sommes bien loin d'obtenir ces fabuleux produits et il faut nous contenter de 6 à 7,000 kilog. de foin, soit 20,000 à 24,000 kilog. de vert par hectare et par année, à partir de la seconde de la semaille.

Dans le midi, les coupes ont lieu, approximativement, aux époques suivantes, d'après M. Heuzé : la 1re de la fin d'avril à la mi-mai, avant la fleur; la 2e dans la deuxième quinzaine de juin ; la 3e dans la première quinzaine d'août; la 4e vers le 20 septembre ; la 5e de la fin d'octobre à la mi-novembre. Aux environs de Paris, les coupes ont lieu ordinairement : la 1re dans la première quinzaine de juin; la 2e dans la dernière quinzaine d'août; la 3e enfin de la fin de septembre à la mi-octobre; celle-ci ne peut que rarement être fanée et se consomme en vert.

Les prairies artificielles se fauchent, comme les prairies naturelles, à la faux nue ou à la faucheuse mécanique (*voir* t. 1er p. 146). En général, les foins artificiels étant plus résistants que l'herbe des prairies, on ferme davantage le grand angle de l'instrument, pour couper les premières que la seconde. On fauche aussi près de terre que possible, et cette considération est plus importante encore que pour les prés, à cause des coupes suivantes. Un faucheur ordinaire peut couper de 40 à 50 ares par jour, et on paie à la tâche, de 5 fr. 50 à 6 fr. 50 par hectare, ou encore 3 fr. 20 par 1,000 kilog. de foin récolté. La luzerne dont on veut recueillir la graine se fauche souvent avec la même faux garnie qui sert pour le blé et l'avoine, et qui dispose bien plus régulièrement les andains que la faux nue.

Ce que nous avons dit de la fenaison dans le t. 1er (chap. 15 § 3. p. 154) nous dispensera d'entrer dans de bien longs détails sur la même opération appliquée aux fourrages artificiels. Il faut savoir d'abord que les feuilles de ces plantes tombent facilement de la tige dès qu'elles

sont un peu desséchées et que par conséquent le fanage
ne doit s'opérer qu'avec certaines précautions. Voici comment il s'opère : La luzerne fauchée le matin est retournée,
mais retournée seulement l'après-midi à la fourche ; on
la retourne encore le lendemain matin, aussitôt que la
rosée a commencé à disparaître ; le soir de ce jour, on
la met en veillottes qu'on ouvre avec précaution le matin du troisième jour ; l'après-midi, si le temps a été
constamment beau, on peut souvent mettre en gros cachons ; sinon, on continue le quatrième jour au matin, à
ouvrir les veillottes et on n'encachonne que l'après-midi.
Mais on ne doit jamais rentrer en cachons, meules ou
greniers que de la luzerne bien sèche, parce que cette
plante s'échauffe et moisit promptement. Quand les veillottes ont été mouillées d'une pluie qui les a pénétrées, on
se contente de les retourner à la fourche en les desserrant
autant que possible, afin que l'air puisse pénétrer entre
les tiges et les sécher. Quand on emploie la faneuse mécanique, on ne doit s'en servir que le premier jour, pour
étendre les andains ; son emploi ultérieur détacherait les
feuilles et les fleurs de la tige.

Dans les expériences de M. E. Perrault de Jotemps,
1,000 kilog. de luzerne verte coupée à la toute première
fleur donnèrent :

1° Après le fanage de pratique......	279 kil.	»	de foin.
2° Après fanage extrême	256 — 600	—
2° Après fermentation, en maximum.	234 — 200	—

Malheureusement, on n'a pas tenu note, dans cette expérience, des feuilles tombées sur la toile et qui eussent été
perdues pendant l'opération pratique. La quantité d'eau
que le fanage doit évaporer varie évidemment selon que le

climat est chaud ou froid, sec ou humide, que le sol est ou non arrosé, que la plante a été coupée à une période plus ou moins avancée de végétation. En général, la première coupe se fauche au moment où les premières fleurs apparaissent sur la plupart des tiges : plus tôt, la plante, trop tendre, ne donne que peu de foin; plus tard, les tiges trop dures produisent un foin ligneux que le bétail recherche moins avidement. « On est quelquefois obligé de fau« cher lorsque les fleurs commencent à peine à paraître, « dit M. de Dombasle; c'est dans le cas où après une séche« resse, on s'aperçoit que les feuilles du bas de la tige sont « jaunes et commencent à tomber. Alors, si l'on tarde « plus longtemps à faucher, les plantes repoussent du pied « au lieu de croître en hauteur, et l'on n'obtiendrait en« suite qu'un fourrage mêlé de tiges dures et de pousses « trop tendres; on perdrait aussi beaucoup sur les coupes « suivantes. » (*Calend. du bon Cultiv.*, 7ᵉ éd., p. 197.) En moyenne, le fanage fait évaporer, pour la luzerne, 73 p. 100 de l'eau de végétation, et le foin n'en retient que 7 p. 100.

Une femme peut faner 40 à 45 ares de luzerne par jour, y compris l'ouverture des veillottes, le tournement des andains, la confection des veillottes et des cachons et le râtelage. On paie pour l'ensemble de ces opérations, à tâche, de 3 fr. 75 c. à 4 fr. par 1,000 kilog. de foin récolté. On bottelle ordinairement la luzerne, à même le cachon, sur le champ, pour éviter la perte en feuilles pendant le chargement et le déchargement; on paie pour cette opération le même prix que pour le foin naturel.

Le foin de luzerne étant, à peu près partout, le meilleur fourrage de la ferme, on le rentre presque toujours en greniers, dans le double but d'en éviter le gaspillage, et de le soustraire aux chances d'avaries auxquelles il serait parfois exposé en meules. Ceci ne veut point dire qu'il ne puisse se conserver au dehors aussi bien que les autres fourrages, cependant, si les meules sont bien faites et bien couvertes. On réserve ce foin pour le bétail de trait, pendant les plus rudes travaux, ou pour le bétail de rente pendant l'élevage ou l'engraissement. Les chevaux, les vaches laitières, les bœufs à l'engrais, les brebis et les agneaux en sont très-friands, et on estime, en effet, que, en moyenne, 90 kilogrammes de foin de luzerne peuvent remplacer 100 kilogrammes de bon foin ordinaire. Quant à la plante verte, elle convient surtout aux vaches laitières et aux bêtes d'élève, et il en faut 460 kilog. pour remplacer 100 kilog. de foin ; elle produit un lait moins riche que le maïs, les vesces, le sainfoin, le trèfle et la spergule.

La luzerne verte peut causer, comme le trèfle, la météorisation (ou ballonnement, gonflement, enflure); et il serait urgent de déterminer, pratiquement et scientifiquement, dans quelles circonstances elle détermine cet accident. En effet, l'opinion générale des praticiens est que c'est quand les plantes sont mouillées, qu'elles ont été fauchées à la rosée, qu'elles météorisent; M. Villeroy dit qu'elles peuvent causer cet accident quand elles sont pâturées par un temps sec et venteux; M. Verheyen, quand elles sont couvertes de rosée, de givre, ou mouillées par la pluie; M. de Dombasle affirme, d'un autre côté, que c'est le matin, à la rosée, qu'il faut les faire couper; M. de Gasparin écrit qu'on peut la donner sans danger à l'étable, pourvu qu'on ait laissé flétrir les tiges sur le champ après les avoir coupées; M. Sanson prétend, avec grande apparence de raison, que les légumineuses météorisent quand, coupées à la rosée, elles ont été laissées en tas au soleil, et ont fermenté ; que pour les rendre inoffensives alors, il suffit de les arroser d'eau froide. Les praticiens croient encore que les fourrages plâtrés météorisent plutôt que ceux qui ne l'ont pas été ; cette opinion a été combattue, mais sans preuves suffisamment concluantes.

En tout cas, il faut faire attentivement surveiller les animaux qu'on alimente avec de la luzerne, du trèfle, etc., de manière à pouvoir les soigner dès les premiers symptômes. Les remèdes, dans ce cas, sont aussi nombreux que simples : pour les bêtes à laine, on fait courir le troupeau, et si on est à portée d'un ruisseau, on y plonge les bêtes météorisées, puis on rentre vite à la ferme. Pour les bêtes à cornes, on place un lien de paille qui, passant de la bouche aux cornes, les empêche de manger et les fait éructer ; on administre un breuvage d'eau salée, ou encore 30 à 40 gouttes d'alcali volatil dans un demi-litre d'eau, en deux ou trois doses, à dix minutes d'intervalle, ou bien 60 à 100 grammes d'éther sulfurique dans un litre d'eau, ou enfin un verre d'huile d'olive, de noix, de colza, etc. ; une cuillerée d'eau de javelle dans un litre d'eau ; un demi-litre d'eau savonneuse, etc., etc. Entre temps, on verse constamment de l'eau froide sur le flanc gauche, puis on fait promener de temps en temps l'animal.

On peut employer encore la sonde œsophagienne, tube en caoutchouc, terminé par une olive percée de trous, et que par la bouche et l'œsophage on cherche à introduire jusque dans la panse, afin de donner par là issue aux gaz qui causent la maladie ; ou bien encore une seringue ordinaire, avec laquelle on fait le vide par l'anus. Enfin, lorsqu'on ne s'aperçoit qu'un peu tard de l'accident, et que l'animal est menacé d'asphyxie, il faut faire la ponction. Elle exige un instrument appelé trocart ; c'est un poinçon

en fer qui est garni d'une canule dans laquelle il glisse.
Pour s'en servir, après avoir fait avec un bistouri une
incision à la peau, à l'endroit qui forme le milieu du flanc,
on enfonce d'un seul coup le poinçon ou trocart, et on le
retire aussitôt en laissant la canule dans la plaie ; les gaz
s'échappent par cette ouverture qui se cicatrise presque
toujours sans accidents, pourvu qu'on l'entretienne propre. A défaut de trocart, on peut se servir d'un couteau,
d'un canif, etc., et on place dans la plaie un tuyau de
plume, une branche de sureau vidée de sa moelle, etc.

La graine de luzerne ne peut se récolter sur la première
coupe, qui contient trop d'herbes et s'élève trop, mais bien
sur la seconde, qui se trouve dans de meilleures conditions
de reproduction et de pureté, jamais sur la troisième
coupe, qui ne donne que des semences imparfaitement
mûries, et que d'ailleurs il est difficile de recueillir. C'est
sur les luzernes âgées de trois à quatre ans qu'on peut obtenir les graines les plus convenables pour la reproduction, parce qu'elles sont alors dans toute leur vigueur, et
donneront naissance à des plantes douées d'une semblable
énergie. Aussi M. Heuzé nous semble-t-il avoir dit à tort
que : « Comme cette production diminue la vigueur des
« luzernes qui la fournissent, on ne doit la demander
« qu'aux vieilles luzernières, et pendant l'année qui pré-
« cède l'hiver durant lequel doit avoir lieu leur défriche-
« ment. » Il est bien vrai que la production des graines
épuise les luzernières, mais il est de première importance
d'obtenir des semences de bonne qualité ; et en faisant
alterner les divers champs pour cette production qu'on
ne leur demandera qu'une seule fois pendant leur existence, il n'en peut guère résulter d'amoindrissement
sensible dans leur produit et leur durée, si le terrain a

été mis en bon état, ainsi que nous l'avons recommandé.

Pour récolter la graine, on fauche à la faux nue ou à la faux garnie; on coupe quelquefois à la faucille; on laisse les andains sécher sur le sol, ou bien on les redresse, on les amotte comme le sarrazin, c'est-à-dire qu'on dresse trois poignées les unes contre les autres, la tête en l'air, et on les lie avec un brin d'herbe pour les maintenir. Dès que les tiges sont sèches, que les graines se détachent bien de la gousse, on bat au fléau sur une aire de grange, ou en plein champ sur une bâche, soit au fléau, soit à la gaule. Il reste ensuite à détacher les semences de la gousse, ce qui s'opère par le battage au fléau, par le froissage sous la meule verticale d'une huilerie, ou à l'aide d'un égraineur spécial, celui de M. Yves Lucas, par exemple; les moulins à tan peuvent aussi rendre le même service; les uns et les autres se chargent de l'opération au prix moyen de 0 fr. 10 à 0 fr. 15 par kilog. de graines rendues nettes. Il faut de 6 à 7 kilog. de gousses pour obtenir un kilog. de semences. Le produit de la luzerne en graines varie de 7 à 900 kilos par hectare dans le midi, à 4 à 500 dans le centre et le nord. L'hectolitre de bonne semence·pèse de 75 à 78 kilog. l'hectolitre suivant l'année et le degré de pureté.

« On nous parle, dit M. de Gasparin, de luzernes qui
« ont duré trente ans; Olivier de Serres assignait quinze
« ans de vie à cette plante; dans la pratique ordinaire,
« ces durées prolongées sont considérées comme des phé-
« nomènes relégués dans l'histoire héroïque de cette
« plante, et cependant il s'agit de s'entendre. S'il s'agit
« de prolonger la durée d'une luzerne sans s'embarrasser
« du produit en foin, on en voit souvent parvenir à cet
« âge avancé dans des terrains frais et profonds. Nous en

« avons une, semée autrefois, puis abandonnée au pâtu-
« rage, où les plantes devenues rares croissent au milieu
« d'une foule d'autres herbes; son âge est tout à fait in-
« connu et probablement très-grand. Un de nos voisins a
« une luzerne de vingt ans qui ne produit plus de foin
« depuis près de quinze, mais qui chaque année, ense-
« mencée en blé par un seul labour, donne une seconde
« récolte de graines de luzerne assez importante. Mais
« plusieurs causes s'opposent à une longue durée avec
« une production considérable. » (*Cours complet d'agric.*,
t. IV, p. 433-434.) En somme, la durée extrême des luzernières peut être maintenant fixée à quatorze ou quinze
ans, et on en est arrivé à considérer comme satisfaisante
celle de six à sept ans ; nous entendons la durée d'un produit économique, et nous répétons qu'on doit défricher
dès que l'herbe envahit.

Le défrichement des luzernières se fait en automne,
après qu'on a fait pâturer le dernier regain, ou pendant
l'hiver; dans la première saison, quand on veut ensemencer de suite, dans la seconde quand on ne doit semer
qu'au printemps. Le plus souvent, on défriche à fond,
après les dernières pluies d'automne, quand le terrain se
trouve profondément trempé; c'est un rude labeur à cause
de la résistance qu'offrent les racines de la plante que le
soc doit trancher. Il est préférable, par cette raison, de
diviser la besogne entre deux charrues : l'une, celle
qui marche devant, lève seulement une tranche de
$0^m,15$ à $0^m,20$ qu'elle retourne à plat; la seconde, qui
marche dans la dérayure précédente, soulève une tranche
de même épaisseur qui vient recouvrir la première
bande. Certains cultivateurs enfin se bornent à donner un
seul labour de $0^m,20$ à $0^m,25$, et ils obtiennent ainsi un

guéret plus propre et plus régulier; mais la luzerne, à peine atteinte dans son collet, toujours placé à $0^m,05$ ou $0^m,10$ au-dessous de la surface du sol et que la charrue déplace souvent sans le couper, repousse nombreuse et comme rajeunie par cette façon ; il faut alors l'arracher à la main dans la récolte suivante qu'elle parviendrait souvent à étouffer. Mieux vaut la détruire du premier coup.

Il faut tenir compte, dans la place de rotation qu'on choisit pour la luzerne, et des besoins que le sol doit combler pour elle, et de l'influence qu'elle peut avoir sur la récolte qui lui succède. Nous l'avons dit déjà, il lui faut un sol profond ou défoncé, non moins riche au fond qu'à la surface et exempt de toutes mauvaises herbes : le meilleur précédent est donc une, ou mieux deux récoltes sarclées et largement fumées, sur défoncement profond. Pour lui succéder, il faut une plante sarclée ou étouffante qui détruise ou ne redoute pas les repousses de la luzerne, et qui achève de nettoyer le terrain si les plantes adventices l'avaient infesté. M. de Dombasle conseille l'assolement suivant qui nous semble répondre à ces diverses conditions :

1° Colza d'hiver, sarclé et biné, et suivi d'une demi-jachère d'été.
2° Trèfle d'hiver.
3° Trèfle.
4° Froment ou avoine.
5° Pommes de terre, betteraves, rutabagas ou choux fumés.
6° Avoine ou orge avec luzerne.
7° Luzerne pour six ou sept ans ou même davantage.

Outre l'assolement que nous avons cité dans l'Introduction (page 40), nous donnerons encore pour exemple à suivre, celui de Hohenheim, indiqué par M. Royer (*Agric. allemande*, page 37 :

1° Pommes de terre fumées.
2° Blé de mars et luzerne.
3° à 6° Luzerne.
7° Froment d'hiver.
8° Avoine.
9° Pommes de terre fumées.
10° Orge et trèfle.
11° Trèfle.
12° Froment.

Sur cette même exploitation, lorsque Schwerz avait commencé à cultiver la luzerne sur des terres humides, non défoncées, soumises à la vaine pâture, il avait suivi l'assolement :

1° à 7° Luzerne.
8° Avoine.
9° Pommes de terre ou topinambours.
10° Lin.
11° Pommes de terre ou topinambours.
12° Orge, vesces, fourrage

en divisant en deux soles, les terres qui pouvaient recevoir la luzerne, de façon à ce que chaque sixième année elle occupât la totalité des deux soles, et afin qu'il n'y eut pas manque de fourrage. Mais la luzerne revenait trop souvent à la même place après un intervalle de cinq ans seulement; aussi l'assolement postérieur, institué par M. de Weckerlin et que nous avons indiqué plus haut, nous semble bien préférable en ce qu'il laisse un intervalle de huit ans, pour une durée de la luzerne de quatre ans, et que les autres soles sont plus productives.

Car le cultivateur cherche toujours, et on ne saurait l'en blâmer lorsqu'il ne va pas jusqu'à l'abus, à tirer parti de la richesse qu'il a enfouie dans le sol ou qu'il a su habilement y accumuler. Or, pour établir une luzernière, il a fallu donner au sol d'abondantes fumures, et le fermier, plus encore que le propriétaire, a hâte d'utiliser ce qu'il en reste. En outre, on considère en général la luzerne comme peu épuisante parce qu'elle tire une partie de sa nourriture de l'atmosphère ; nous pensons que ce qui a donné lieu à cette opinion, c'est que cette plante épuise plus le sous-sol que le sol ; mais il n'en est pas moins vrai que ses racines longues et puissantes laissent dans l'un et l'autre un élément de fécondité, outre ce qui peut rester des engrais qui y ont été déposés. En effet, M. de Gasparin, sur un hectare de luzerne défrichée, a recueilli 37,021 kilog. de racines desséchées à l'état normal, c'est-à-dire, renfermant 80 p. 100 d'eau, et 0,80 p. 100 d'azote ; c'était donc, par hectare, une richesse totale de 296 kilog. d'azote, équivalent d'environ 74,000 kilog. de fumier normal.

C'est pourquoi on fait souvent suivre le défrichement d'une luzerne de une, deux, trois et jusqu'à quatre et cinq cultures céréales ou commerciales sans engrais. Dans l'ordre d'idées que nous avons cherché à développer, on comprend que ces dernières pratiques sont un abus qui rend le présent profitable au détriment de l'avenir et sont par conséquent condamnables au triple point de vue du père de famille, de l'agriculteur et du citoyen. On doit se contenter d'une avoine et d'un froment, si l'on veut, non enrichir le sol, mais lui conserver sa fertilité acquise, et ne pas nuire au retour de la luzerne.

Nous ne nous attacherons, ni pour cette plante, ni pour les suivantes, à chercher un prix de revient qui dépend de trop de circonstances impossibles à préciser vu leur multiplicité. Le plus bas prix de revient s'obtient, c'est là l'essentiel à savoir, par les plus complètes récoltes, et celles-ci par les engrais les plus abondants et les soins les moins épargnés. Mieux vaut dépenser 1000 fr. par hectare pour en recueillir 200, que de n'en dépenser que 600 pour n'en récolter que 100; c'est de l'arithmétique assez claire et qui s'adresse au plus simple bon sens, si je ne m'abuse.

B. LUZERNE FAUCILLE.

La luzerne faucille (*medicago falcata*) ou luzerne de Suède, se rencontre à l'état sauvage en Suède (district de Gothland) et dans le Valais Suisse ; on la trouve quelquefois aussi en France. Elle se distingue par la forme de ses gousses oblongues, comprimées et contournées en forme de faucille ; par la couleur jaune rougeâtre de ses fleurs ; par ses folioles tronquées ; enfin par la direction de ses tiges rampantes sur le sol et dont l'extrémité seule se redresse.

Cette plante vantée par Linnée et estimée en Suède pour le pâturage qu'elle procure, a été à plusieurs reprises essayée en France, sans réussite ; la direction de ses tiges se prête peu au fauchage ; ces tiges un peu velues ne donnent qu'un fourrage dur et de médiocre qualité. On la rencontre dans les prairies sèches et élevées et c'est l'indice qu'elle se peut contenter de sols pauvres, et aussi qu'elle peut, dans ces circonstances, être utilisée comme pâturage. C'est à cela qu'il faut borner, sans doute, son utilité.

C. LUZERNE RUSTIQUE.

La luzerne rustique (*medicago media*) a les tiges diffuses mais non pas couchées comme la luzerne faucille, ni droites comme la luzerne cultivée ; ces tiges acquièrent

parfois la longueur de 1^m,30 ; les fleurs d'un jaune verdâtre prennent parfois une teinte violette. Elle croît naturellement en France, et avec vigueur, même dans les
terrains arides, ce qui engagea M. Descolombiers à la
cultiver, dans le département de l'Allier, et M. Vilmorin,
dans celui du Loiret. Mais tous deux paraissent avoir
promptement abandonné ces essais. Nous croyons que,
comme la précédente, elle peut contribuer à former de
bons pâturages dans certaines terres siliceuses ou calcaires.

D. LUZERNE DE LA CHINE, OU MOU-SIU. LUZERNE DU CHILI.

On a fait, il y a peu de temps (1864), certain bruit d'une
plante nouvelle, la *luzerne de la Chine* ou *Mou-Siu*, sur
laquelle M. Constantin Skattschkoff, ancien consul russe
en Chine, a publié une notice. Cette plante est cultivée en
grand dans la Dzoungarie et le Turkestan où elle forme
la base de l'alimentation du bétail. Elle donne trois coupes
et un pâturage, et produit environ 6 à 7,000 kilog. de fourrage sec par an ; la première coupe atteint 0^m,80 de hauteur. Elle dure dix à douze ans. Nous regardons comme
fort présumable que cette plante ne soit autre que notre
luzerne cultivée, aux semences de laquelle ses graines,
du moins, ressemblent parfaitement, et nous ne voyons
pas d'ailleurs qu'elle présente aucun avantage sur son type.

Il en était de même de la luzerne du Chili, importée en
France en 1838 par le capitaine de vaisseau Croqueviel,
sous le nom d'Alfalfa. Cette plante qui s'élevait à 1^m,32,
devait donner huit coupes par an. Il est plus que probable
que, sous notre climat, elle n'aura pu tenir ces splendides
promesses de son sol natal, et qu'elle sera revenue à son
type originaire, notre luzerne cultivée.

Nous citerons encore, parmi les nombreuses variétés indigènes de luzerne, la luzerne maculée (*medicago maculata*) ou luzerne d'Arabie, dont les folioles sont chargées d'une tache obscure, dont la gousse est armée sur le dos de deux rangs de crochets saillants et roulés de manière à former une petite boule, qui croît dans les lieux un peu humides. Dans les contrées méridionales de la France, les *medicago obscura, scutellata, rugosa, tornata, tuberculata, striata, apiculata, denticulata, pubescens, terebellum, coronata, gerardi, rigidula, echinus*, etc.

E. LUZERNE LUPULINE OU MINETTE DORÉE.

La *luzerne lupuline*, ou *minette dorée*, appelée *bujoline* dans le Poitou (*medicago lupulina*), est une plante bisannuelle ; elle a pour caractères des fleurs jaunes en épis ovales portés sur des pédoncules axillaires ; des fruits en gousses pubescentes, réniformes et monospermes. Elle porte souvent le nom de minette dorée ; elle croît spontanément dans les terres argileuses, les sols calcaires un peu frais, le long des chemins, dans les prés, etc. Quoique bisannuelle, elle persiste pendant plusieurs années lorsqu'on la fauche en vert sans lui laisser porter de graines.

L'introduction de cette plante dans la grande culture ne remonte qu'à la fin du dernier siècle. D'après Yvart, M. le duc de Béthune-Charrost fit connaitre le premier, en 1785, le parti qu'avait su tirer de la lupuline M. Bernet-Degrez, cultivateur du Pas-de-Calais. Depuis lors, la minette s'est répandue dans toute la France, recommandée par Dumont de Courset, Duhamel, Yvart, M. de Dombasle, etc.

Les sols calcaires, qu'ils soient crayeux, argileux ou

siliceux, lui conviennent particulièrement ; mais elle réussit fort bien encore sur les sols argileux pourvu qu'ils ne soient pas trop humides. Elle n'exige pas une très-grande fertilité, et ne donne qu'une coupe à la faux ; mais elle repousse assez rapidement sous la dent des bestiaux. Aussi, rarement est-elle convertie en fourrage sec, et bien plutôt livrée en pâturage aux moutons et quelquefois au bétail à cornes. Il ne faut point oublier pourtant qu'elle peut, dans certaines circonstances, causer la météorisation aussi bien que le trèfle et la luzerne.

On la sème en mars ou avril, dans une céréale de printemps maintenue un peu claire, à raison de 18 à 20 kilogrammes par hectare. Quelquefois on la sème en automne dans un grain d'hiver, mais mieux au printemps dans le même grain. C'est dans l'orge de mars qu'elle paraît le mieux réussir. Dès le premier automne, on peut la faire pâturer, mais avec précaution, par les moutons ; l'année suivante, elle fournit une coupe de fourrage qu'on peut estimer en sec à environ 2,000 kilogrammes par hectare, soit 8,000 kilogrammes en vert, ou 350 à 400 kilogrammes de graines. Mais c'est le pâturage, nous l'avons dit, qui permet surtout d'utiliser cette plante précieuse pour les troupeaux de race ou de croisement mérinos.

Souvent on emploie la minette en mélange avec le trèfle et la luzerne ; cette pratique ne doit être suivie que dans les terrains maigres, et encore vaudrait-il mieux, le plus souvent, semer la minette seule. Mais on peut en faire un utile emploi dans la formation des prairies et des pâturages permanents ou temporaires ; on la répand alors à la dose de 4 à 8 kilogrammes par hectare, mélangée au trèfle blanc, au lotier, aux vulpins, aux fétuques, aux fléoles, aux houques, poas, ray-grass, brômes, etc. Il faut se garder

de la confondre avec la luzerne maculée et avec le trèfle
filiforme, qui lui ressemblent assez; les épis de la minette
portent chacun de 8 à 12 fleurs jaunes et sont ovales; les
épis du trèfle filiforme sont globuleux et leurs fleurs, d'un
jaune plus pâle, sont au nombre de 20 à 24. Les folioles
de la luzerne maculée sont chargées d'une tache noire
confuse qui suffit pour faire reconnaitre la plante.

§ 2. Genre mélilot.

A. MÉLILOT OFFICINAL.

Le genre *mélilot* (*melilotus*) se distingue par un calice
en cloche à cinq dents; la gousse est striée ou chagrinée,
dépassant un peu le calice; les feuilles sont à trois folioles
dont la moyenne seule est pétiolée.

Le mélilot officinal (*melilotus officinalis*), plante bisannuelle, a les folioles dentées à leur partie supérieure;
les fleurs jaunes, en petites grappes pendantes; les gousses
ridées; ses tiges droites, dures, rameuses s'élèvent souvent
jusqu'à 1 mètre de haut.

« Les motifs, dit M. O. Leclerc-Thouin, qui ont engagé
« Gilbert, et depuis lui, plusieurs agronomes, à recom-
« mander la culture du mélilot comme fourrage, c'est que
« tous les animaux le mangent avec plaisir, et que l'odeur
« qu'il communique au foin des autres plantes ajoute à
« leurs qualités, qu'il est vert et fourrageux pendant
« presque toute l'année; qu'il réussit enfin sur les terres
« d'une grande médiocrité et résiste à de fortes sécheresses.
« Tout cela est vrai, et il peut arriver qu'il y ait dans
« certains lieux de l'avantage à cultiver cette plante; mais
« son fourrage qui perd beaucoup en se desséchant, lors-
« qu'on le fauche de bonne heure, devient tellement

« ligneux à l'époque de la floraison, que les animaux n'en
« broutent plus que les sommités. Cette double considé-
« ration fait qu'en général on a renoncé, avec raison, à la
« culture du mélilot annuel, partout où il a été possible
« de lui substituer la lupuline, qui s'accommode comme
« lui des sols sablonneux et chauds, ou le sainfoin qui
« prospère sur les fonds calcaires. » (*Mais. rust.*, t. Ier,
p. 514). Tous les animaux consomment avec plaisir le
mélilot officinal tant qu'il est jeune, c'est-à-dire tendre,
mais le refusent dès qu'il est dur. Bien peu d'agriculteurs
en font usage et lui donnent une place dans leurs
cultures.

B. MÉLILOT BLEU.

Le mélilot bleu (*melilotus cœrulea*), appelé vulgairement
lotier odorant, trèfle musqué, baumier, etc., est originaire
de l'Europe orientale; on lui donne même le nom de trèfle
de Caboul. Ses fleurs bleues sont disposées en épis ovoïdes;
ses folioles sont d'un vert pâle et plus grandes que celles
du mélilot officinal. Il est annuel ou bisannuel. On le
cultive dans quelques contrées à sol maigre de l'Allemagne;
on l'a essayé à Grignon, seul, et on y a renoncé pour ne
l'employer qu'en mélanges. La plante fournit de nombreuses feuilles, mais ses tiges ne s'élèvent qu'à 0^m,35 à
0^m,45. Ses fleurs très-odorantes peuvent être employées
à faire des infusions légèrement aromatiques et excitantes;
elles sont aussi très-recherchées des abeilles.

C. MÉLILOT BLANC.

Le mélilot blanc ou de Sibérie (*melilotus alba vel leu-
cantha*), originaire de la Russie septentrionale, porte

le nom de *muges* en Lorraine, et celui de *trèfle de Bockhara*. Ses tiges s'élèvent à 2 et même 3 mètres de hauteur; ses folioles sont d'un vert clair en dessus, pâles et parsemées de quelques poils en dessous; les fleurs blanches sont plus petites que celles du mélilot officinal et disposées en grappes beaucoup plus allongées. Il est bisannuel.

Cette plante recommandée au commencement de ce siècle par Daubenton et André Thouin, est de temps en temps rappelée au souvenir des cultivateurs par des notices élogieuses souvent écrites par des marchands de graines, notamment en 1860 et 1864. La vérité sur son compte, c'est que, comme les deux précédents, elle durcit très-vite, et ne saurait guère s'employer seule; que son produit, comme celui de toutes les plantes, est en raison directe de la fertilité du sol, et qu'il ne saurait se comparer au trèfle, à la luzerne, au sainfoin, et à la plupart de nos autres fourrages indigènes. Il ne faut pas oublier que tous les mélilots peuvent météoriser; on peut les semer à raison de 5 à 6 kil. par hectare avec les vesces, ou seuls avec 12 à 15 kil.

§ 3. Genre trèfle.

A. TRÈFLE COMMUN.

Le trèfle commun appelé encore *trèfle rouge*, et en Normandie *trémaine*, porte en botanique le nom spécial de *trèfle des prés* (*trifolium pratense*). Il est le type du genre *trèfle* dont les espèces sont très-nombreuses. Il se distingue par un calice tubuleux à cinq divisions et persistant; la carène d'une seule pièce, plus courte que les ailes et l'étendard; la gousse petite, renfermée dans le calice et contenant de 2 à 4 graines seulement; les fleurs en tête ou en épis serrés; les feuilles à trois folioles insérées au sommet du pétiole.

Le trèfle commun ou des prés, a pour caractères : tiges plus ou moins rameuses s'élevant de 0^m,30 à 0^{m}45, à peu près droites, peu ou point velues; folioles elliptiques, à peine dentées et presque glabres; fleurs rouge plus ou moins vif, disposées en tête arrondie et entourée de deux folioles formant une sorte d'involucre; la division inférieure du calice est presque double des autres en longueur. Cette plante est très-commune dans nos prairies basses et moyennes.

On a souvent prétendu, mais sans preuves ni sérieuse présomption, que le trèfle était le *lotos* d'Homère et des Grecs, de Virgile, de Pline et des Latins. Selon John Gerarde cité par M. Heuzé, le trèfle formait en Italie, dès 1597, d'excellentes prairies artificielles; Olivier de Serres qui publia en 1600 son *Théastre d'agriculture*, Bode de Stapel et Mathiole gardent un silence complet à son égard, sauf le dernier qui le cite au nombre des plantes sauvages. Il paraît en effet croître spontanément dans toute l'Europe; et son nom germanique de *klee*, que l'on retrouve dans son nom anglais *clover*, donne à penser que les Germains, les premiers, reconnurent le parti qu'on en peut tirer, et que les Danois ou les Saxons le portèrent dans les îles Britanniques lors de leur invasion. Ce qu'on sait de positif, tout au moins, c'est que, sous l'empereur d'Allemagne Joseph II (1765-1790), le Saxon Schubart conseilla de semer du trèfle dans le froment, pour remplacer la jachère par un fourrage, et fut récompensé par l'empereur du titre de baron de Kleefeld ou du champ de trèfle. C'est de l'Allemagne, par l'Alsace, que cette plante et cette pratique nous seraient venus, d'après les conseils et l'exemple de Schrœder vers 1759. Chose singulière, l'Angleterre semble l'avoir connue avant nous, qu'elle l'ait reçue en 1619 des Pays-Bas, d'après Loudon, ou par les soins de sir Richard Weston, comte de Portland et grand chancelier, en 1633. En France il était déjà cultivé en Normandie dès 1700, suivant MM. Girardin et Dubreuil; sir Richard Weston en parle dans son *Voyage en Flandre*, publié en 1645, comme d'une plante cultivée en grand dans cette contrée. En Angleterre, comme en France, on négligea longtemps cette nouvelle conquête : en 1766, Arthur Young dit qu'elle était encore inconnue dans une grande partie de l'Angleterre; en France, il fallut qu'en 1759 les états généraux de Bretagne offrissent cent vingt-huit prix de 50 livres chacun pour encourager sa culture.

Mais un scrupule nous vient, celui de chercher à rendre à chacun ce qui lui appartient. Que Torello ait prôné les prairies artificielles, que Schubart ait conseillé la culture du trèfle, voilà sans doute la vérité, et on ne saurait trop remercier leur mémoire de ce bienfait et de leur dévouement; mais ce n'est pas un motif suffisant de leur délivrer un brevet d'invention. Nous venons de voir, en effet, que, dès 1597, on cultivait le trèfle en Italie; la prairie artificielle était donc découverte. D'un autre côté, nous avons appris que sir Richard Weston, trouvant le trèfle cultivé en Flandre, le transporta en Angleterre; et voici Schwerz qui attribue aux persécutions du duc d'Albe (1550-1560) et à l'émigration des protestants de la Flandre la propagation de la culture du trèfle sur les bords du Rhin, où ils s'établirent sous la protection de l'électeur palatin. Schubart n'agit donc ici que par ses conseils, ses écrits, et peut-être son exemple; mais les véritables inventeurs seraient alors les Flamands. *Suum cuique.* Ceci dit, parce que nous voyons tous les jours faire à Schubart honneur d'une invention qui serait fort contestable.

Ce n'est guère que depuis le commencement de ce siècle que le trèfle s'est répandu communément dans la culture, modifiant l'assolement triennal, fournissant une nouvelle source d'alimentation pour le bétail, permettant enfin d'entrer dans le système de culture alterne. « Le trèfle, « dit avec raison M. de Gasparin, est devenu la base de « l'agriculture des climats humides, comme les prairies « arrosées, la luzerne et le sainfoin le sont des climats « secs. » En effet, ce n'est que dans les sols frais que la levée s'opère bien, et la plante ne donne une coupe abondante que lorsque le printemps est humide; or ces deux conditions ne peuvent guère, dans le Midi, s'obtenir qu'au moyen des irrigations.

Le foin de trèfle renferme, d'après Sprengel, 2,53 p. 100 de sels de soude et de potasse, 3,12 de sels de chaux et de magnésie, et 0,36 p. 100 de silice. D'après M. Boussingault, son analyse donnerait :

Carbone, hydrogène, oxygène...............	90,20
Azote...........................	2,06
Acides carbonique, sulfurique et phosphorique.	2,59
Chlore............................	0,20 } 100,00
Chaux et magnésie..................	2,41
Potasse et soude	2,11
Silice, oxyde de fer et d'alumine.........	0,43

D'après le même chimiste, le trèfle vert coupé en fleur contient : eau, 77 p. 100; amidon, sucre, etc., 1,4; albumine, caséine, 6,3; matières grasses, 0,9; ligneux et cellulose, 11,2; sels, 3,2; il dose 0,50 d'azote. La grande proportion de sels de chaux et de potasse que renferme le trèfle prouve à l'avance qu'il réclame l'élément calcaire dans le sol, que le plâtre, les cendres, l'écobuage doivent être ses engrais préférés (1).

Le sol que préfère le trèfle est celui qui renferme l'élément calcaire en proportion suffisante, mais non exagérée, qui est frais sans être humide, qui est assez profond et défoncé, et renferme une certaine quantité de vieil engrais, c'est-à-dire un loam, une terre argilo-siliceuse, ou une argile marneuse. Les terres argileuses, si elles sont drainées et défoncées, peuvent encore lui convenir, ainsi que les sables frais et bien cultivés. Mais les terres de tourbe et de bruyères sont à la fois trop acides et trop légères, souvent trop mouillées en hiver; les terres crayeuses le font souffrir de la sécheresse, et sa réussite n'y est rien moins qu'assurée. La nature physique et chimique du terrain sont plus importantes pour lui, croyons-nous, que sa fécondité, à condition, pourtant, que le sol ne soit pas acide. En résumé, si la terre est siliceuse, il faut qu'elle repose sur un sous-sol d'argile marneuse; si elle est argileuse, il faut que le sous-sol soit perméable naturellement, ou drainé.

Si la luzerne s'accommode bien d'une fumure assez récente enfouie à une certaine profondeur, et qu'elle utilisera successivement, il n'en est pas de même du trèfle, dont les racines sont beaucoup moins profondes, et qui se nourrit non moins par ses racines traçantes que par son pivot, lequel, du reste, ne pénètre guère plus qu'à $0^m,40$ de profondeur. C'est de la vieille force qu'il lui faut surtout, c'est-à-dire de l'engrais accumulé depuis longtemps dans le sol, et bien incorporé aux molécules terreuses. Sa réussite dépend donc à la fois, comme celle de la plupart des

(1) Voir *Éléments des Sciences physiques* (*Chimie organique*), par M. Pouriau. (*Biblioth. des Profess. agric. et industr.*)

plantes, des conditions physiques et culturales du terrain, conditions qu'un habile cultivateur doit savoir modifier à son gré, et qui sont à peu près les mêmes pour le plus grand nombre des plantes.

C'est ainsi que, pour le trèfle, on peut modifier la nature chimique du sol par le marnage, le chaulage et le plâtrage, c'est-à-dire par l'introduction plus ou moins abondante, plus ou moins répétée de l'élément calcaire. On peut encore lui appliquer les phosphates calcaires qui, dans certains sols, font merveille, le noir animal, au moyen duquel on a pu améliorer tant de landes en Bretagne. La fertilité du sol peut s'accroître par tous les engrais, car tous conviennent au trèfle, et dans ce nombre nous comprenons les stimulants, comme le guano, la cendre lessivée, etc., les composts, etc.

La préparation du sol doit consister dans l'ameublissement, l'approfondissement et le nettoyage; le nombre des façons préparatoires est en raison directe de la cohésion de la terre, et elles doivent s'étendre à une profondeur de $0^m,30$ au moins. Le sol doit avoir été approprié déjà par les rotations précédentes, si l'assolement est bien combiné; et la dernière jachère, qui a dû précéder l'année de trèfle, a dû être assez soignée pour débarrasser autant que possible le terrain des mauvaises herbes. Nous n'avons pas besoin de répéter que les façons à la charrue, à la herse, à l'extirpateur, au rouleau, ont dû se succéder dans ce but. Ce qu'il ne faut point ignorer cependant, c'est que, dans certaines natures de sols, les calcaires siliceux, par exemple, le trèfle réussit mal quand le terrain a été trop remué, trop soulevé, en un mot, trop ameubli; dans ce cas, il faut recourir à un rouleau pesant et placer le trèfle en conséquence dans la rotation.

Cette place, dans les cas ordinaires, se trouve naturellement après une plante sarclée et fumée ou une jachère
vive fumée. Ainsi vient-il dans l'assolement de Grignon,
dans l'orge de la deuxième année, qui suit une culture de
plantes-racines sarclées, fumées et défoncées, et de même
dans tous les assolements sagement conçus. On s'explique,
au contraire, l'incertitude de sa réussite et son minime
produit dans les assolements triennal et quadriennal après
une jachère morte, et surtout quand il y occupe toute la
première ou toute la troisième sole (trèfle, céréale d'hiver,
céréale de printemps, et jachère, blé, trèfle, avoine). Nous
avons mis déjà le cultivateur en garde contre le retour trop
fréquent du trèfle sur le même sol et l'effritement qui en est
la suite ; nous estimons que ce retour ne doit pas être plus
rapproché, au minimum, que cinq ou six ans, et que huit à
dix ans assureraient davantage un bon et durable produit.

Le trèfle se sème le plus souvent au printemps, en février, mars et avril, quelquefois en juin, jamais en automne. On le sème soit dans une céréale de printemps,
soit dans une céréale d'hiver, soit dans du lin, en mars ou
avril, soit dans du sarrasin, en mai ou juin. Dans le premier cas, « on doit semer d'abord sur le labour l'orge ou
« l'avoine, puis herser ou extirper pour couvrir le grain ;
« ensuite, semer le trèfle et l'enterrer très-légèrement,
« soit avec une herse de bois, soit avec une herse renver-
« sée, soit avec un châssis garni d'épines. Dans la plupart
« des cas, lorsqu'il survient une averse immédiatement
« après la semaille du trèfle, il n'a pas besoin d'être en-
« terré du tout. Lorsqu'on le sème sur le blé, on ne doit
« de même le recouvrir que très-légèrement. Si la surface
« est très-meuble, la herse de fer l'enterre souvent trop
« profondément ; il vaut mieux alors passer la herse et

« semer ensuite par un temps pluvieux sans enterrer la
« semence, ou tout au plus avec la herse de bois. Un bi-
« nage donné à la main au froment ou au seigle enterre
« parfaitement bien la semence du trèfle, et est certaine-
« ment le meilleur moyen d'en assurer la levée régu-
« lière. » (De Dombasle, *Cal. du bon Cult.*, 7ᵉ éd., p. 60-61.)

Ainsi, lorsqu'on sème sur une céréale de printemps, on
répand et on enterre cette semence d'orge ou d'avoine
d'abord, puis en second lieu la graine de trèfle, qu'on recouvre très-légèrement. Quand on sème sur une céréale
en végétation (blé ou seigle d'automne), on répand la semence de trèfle et on l'enterre, soit par un binage ou un
râtelage à la main, soit par un hersage. Quelques cultivateurs sèment leurs trèfles sur la neige de la fin de l'hiver,
et le dégel et les pluies suffisent pour les recouvrir. Thaër
recommande avec raison de semer en divisant la graine
en deux parties, l'une qu'on répand en long, l'autre en
travers; on arrive ainsi à une semaille bien plus régulière.
M. de Dombasle conseille de semer le trèfle dans une céréale d'automne destinée à être fauchée en vert. On coupe
la céréale deux fois, dit-il, si la première coupe a été faite
de bonne heure, et on a ensuite ordinairement une belle
coupe de trèfle à l'automne. La profondeur à laquelle il est
préférable d'enterrer le trèfle, est d'après les expériences
de Schwerz, de 0ᵐ,02 à 0ᵐ,03.

La semaille se fait à la volée, et on emploie de 12 à
25 kilog. de semence par hectare, d'autant moins que la
réussite est plus assurée, c'est-à-dire que le sol convient
davantage à la plante; d'autant plus que le sol est pauvre,
acide ou humide (1). L'hectolitre de cette semence pèse de

(1) Voir *Guide pratique d'agriculture générale*, par A. Gobin,
chap. VI, § 1ᵉʳ. (*Biblioth. des Profess. agric. et industr.*)

78 à 80 kilog. «La graine de trèfle, dit M. Heuzé, est ovoïde,
« et présente une dépression due à ce que l'un des bouts
« se rétrécit tout à coup, et présente dès lors un dévelop-
« pement bien moins considérable que l'autre extrémité.
« Cette semence est moins aplatie que la graine de luzerne
« et de lupuline; sa largeur égale celle de la minette. La
« couleur des semences de trèfle n'est pas uniforme. Ces
« graines sont jaunâtres, jaune verdâtre, violet, violet
« verdâtre, violet jaunâtre. La couleur violette enveloppe
« toujours le gros bout de la graine, et elle permet de la
« distinguer, *à priori*, des graines de lupuline, de trèfle
« incarnat ou de luzerne. Lorsque la partie la plus déve-
« loppée de la semence est violette, l'autre extrémité, le
« petit bout est rouge très-clair ou bien jaunâtre. » Il est
essentiel que le cultivateur sache distinguer ces diverses
semences si semblables à première vue, car certains commerçants de second et troisième ordre ne se font aucun
scrupule de mélanger des graines de minette ou de trèfle
blanc, d'un prix moins élevé, avec celles du trèfle commun, de même qu'ils mélangent le trèfle jaune avec la luzerne. Or on ne serait pas fondé à réclamer des indemni-
tés devant les tribunaux à un grainier qui aurait vendu de
la lupuline pour du trèfle, et aurait ainsi fait perdre toute
une emblavure; c'est au cultivateur à connaître son mé-
tier. Cela a été jugé à plusieurs reprises.

La graine de trèfle conserve pendant un grand nombre
d'années sa faculté germinative, lorsqu'elle n'a souffert ni
de la sécheresse ni de l'humidité; mais on a maintes fois
observé que sa germination est d'autant plus prompte et
sa levée d'autant plus régulière qu'elle est plus jeune;
aussi sème-t-on en général les graines de l'année, ou au
plus celles de deux ans. Il est toujours prudent d'essayer

celles qu'on achète, ainsi que nous l'avons déjà dit pour la luzerne, et par les mêmes procédés ; de même aussi est-il bon, avant de la semer, de la froisser entre deux toiles, puis de la cribler, afin de la débarrasser des semences de cuscute qui peuvent s'y trouver mêlées.

Comme la graine de trèfle perd en vieillissant son brillant et sa couleur, les négociants peu scrupuleux lui rendent le premier en la huilant, la seconde en la mélangeant en diverses proportions avec des graines nouvelles. La conclusion, c'est qu'il est bonde produire soi-même sa graine, ou tout au moins de ne l'acheter que chez des producteurs connus ou des commerçants d'une probité avérée.

On a souvent proposé de mélanger du ray-grass avec le trèfle ; nous nous sommes expliqué déjà sur ces pratiques, en traitant de la luzerne. Si le trèfle doit réussir, si le terrain lui convient, c'est le placer dans des conditions défavorables ; si le sol ne lui convient qu'à moitié, il vaut mieux y semer du ray-grass seul. Nous exceptons pourtant le cas où on voudrait conserver le trèfle deux ou trois ans pour pâturage, afin d'obtenir une prairie temporaire. (Voir Iʳᵉ partie, 2ᵉ section, chap. xx, p. 274.)

Le trèfle germe, suivant la température, en huit à vingt-cinq jours ; ses cotylédons sont à peu près ronds, et d'une teinte également vert tendre à leurs surfaces supérieure et inférieure ; la jeune tige est ordinairement blanche, rarement rosée vers le haut. Les feuilles secondaires, ou feuilles proprement dites, sont couvertes, en dessus comme en dessous, de petits poils fins, ainsi que leur pétiole. La jeune plante est donc facile à distinguer de la luzerne, de la lupuline, du sainfoin et des autres trèfles.

« Il y a plusieurs variétés de trèfle qui méritent d'être
« essayées mieux qu'on ne l'a fait jusqu'ici. Celle qui est

« la plus connue est le grand trèfle de Hollande ; Schwerz
« parle d'un trèfle de Styrie qui fleurit quinze jours
« plus tard, pousse des tiges plus longues et donne un
« produit plus considérable, se maintient plus longtemps
« frais, ne devient pas facilement ligneux, mais devient
« plus dur par la dessiccation, et donne d'ailleurs moins de
« lait. Il le regarde comme propre surtout à la consom-
« mation en vert. M. Vilmorin signale le grand trèfle nor-
« mand du pays de Caux, qui a précisément lés mêmes
« qualités et qui nous semble le même que celui décrit par
« Schwerz sous le nom de trèfle de Styrie ; il ajoute qu'il
« ne donne souvent qu'une coupe, mais qu'elle équivaut à
« deux coupes de trèfle ordinaire. Peut-être cette variété
« conviendrait-elle aux pays méridionaux, où la possibi-
« lité d'obtenir une seconde coupe est toujours douteuse,
« et où l'on ne redouterait pas le retard de quelques jours
« dans l'époque de la récolte. » (De Gasparin ; *Cours comp.*
d'agric., t. IV, p. 454-455)'. Il est douteux pour nous que ces
trèfles de Hollande, de Styrie et de Caux soient des variétés
du trèfle ordinaire dues à d'autres causes que la nature du
climat et du sol. Cependant il est de principe fondé en
agriculture, d'abord, qu'il est bon de renouveler de temps
en temps ses semences, et en second lieu de les choisir
dans un pays de bonne culture où elles aient pris un
grand développement, soit en tiges pour les fourrages,
soit en grains pour les céréales, en tenant compte pourtant de la question d'acclimatation et de naturalisation (1).

Nous avons déjà dit que la céréale dans laquelle le trèfle
a été semé devait être assez claire pour lui permettre de
se développer ; dans les sols riches, dans la culture inten-

____

(1) Voir *Guide pratique d'agriculture générale*, par A. Gobin,
chap. vi, § 1er. (*Biblioth. des Profess. agric. et indust.*)

sive, il faut se méfier que la céréale n'étouffe le trèfle ; semée plus claire, elle risque moins de verser d'abord, et en outre elle laisse à la plante qu'elle abrite plus de sol, plus de lumière, plus d'air et de chaleur. D'un autre côté pourtant, si le trèfle se développe trop, s'il monte dans les tiges de la céréale, il rendra la moisson plus difficile en retardant le séchage de la paille dont, il est vrai, les qualités nutritives s'accroîtront par son mélange. C'est donc dans un juste milieu qu'il faut s'attacher à rester, et tout dépend de la nature et de la fertilité du sol, de son aptitude à produire du grain ou du fourrage. Nous ne saurions rien préciser dans les proportions à garder, et la pratique individuelle peut seule renseigner à cet égard.

Lorsqu'on récolte la céréale qui abrite le trèfle pour fourrage vert, on la coupe presque toujours à la faux et à la hauteur ordinaire, c'est-à-dire rez terre ; quand on la coupe en grains, on fauche ou on faucille sans s'inquiéter du trèfle ; mais il faut veiller à ne pas trop prolonger le javelage ou, si le temps est contraire, à tourner souvent les javelles et les changer de place, pour qu'elles n'étouffent pas le trèfle, et que celui-ci ne pousse pas entre les tiges, ce qui causerait l'égrenage, le moment venu de lier et de rentrer.

Les soins d'entretien à donner ensuite à la plante se bornent à peu de chose : épierrer en automne ou en hiver ; plâtrer dès l'enlèvement de la céréale, puis au printemps et après chaque coupe ; surveiller exactement l'invasion possible de la cuscute, afin de la détruire dès son apparition ; à défaut de plâtre, on peut chauler, ainsi que nous l'avons dit en traitant de la luzerne. Enfin, viennent les hersages, recommandés par tous les agronomes (Thaer, de Dombasle, Martinelli, etc.) et que la pratique néglige toujours; ils doivent se faire au printemps d'abord, puis après chaque coupe, et être aussi énergiques que possible, si ce n'est dans les terres siliceuses; outre qu'ils détruisent la plupart des mauvaises herbes, ils donnent à la plante une culture qui favorise beaucoup sa végétation.

Le trèfle a ses ennemis; qui n'a pas les siens? Dans le règne animal, ce sont l'altise bleue ou altise potagère (*altica oleracea*) (1); le ver blanc ou larve du hanneton (*melolontha vulgaris*); l'escargot, les limaces, les souris et mulots (2). Contre l'altise, les escargots et les limaces, on n'a guère de préservatif que le plâtrage et le chaulage; contre le ver blanc, qui se cache profondément dans le sol dans sa jeunesse, il n'y a que les défoncements et le ramassage; contre les souris et mulots, qui se réfugient dans les haies où aboutissent leurs galeries souterraines, il n'y a que le plombage du sol par un rouleau pesant. Les dégâts causés par ces divers animaux attirent rarement l'attention du cultivateur, qui trop souvent voit la cause sans rechercher l'effet; mais ils n'en sont pas moins évidents et plus d'un a vu manquer sa récolte dévorée feuille par feuille ou coupée racine par racine, sans même savoir à qui s'en prendre. Il est vrai qu'il y eût eu si peu de chose à faire que presque autant valait se croiser les bras.

Dans le règne végétal, outre la cuscute dont nous avons parlé déjà, le trèfle a à redouter une plante parasite, l'orobanche du trèfle (*orobanche minor*), qui se développe sur ses racines comme l'orobanche majeure et rameuse sur celles du chanvre et des céréales. L'orobanche mineure ou commune est le type d'un genre de la famille des Orobanchoïdes, qui renferme une vingtaine d'espèces. « Sa

(1) Voir *Guide pratique d'entomologie agricole*, p. 111-47.
(2) Voir *Guide pratique de destruction des animaux nuisibles.*

racine, dit Bosc, est annuelle, tubéreuse ou mieux renflée à sa base ; la tige simple, pubescente, haute de 0^m,16 à 0^m,21 ; les fleurs fauves et disposées en épi à l'extrémité de la tige. Elle se trouve très-communément en Europe, dans les prés secs, sur les bords des bois, dans les friches où il y a des genêts, des ajoncs et autres arbustes de la famille des Légumineuses, sur les racines desquelles elle croît de préférence. Elle fleurit en été et subsiste jusqu'à l'hiver. Elle occasionne immanquablement la mort de la racine sur laquelle elle se trouve. François de Neufchâteau rapporte qu'une orobranche cause les plus grands dommages dans les trèfles du département de l'Escaut, et qu'on ne peut la détruire. » La fauchaison répétée comme pour la cuscute paraît être le meilleur procédé de destruction, en ce qu'il empêche la plante, qui du reste repousse rapidement, de produire ses semences.

Quand on veut consommer le trèfle en vert, il faut commencer à faucher dès que les tiges ont atteint 0^m,20 à 0^m,25 de hauteur, pour que la consommation ne soit pas arrêtée par le durcissement des tiges et que la seconde coupe puisse immédiatement succéder à la première. Le fauchage en vert ne peut être pratiqué que dans les sols frais, sous les climats humides ; dans les terrains secs, sous les climats méridionaux, la plante ne repousse, après la coupe, qu'à l'automne. Le pâturage par le bétail ne doit jamais avoir lieu que sur la dernière coupe de l'année, parce que beaucoup de plantes se trouveraient arrachées, et que le piétinement nuirait à la végétation.

Quand on veut convertir le trèfle en fourrage sec, on fauche en pleine fleur, si on espère une seconde coupe ; lorsqu'on ne peut compter que sur une coupe, il faut attendre que la floraison soit complète et que les fleurs commencent à se flétrir. Dans le premier cas, on perd un peu de poids pendant le fanage, mais on gagne celui des feuilles et des fleurs qui tiennent mieux à la tige ; dans le second, on obtient un fourrage moins aqueux et plus nutritif d'un fanage plus prompt et moins coûteux.

Dans les années ordinaires, le trèfle fournit deux coupes en sec ; la première en juin, la seconde en août ou septembre ; dans les années sèches, il ne donne qu'une première coupe et un regain. Dans quelques terrains très-riches on obtient trois coupes ; en vert, on peut obtenir trois et même quatre coupes. Le fauchage s'opère comme pour la luzerne, à la faux nue ; quand le trèfle est versé, on peut employer la sape ou la faucille.

Le trèfle, selon qu'on le fauche au commencement ou à la fin de la floraison, selon que le climat est plus ou moins sec, le sol plus ou moins frais, l'année plus ou moins humide, renferme de 76 à 82 p. 100 d'eau ; la plus grande partie de cette eau de végétation s'évapore pendant le fanage ; Schwerz a obtenu, de 100 kilos de trèfle vert de première coupe et de première année, 22 kilos de foin ; M. Boussingault 24 kilos sur du trèfle de première année et $35^k,700$ sur le même à la seconde année ; il s'était donc évaporé 78 kilos, 76 kilos et $64^k,300$ d'eau pendant la dessiccation. En moyenne, on obtient 27 kilos de foin, et il s'évapore 73 kilos d'eau, le tout par 100 kilos de trèfle vert. Cette plante perd donc au fanage à peine 1 p. 100 de plus que la luzerne, qui a donné à M. Perrault de Jotemps $27^k,700$.

Les folioles et les fleurs du trèfle tiennent peu à la tige et tombent facilement dès que la plante est flétrie ; il faut donc, dans le fanage, éviter d'éparpiller les andains, qui doivent rester intacts et être retournés, suivant l'heureuse expression de M. de Gasparin, dans leur état de feutrage, pour les faire sécher dessus et dessous ; en en mot, on doit se borner à les retourner sans les éparpiller. Ainsi, le lendemain ou le surlendemain du fauchage, s'il a fait beau temps, on retourne à la fourche, et avec précaution, les andains sens dessus dessous ; le lendemain de ce jour, nouveau retournement ; puis le soir on met en veillottes qu'on porte sans secousses à la fourche ; le troisième jour, au matin, on ouvre sans secousses ces veillottes, et le soir on met en cachons. Quel que soit le soin apporté à toutes ces diverses manipulations, il reste sur le sol de 10 à 20 p. 100 en poids sec de folioles et de fleurs, suivant la période de végétation dans laquelle on a fauché et selon que le soleil a été plus ou moins ardent.

Sous les climats humides, en Allemagne par exemple, le fanage du trèfle est long, difficile et hasardeux ; c'est pourquoi on emploie souvent la méthode des cavaliers que nous avons décrite dans la première partie. D'autres fois encore, on emploie la méthode de Klappemeyer et on fait du foin brun, que nous avons également décrit.

Le plus ordinairement, on bottelle le trèfle dans le champ, à même le meulon, afin d'éviter pendant le transport en vrac une nouvelle déperdition de feuilles et de fleurs. Le chargement, le déchargement, le bottelage doivent se faire le matin, à la fraîche, ou le soir après que l'ardeur du soleil est passée, toujours dans le même but.

Si 100 kilos de trèfle vert donnent en moyenne, ainsi que nous l'avons vu plus haut, 27 kilos de foin, il en résulte que 100 kilos de foin représentent 370 kilos de trèfle vert. Ainsi une récolte moyenne de 5,500 kilos en foin équivaudrait à celle de 20,350 kilos en vert. Si nous recherchons ce produit moyen en foin, nous le trouvons

extrêmement variable , c'est-à-dire de 2,500 kilos à
10,000 kilos. A Hohenheim, la moyenne de dix ans a produit 7,012 kilos ; chez M. Boussingault, à Bechelbronn,
5,400 kilos ; aux environs de Lille, selon M. Cordier,
9,142 kilos ; dans le nord de l'Angleterre, d'après Arthur
Young, 8,100 kilos ; dans le nord de l'Allemagne, suivant
Thaër, 4,400 kilos ; chez M. Pluchet, à Trappes, près de
Paris, 9,600 kilos ; en Suisse, chez M. Crüd, 10,000 kilos.
Nous ne croyons pas qu'on puisse élever la moyenne au-
dessus de 5,500 kilos pour les deux coupes.

La première coupe est la plus productive en général ;
ainsi M. Crüd obtenait : de la coupe d'automne qui suit
l'ensemencement, 1,600 kilos ; de la première coupe de
printemps, 7,200 kilos ; de la seconde coupe, 1,200 kilos,
ensemble : 10,000 kilos. Gilbert, aux environs de Paris,
obtenait de la première coupe 3,883 kilos ; de la seconde
1,883 kilos ; de la troisième ou regain 791 kilos, soit en
tout, 6,557 kilos. A Trappes, M. Pluchet récolte de la
première coupe 6,600 kilos, et de la seconde 3,000 kilos.
Dans le Midi, on n'assure la seconde coupe qu'au moyen
de l'irrigation, mais alors on peut porter le produit annuel à 9,000 kilos de foin.

La durée du trèfle n'est en général que de deux ans ; à
la troisième année, la plus grande partie du plant disparaît et est remplacée par les mauvaises herbes. Nous avons
dit déjà que c'était une pratique imprudente que de conserver une trèflière pendant deux ans, sauf des cas exceptionnels ; c'est retarder d'autant le retour d'une récolte
productive, épuiser le sol sans grand profit, et multiplier
les herbes adventives. Mieux vaut se contenter d'une année de pleine récolte de fourrage et même de graines, que
chacun devrait produire pour son usage. Pour cela, on

réserve la seconde coupe d'un champ bien garni, où la première coupe a été abondante, et dans lequel on ne voit nulle apparence de cuscute ni d'orobanche. Dans le Nord, on récolte souvent la graine sur les plantes de la première coupe, quand elles ne sont pas disposées à verser, et nous considérons cette pratique comme digne d'être imitée, toutes les fois que le sol ne contient pas de mauvaises herbes.

Quand les tiges sont défleuries et que le fleuron est de-

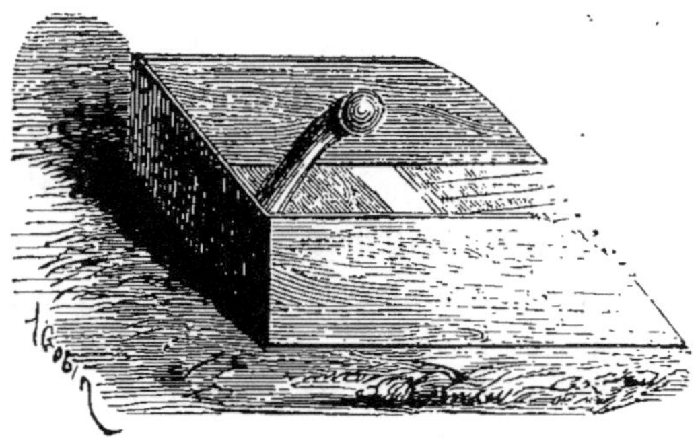

Fig. 7.

Machine à main pour récolter la graine de trèfle (vue perspective).

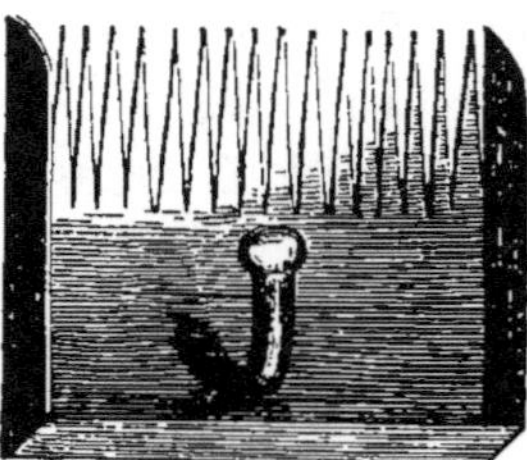

Fig. 8.
(Vue de dessus.)

venu brun, il est temps de faucher à la faux garnie qui dépose le trèfle en andains, qu'on fane comme le trèfle ordinaire ou bien qu'on dresse sur le sol en petits faisceaux ainsi qu'on le fait pour le sarrasin. Enfin on peut, dans les années humides, se borner à récolter les têtes du trèfle au moyen d'un instrument appelé cueilloir ou râfleur, sorte de peigne qu'on promène à la main comme une faux, non pas cependant près de terre, mais à la hauteur moyenne où se trouvent placées les capitules. Quand la petite caisse placée en arrière des dents est pleine, on la vide dans un sac ; on met

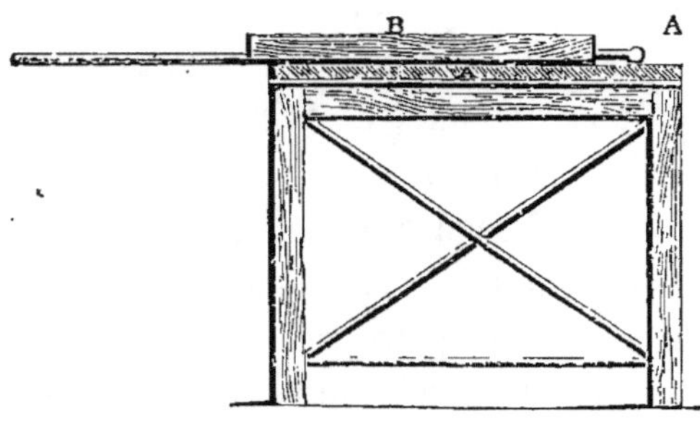

Fig. 9.

Machine à égrener le trèfle (vue de côté).

sécher au soleil et on bat ensuite comme la luzerne, soit au fléau, à la meule verticale d'une huilerie, sous les pilons d'un moulin à tan, ou au moyen d'un égrenoir spécial inventé en Bretagne, très-simple, très-ingénieux et qui peut rendre de grands services dans les petites fermes.

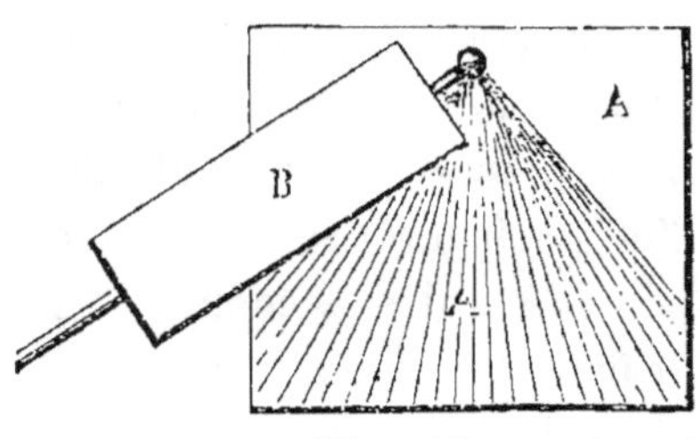

Fig. 10.   Fig. 11.

Machine à égrener le trèfle.

(Vue de dessus.)   (Dents de la table et du
                                         frotteur.)

Cet instrument se compose d'une table dans laquelle sont creusées des rainures dirigées d'un centre commun vers une partie de la circonférence, et sur laquelle on promène un plateau articulé sur le même centre et également garni de rainures en sens inverse, ainsi qu'on peut le voir en A, B qui représente la table et le plateau indiqués dans les deux autres figures par les lettres A B.

Quelques cultivateurs peu soucieux de probité font sécher la graine dans un four, et aventurent ainsi plus ou moins ses qualités germinatives. Dans le Midi, on bat au fléau d'abord, puis on sépare les balles de la tige et on les fait passer sous une meule verticale qui brise les gousses; enfin on passe au crible pour nettoyer. On compte que, année moyenne, 100 kilos de balles (ou de têtes) peuvent donner de 30 à 35 kilos de graine nettoyée. Le produit moyen en graines par hectare varie de 200 à 400 kilos, et le poids de l'hectolitre, de 78 à 80 kilos. Cette récolte est assez variable et dépend de la température de la saison qui, trop sèche ou par un vent du nord ou de l'ouest, peut faire manquer complétement la fructification, ou encore de pluies fréquentes qui empêchent et la maturation et la récolte. En Belgique, on considère la récolte des graines de trèfle comme épuisant peu le sol, et la perte est considérée comme compensée par l'avantage de récolter soi-même de la semence des qualités de laquelle on peut être certain. M. de Gasparin semble partager cet avis et se fonde sur ce que les récoltes de blé qui succèdent à un trèfle porte-graines sont à peu près aussi bonnes que si l'on n'avait récolté que le foin, sans doute parce que le grand nombre de folioles qui tombent avant la maturation compense ce que les graines peuvent enlever au sol.

Le trèfle donné en vert ou pâturé peut causer la météorisation, il ne faut pas l'oublier. Il est un de nos meilleurs fourrages pour les bœufs de travail et les bêtes d'engrais; mais il ne produit que du lait pauvre et du beurre médiocre (1). Il convient assez bien aux chevaux de traits, donne beaucoup de lait aux truies nourrices, mais peut faire avorter les truies portières. Le trèfle sec convient à tous les animaux et est très-recherché par eux ; mais il amollit les chevaux de travail. Ses qualités nutritives dépendent de la période de végétation durant laquelle il a été fauché, avant, pendant ou après la fleur, puisqu'il renferme alors 0,42, 0,47 et 0,50 d'azote. Il faut en moyenne 400 kilos de trèfle vert pour remplacer dans l'alimentation 100 kilos de foin ; il faut 110 kilos de trèfle sec, ou 120 kilos de balles de trèfle, ou 130 kilos de paille de trèfle pour valoir la même quantité de foin.

Nous avons dit qu'on ne devait conserver le trèfle que pendant une seule année de récolte, ou si l'on veut, pendant dix-huit mois de végétation. C'est en septembre ou octobre qu'a lieu le défrichement pour la céréale qui, le plus ordinairement, lui succède. Dans les terres sujettes au déchaussement, on ne sème l'avoine sur trèfle qu'après un seul labour, celui de défrichement, qui n'a alors qu'une profondeur moyenne ; telle est, par exemple, la pratique de tout le Berry. Quand c'est un blé qui doit lui succéder, on défriche en septembre par un labour profond, et on ne donne un second labour moyen que pour la semaille, en octobre ou novembre, afin de laisser aux débris de la plante le temps de se décomposer dans le sol. Si c'est une céréale de printemps qui doit remplacer le trèfle, on a tout le temps de préparer convenablement la terre par un labour d'automne superficiel et à bandes retournées à

(1) Voir *Expériences comparatives sur les fourrages verts*, par MM. Agricola et Boussingault. — *Traité de l'économie du bétail*, par A. Gobin, t. Ier, p. 339-340. Paris, 1861.

plat, un labour de défoncement avant l'hiver, et un ou deux labours moyens à la fin de l'hiver.

On s'accorde à reconnaître que le trèfle, quand il a bien réussi, améliore le sol plutôt qu'il ne l'épuise, parce que, dit-on, il emprunte à l'atmosphère une partie des éléments de sa nutrition ; cela est possible, quoiqu'on n'ait jamais appuyé cette opinion que sur des calculs hypothétiques ; mais nous pensons qu'on peut attribuer une partie de cette amélioration, et la plus sensible, aux débris que cette plante laisse sur et dans le sol. Nous avons vu que, pendant le fanage, il tombe sur le sol de 10 à 20 p. 100, soit en moyenne 15 p. 100 en poids sec, de débris de feuilles, fleurs et tiges ; si nous admettons un produit moyen annuel de 5,500 kilos, il sera resté sur le sol 825 kilos de débris contenant 1,70 p. 100 d'azote, soit 14,02 d'azote ; ce produit en foin correspond à un poids de racines de 2,000 kilos environ, renfermant, à 1,80 p. 100, 36 kilos d'azote, soit ensemble 50^k,02 d'azote, qui représentent 12,500 kilos de fumier dosant 0,40 d'azote, et suffisent à produire (à 450 kilos de fumier par hectolitre) 27^h,78 litres de froment, si les calculs des chimistes sont exacts ; ce dont nous nous permettons de douter en cette occurrence, parce que ces faits ne concordent pas avec ces proportions dans la pratique. M. Boussingault lui-même, à Bechelbronn, ne récolte que 20 hectolitres de froment après un trèfle ayant donné 5,100 kilos de foin et laissant dans le sol 2,500 kilos de racines.

Nous aurions bien plus grande confiance, comme moyen d'amélioration, dans l'enfouissement de la seconde coupe, qui n'est guère en moyenne que les deux tiers de la première ; ce serait en même temps un moyen de remédier à l'effritement, puisqu'on rendrait aussi au sol une partie des éléments que lui avait enlevés la plante. Le fermier Leroy, cité par M. de Dombasle, avait trouvé tant d'avantages à cette pratique qu'il favorisait cette seconde végétation du trèfle au moyen d'engrais abondants répandus aussitôt après l'enlèvement de la première coupe, et qu'il enfouissait les plantes en fleurs à l'époque de leur plus brillante végétation, quoiqu'on lui eût, à diverses reprises, offert d'acheter, à raison de 200 fr. par hectare, cette seconde coupe sur pied.

B. TRÈFLE INCARNAT, OU FAROUCH.

Le trèfle incarnat, appelé aussi *farouch, farouche, trèfle du Roussillon* (*trifolium iucarnatum*), se distingue des autres espèces du genre trèfle par ses tiges pubescentes, par ses fleurs rouges, purpurines, quelquefois blanches ou rosées, en épis cylindriques solitaires ; son calice à divisions égales et très-aiguës ; les folioles arrondies en forme de coin à la base, à pédicelles forts courts, surtout vers le haut.

On croit que le trèfle incarnat a été importé d'Espagne en France vers 1760 ; longtemps il fut exclusivement cultivé dans le Midi, et surtout dans le Roussillon, d'où lui est venu l'un de ses noms ; selon Bosc, Princepré, de Buire, près Péronne, l'introduisit vers 1791 dans les départements du Nord. Les conseils de Pictet, de Morogues, Vilmorin, Yvart, Lullin de Châteauvieux, Dombasle, etc., ont fait généraliser sa culture et on le rencontre maintenant dans toute la France. En effet, « il n'est guère plus « sensible aux gelées que le trèfle commun, surtout lors-« qu'il a été semé d'assez bonne heure pour être bien en-« raciné avant l'hiver. Il a très-bien résisté, à Roville, à « l'hiver très-rigoureux de 1822 à 1823, tandis que les

« vesces d'hiver qui avaient été semées à côté ont été
« complétement détruites. » (De Dombasle, *Calend. du bon
Cultiv.*, 7ᵉ éd., p. 242-243.) Ses principaux avantages sont
de fournir un fourrage très-précoce au printemps, et surtout de se contenter des terrains très-maigres et secs ; enfin de pouvoir remplacer les trèfles manqués et dont le
sort est complétement décidé à l'époque où a lieu sa semaille.

Cette plante, qui est annuelle, est d'une réussite bizarre-
ment chanceuse, sans qu'on puisse toujours présumer
quelles sont les circonstances de sol ou de météorologie
qui lui ont pu nuire. En général il craint l'humidité, le
déchaussement et la trop grande sécheresse ; les terres à
froment et à seigle, argilo-siliceuses, silico-argileuses, ou
siliceuses, sont celles qu'il préfère; mais il aime à trouver
un fonds ferme. Aussi se contente-t-on le plus ordinairement de donner un ou plusieurs coups croisés de herse ou
de scarificateur au chaume de la céréale sur lequel on le
veut semer pour toute préparation. Il ne faut pas que la
couche arable soit remuée à plus de 0ᵐ,10 à 0ᵐ,15 au plus
de profondeur. Quant à la richesse du terrain, il est assez peu
exigeant; car, lorsque l'année est favorable, on rencontre
de magnifiques récoltes de farouch sur des terres très-maigres; cependant l'engrais n'a jamais nui à son succès, et
il faut le rapprocher autant qu'on le peut de la fumure, si
l'on veut augmenter les chances de bonne récolte.

On peut le cultiver comme récolte dérobée entre la céréale qui clôt la rotation et des racines repiquées, des
choux branchus ou pommés, des pommes de terre, des
haricots, quelquefois de l'orge ou de l'avoine. A Grand-
Jouan, nous l'avons vu occuper une place favorable dans
l'assolement : 1° racines ou fourrages verts fumés; 2° sei-

gle ; 3° trèfle incarnat suivi de navets ; 4° froment d'hiver
sur parcage ; 5° avoine d'hiver. Dans une partie du Gatinais et de la Sologne, ainsi qu'en Bretagne, on mélange
souvent le trèfle incarnat avec du nabusseau, plus précoce encore que lui, dont on arrache les tiges à la main
dans la première quinzaine de mars, sans porter aucun
préjudice au trèfle. Ailleurs, on l'associe à de la vesce,
du ray-grass, du seigle, de l'avoine d'hiver, etc.

On sème le trèfle incarnat aussitôt après l'enlèvement
de la céréale, dans la première quinzaine d'août ; les semailles les plus hâtives sont celles dont le succès est le
plus assuré ; dans le Midi, sur les terres qu'on ne peut arroser , on est obligé d'attendre la fin de septembre. On
sème ordinairement le trèfle incarnat seul ; dans le Midi
pourtant, on le mélange avec le millet ou le maïs, qu'on
coupe à l'automne, pour récolter le trèfle seul au printemps. On place ce fourrage dans des terres dont l'accès
soit facile soit pour le rentrer en vert, soit pour le faire
pâturer sur pied ; la récolte dans des terres enclavées
pourrait, au printemps, causer de grands embarras.

On sème le farouch soit en bourres, soit en graines
mondées ; la première pratique donne une levée plus assurée, ainsi que l'ont expérimenté Pictet et M. de Dombasle,
sans doute parce que l'enveloppe de la graine conserve
l'humidité qui en facilite la germination. On emploie de
6 à 15 hectolitres de graines en bourres (36 à 90 kilog.),
suivant que cette graine est plus ou moins pure ou propre. Quand on emploie la graine mondée ou débarrassée
de ses enveloppes, la dose par hectare varie de 18 à
25 kilog. La semence bourrue se sème assez irrégulière-
ment, parce qu'elle s'agglomère en pelotons, surtout lorsqu'il fait du vent ; aussi préfère-t-on presque partout la

graine mondée. Dans tous les cas, l'une comme l'autre doivent provenir de la dernière récolte, ou être au plus âgée de deux ans, parce qu'elle perd promptement sa faculté germinative, et que la vieille graine a une levée tardive et une végétation plus lente que la nouvelle. On enterre la semence en bourre, sous un léger hersage; la graine mondée, par un roulage; quand la pluie est imminente, on peut se dispenser d'enterrer.

Le trèfle incarnat lève en huit à douze jours dans les terrains frais ou par les temps humides; il est reconnaissable à ses feuilles cotylédonnaires un peu ovales, lisses, et d'un vert tendre; quinze à vingt jours après la levée, se développe le pétiole pubescent qui porte les folioles dont la face et les bords sont garnis de poils assez longs. Dans les terres qui manquent de calcaire, il est bon de plâtrer à ce moment, c'est-à-dire vers le milieu de septembre; ce plâtrage n'empêchera pas celui du printemps suivant; chacun d'eux se fait à la dose de 250 à 300 kilog. par hectare.

Pendant l'automne, il faut établir et entretenir les raies d'écoulement, indispensables à l'assainissement du sol dans les terres humides; le trèfle incarnat, dans ces terrains, craint plus la gelée que le trèfle ordinaire. Au printemps, quand on a à redouter, dans les années humides, le ravage des limaces[1], il faut répandre le matin de bonne heure, à la rosée, ou par un temps humide, de la chaux éteinte en poudre. Les limaces, qui n'attaquent la plante que pendant qu'elle est jeune et tendre, détruisent souvent, dans le Midi surtout, une récolte en quelques jours; quelquefois c'est au moment de la levée, en septembre,

____

(1) Voir *Guide pratique pour la destruction des animaux nuisibles.*

qu'elles exercent leurs dégâts. Le remède est le même.
L'un des grands avantages du trèfle incarnat, c'est la précocité du fourrage vert qu'il peut fournir de la dernière
quinzaine d'avril à la première quinzaine de mai, dans le
centre de la France, suivant les années. Au trèfle incarnat
ordinaire peut succéder le trèfle incarnat tardif à fleurs
rouges, puis le trèfle incarnat tardif à fleurs blanches qui
se coupe dans la dernière quinzaine de juin environ. Ces
plantes, qui montent rapidement en tiges, durcissent aussi
très-promptement; aussi, quand on veut les faire consommer en vert, doit-on commencer à faucher dès l'apparition des premiers boutons; sans quoi, les animaux, à la
fin, refusent les tiges devenues sèches et dures, et dont les
feuilles tombent facilement. Les portions fauchées les premières, avant la fleur, donnent encore un regain parfois
fauchable. Ce fourrage, qui ne météorise pas, devance les
trèfles et les luzernes, et peut alterner avec leurs coupes,
de façon à procurer du vert sans interruption; il ne vaut,
à coup sûr, ni la luzerne, ni le sainfoin, ni le trèfle ordinaire, mais il forme une précieuse ressource, surtout pour
les contrées pauvres.

Il colore en rouge l'urine des animaux qui en sont
nourris, mais sans qu'il y ait là aucun effet pathologique.
Tous les animaux le mangent bien lorsqu'on ne l'a point
trop laissé durcir. Souvent on le fait pâturer par les vaches et les agneaux, et il repousse bien sous la dent du
bétail, lorsque la sécheresse n'est pas trop grande. Son
produit moyen en vert, par hectare, varie de 10,000 à
30,000 kilos, en moyenne 20,000 kilos (1).

(1) Nous croyons devoir rappeler aux cultivateurs que M. Girardin,
de Rouen, a communiqué à la Société impériale et centrale d'Agriculture (séance du 9 juillet 1856) une note de laquelle il résultait que

On le convertit rarement en foin, et presque seulement celui qui dépasse les besoins de la consommation en vert et qui durcirait. On peut en obtenir cependant un bon fourrage pour les chevaux, quand il est rentré sans avoir été mouillé; mais c'est par lui qu'il faut commencer la consommation d'hiver, parce qu'il devient promptement poudreux. Les chevaux surtout le recherchent avidement. Le produit en fourrage sec varie de 2,500 à 7,500 kilos, soit en moyenne 5,000 kilos, qu'on fauche et fane comme le trèfle ordinaire. On obtient dans les très-bonnes terres jusqu'à 8,000 kilog. par hectare.

Suivant l'année, les graines mûrissent de la dernière quinzaine de juin à la première de juillet, mais ces semences s'échappent facilement et tombent sur le sol ; de telle sorte qu'on peut obtenir, l'année suivante, une nouvelle récolte sur le même terrain, sans autre semaille ; mais ce serait là une mauvaise pratique. On ne doit faucher que le matin à la rosée, ou le soir à la fraîcheur pour éviter cette perte qui peut s'élever jusqu'à la moitié

le pâturage du trèfle incarnat en fleurs par les poulains peut donner donner lieu à la formation, dans leur estomac, de pelotes ayant l'aspect d'amas de poils et qui peuvent entraîner la mort. Les accidents qui s'étaient produits et qu'on attribuait d'abord à des œgagropyles, très-rares chez le cheval, engagèrent M. Verrier, vétérinaire départemental de la Seine-Inférieure, à prier MM. Girardin et Malbranche d'examiner attentivement ces pelotes stomacales. Il fut reconnu qu'elles provenaient de la villosité rousse des calices de trèfle incarnat et des fragments blanchâtres de divisions subulées du calice, munies également de villosités, et agglutinés ensemble par du mucus animal. Les poulains broutent en se jouant les sommités florales, et les pelotes s'amassent dans leur estomac, tandis que les juments qui broutent la plante entière, et dont l'estomac est doué de plus d'énergie, sont exemptes de cet accident mortel. (*Ann. de l'Agr. franç.*, 1re série, t. VIII, p. 436.)

et plus, parce que la graine doit mûrir sur pied. Le mieux serait de faire recueillir les graines à la main, en coupant les têtes seulement, puis les égrenant au fléau après qu'elles ont séché à l'ombre sur une bâche. On récolte de 2 à 9 kilog. de semence mondée, par 100 kilos de fourrage sec, en raison inverse pourtant de ce produit en tiges. Le produit moyen par hectare s'élève de 30 à 60 hectolitres en bourre, produisant 80 à 140 kilog. de graines mondées, ou 2 kilos 500 de graine par hectolitre de bourre, ou encore 40 kilos de graines par 100 kilos de bourre; l'hectolitre de graines pesant de 80 à 82 kilos, et l'hectolitre de bourres de 6 à 7 kilog. Le prix de la graine mondée, par 100 kilos, varie de 80 à 105 fr.

Cette plante annuelle se ressème d'elle-même, comme nous l'avons dit, et doit être suivie d'une récolte étouffante, le plus souvent une céréale. On défriche derrière la faux, au fur et à mesure de la récolte en vert, après la rentrée du fourrage en sec, à moins qu'on ne veuille faire, comme nous l'avons vu, une seconde récolte sur le même champ.

On cultive depuis quelques années un trèfle incarnat tardif à fleurs rouges, qui fleurit quinze à vingt jours plus tard que la variété ordinaire. Ainsi, en 1862, chez M. Vilmorin, le trèfle incarnat ordinaire commençait à fleurir le 1er mai et était défleuri le 20 du même mois; le tardif ne commençait à fleurir que le 20 mai. Une autre variété, obtenue par M. Lejeune, le trèfle incarnat tardif à fleurs blanches, n'était en fleurs que le 5 juin; une dernière variété de trèfle incarnat très-tardif à fleurs rouges commençait à fleurir seulement le même jour 5 juin, en retard ainsi de quelques jours sur le précédent. En semant ces quatre variétés pour les consommer successivement en vert, on obtiendrait donc du fourrage fauchable du 15 avril au 15 juin, c'est-à-dire pendant deux mois. La variété à fleurs blanches se distingue par sa graine d'un blanc jaunâtre que jusqu'ici les grainiers n'ont pu falsifier ; elle est peut-être un peu plus exigeante sur la fertilité du sol, mais elle est aussi plus productive.

C. TRÈFLE HYBRIDE.

Le trèfle hybride ou *trèfle d'Alsike* (*Alsike perrennial clover*, des Anglais), indigène en France, n'y a jamais été cultivé en grand ; « mais en Suède, dit M. Vilmorin, où « il croît aussi naturellement, on l'emploie depuis environ « soixante ans pour former des prairies artificielles. J'ai « dû la première connaissance de ce fait à M. de la Ro- « quette, alors consul général de France en Danemark... « Depuis lors, j'ai fait quelques essais de ce trèfle hy- « bride, et tout récemment (1840), M. le comte Ant. « d'Otrante, qui réside en Suède, a eu l'obligeance de « m'envoyer, avec des graines de ce fourrage, une série « complète de documents sur sa culture. J'en ai reçu « aussi quelques-uns de M. Wennstom, de Stockholm... « Ce trèfle hybride a été regardé comme un véritable hy- « bride entre le trèfle rouge ordinaire et le blanc. Cette « origine me paraît peu probable ; tout me semble an- « noncer, au contraire, en lui une espèce primitive. Ses « caractères, en effet, l'éloignent entièrement du trèfle « rouge ; et quant au blanc, dont il se rapproche davan- « tage, il en diffère essentiellement en ce que ses tiges ne « sont pas traçantes. Il forme d'abord des touffes arron- « dies, d'un vert foncé, fort semblables à de belles et vi- « goureuses touffes de lupuline. Monté, il se rapproche par

« son aspect du trèfle blanc, mais d'un trèfle qui serait
« beaucoup plus fort et plus grand que le nôtre, et dont les
« fleurs seraient uniformément roses ou couleur de chair.
« Ces fleurs répandent une odeur douce et agréable. Les
« tiges plus fines et plus longues que celles du trèfle
« rouge, mais moins pleines et moins fermes, sont extrè-
« mement nombreuses et présentent une masse de four-
« rage considérable. Un autre caractère remarquable du
« trèfle hybride est celui de sa longue durée. M. Wenn-
« strom me dit qu'elle est éternelle, ce qu'il explique, à la
« vérité, en ajoutant qu'il se ressème de lui-même et peut
« ainsi être perpétué. » (*Journ. d'Agric. prat.*, 1re série,
t. IV, p. 361.)

Nous ne pouvons mieux faire que de résumer à la suite
de cette notice les notes que reproduit M. Vilmorin d'après
les *Annales d'Agriculture* de l'Académie de Stockholm.

M. de Kruus a beaucoup fait usage du trèfle hybride
pour établir des prairies artificielles à sa terre près d'Ore-
bro. Il a si bien réussi que son trèfle atteint une hauteur
de 1 mètre à 1^m,60, et donne, pendant quinze à vingt ans,
un produit considérable souvent plus de 5,000 kilos,
par tunnland (0^h,50 environ), et toujours plus de
2,500 kilos pendant les dix premières années. M. de
Kruus sème en automme avec les seigles, ou au printemps
sur les seigles ou avec les graines de mars. Il ne donne
qu'une coupe, et ne paraît pas devoir être pâturé, parce
que le produit fauchable s'en ressent défavorablement.
Les terres fortes et humides sont celles qui lui conviennent le mieux ; il vient néanmoins fort bien sur des terres
saines ou même sèches, lorsqu'elles sont en bon état. On
sème à raison de 100 kilos de graine en bourre, ou 6 à
7 kilog. de graine mondée par hectare.

6.

Cette plante a été introduite en Écosse par M. Stephans qui a reçu, pour ce fait, une médaille de la Société d'Agriculture de cette contrée.

M. de Dombasle, de son côté, ayant reçu de M. Gaillot, de la Nièvre, un de ses anciens élèves, des graines d'un trèfle blanc qui croît spontanément dans le Nivernais, l'essaya à Roville et le reconnut pour le trèfle hybride. Dans la Nièvre, où il est très-abondant, ce trèfle croît dans les sols argilo-sablonneux, mais les plus pauvres et à sous-sol ferrugineux. Là où le terrain est un peu riche, il prend un grand développement; mais on ne l'a pas trouvé dans les sols calcaires. (*Journ. d'Agric. prat.*, ut suprà, p. 427-428.) En Suède, on sème le trèfle hybride mélangé avec le timothy. Dans un voyage à l'île anglaise de Jersey, nous avions rapporté des semences de ce fourrage pour l'essayer sur des terrains argilo-silico-calcaires à Martinvast (Manche); il nous a paru peu s'y plaire et végétait chétivement, ce qui s'explique par ses préférences pour les sols humides. Cette plante nous semble mériter d'être essayée dans les desséchements, sur les tourbes, etc. On s'accorde, maintenant, pourtant à ne lui reconnaître qu'une durée de trois ans comme au trèfle rouge ordinaire, dans nos climats.

D. TRÈFLE ÉLÉGANT.

Le trèfle élégant (*trifolium elegans*) croît naturellement en France dans les prés et les bois : « Ses tiges sont « moins développées, mais plus nombreuses et plus éta- « lées que celles du trèfle hybride; ses fleurs sont rose « rougeâtre uniforme. Cette plante végète et fleurit « quinze jours plus tard que le trèfle hybride; mais elle

« est beaucoup plus durable. M. Vilmorin a constaté que
« le trèfle élégant persistait pendant quatre années, tandis
« que le trèfle hybride disparaît ordinairement à sa troi-
« sième année d'existence. En outre, le trèfle élégant
« réussit très-bien sur les sols pauvres, siliceux ou argilo-
« siliceux à sous-sols ferrugineux.

   « Les aptitudes de ces deux espèces à réussir sur des
« terrains où le trèfle rouge végète difficilement doivent
« engager les agriculteurs des contrées pauvres à les
« expérimenter. » (G. Heuzé, *les Plantes fourragères*,
p. 348.)

E. TRÈFLE BLANC.

Le trèfle blanc, ou *trèfle rampant* (*trifolium repens*) est
vivace ; il reçoit le nom vulgaire de Triolet ; il a les fleurs
blanches portées sur un long pédoncule particulier ; ses
folioles ovales, dentées en scie et souvent marginées, sont
portées aussi sur un long pédicelle ; la dent inférieure du
calice porte deux petites taches rouges ; les tiges sont
rampantes à leur base. Sa racine centrale pivote à une
assez grande profondeur, et les tiges latérales émettent de
distance en distance des racines fibreuses qui s'enfoncent
beaucoup moins.

Cette particularité explique fort bien comment cette
plante résiste si bien à la sécheresse dans les terrains les
plus arides, quelle que soit leur profondeur, et comment
aussi il peut ailleurs se plaire dans les terres fortes et
humides. Les sols qu'il préfère sont pourtant ceux argilo-
siliceux frais, mais assainis, ou les sables qui conservent
pendant l'été une certaine fraîcheur. On le trouve croissant naturellement le long des chemins, dans les prés et
les pâturages, surtout sur les sentiers où le sol est cons-

tamment piétiné, un peu partout, on le voit. Il n'est donc pas difficile sur la nature ni la richesse du terrain.

Mais, s'il a la propriété de croître à peu près dans tous les sols, de repousser sous la dent des bestiaux, et de pouvoir constituer de bons pâturages à moutons, ses tiges rampantes et relativement peu élevées permettent rarement de l'utiliser par le fauchage. Dans ce but, pour former des pacages, on le mélange à des graminées appropriées à la nature du sol, vivaces comme lui, mais qu'il parvient presque toujours à étouffer en grande partie avec le temps, surtout si on donne des fumures ou des composts.

C'est au printemps, en mars, qu'on le sème dans une céréale, comme le trèfle rouge ; on emploie alors de 5 à 8 kilos de graine par hectare. Lorsqu'on le sème en mélange, la dose s'abaisse et varie suivant que le sol lui devra plus ou moins convenir, et qu'on l'associe à d'autres légumineuses et à une plus ou moins forte proportion de graminées (1). Sa graine se conserve bien pendant deux ou trois ans, avec des soins convenables.

F. TRÈFLES D'ALEXANDRIE, FILIFORME, MASSIF, FRAISIER, DES ALPES, ETC.

Le trèfle d'Alexandrie (*trifolium alexandrinum*) a les fleurs blanches, les feuilles fort semblables à celles de la luzerne, les tiges grêles, peu branchues et très-feuillues, hautes de 0m,40 environ ; il fleurit de la dernière semaine de juin à la première de juillet ; les semailles de printemps n'ont pas paru à M. Vilmorin lui convenir. Il porte en

______
(1) Voir *Guide de la culture des plantes fourragères*, t. 1er, ch. II, p. 24, et ch. XXI, p. 270.

Égypte le nom de Barsim, et il y a été emprunté par les Mamelouks, qui l'ont transporté dans le Caucase.

Le trèfle filiforme (*trifolium filiforme*) a les fleurs d'un jaune pâle, réunies en têtes globuleuses; on le rencontre dans les prés siliceux; il est annuel, et par cette raison on ne l'emploie presque jamais pour former des pâturages ni des prairies; cependant il pourrait être allié dans certains cas à la minette et au trèfle blanc.

Le trèfle massif paraît n'être qu'une variété du trèfle violet ordinaire; il commence à fleurir vers le 15 juillet; variété peu intéressante.

Le trèfle fraisier (*trifolium fragiferum*) est vivace; ses fleurs rouges sont réunies en têtes sphériques qui, après la fécondation, le calice se renflant et se hérissant, prennent une certaine ressemblance avec la fraise; ses tiges atteignent $0^m,20$ à $0^m,25$; les folioles sont ovoïdes et échancrées. Il croît abondamment dans les prairies sèches, les pâturages siliceux, le long des routes et chemins; il peut fournir un fourrage peu abondant, mais d'assez bonne qualité.

Le trèfle des Alpes (*trifolium alpestre*) est également vivace. Il se distingue par ses stipules étroites et velues; la dent inférieure du calice égale la corolle en longueur; les fleurs rouges sont réunies en têtes assez souvent géminées, de plus de $0^m,025$ de diamètre; les tiges droites, peu rameuses, atteignent $0^m,30$ à $0,^m60$ de hauteur; ses folioles ont une forme ovale allongée. Il croît naturellement dans les Basses-Alpes, les Basses-Pyrénnées, etc.

Le trèfle des montagnes (*trifolium montanum*), cultivé en Prusse, d'après M. Heuzé, végète naturellement sur les coteaux et les lieux secs; ses tiges atteignent en moyenne $0^m,32$ de hauteur. Dorsh l'a recommandé aux agriculteurs français. Il nous semble présenter une grande similitude avec le précédent: calice à divisions capillaires, étendard échancré, fleurs blanches, tiges plus hautes et plus fortes que le trèfle blanc. On le rencontre dans les pâturages élevés du Midi.

Le trèfle intermédiaire (*trifolium intermedium*) a été ainsi nommé sans doute parce qu'il participe à la fois du trèfle des prés et du trèfle des Alpes. On le rencontre abondamment à Fontainebleau; il peut réussir sous l'ombre des arbres; mais il aime les terrains frais.

Le trèfle agraire ou *des campagnes* (*trifolium agrarium*) annuel, a les fleurs jaunes; les trois dents inférieures du calice plus longues que les autres; les tiges droites, rameuses, hautes de $0^m,30$ au plus; les feuilles à folioles obovales, celle du milieu sessile; les fleurs en épis ovales et imbriqués. On le rencontre dans les prairies basses et humides.

Le trèfle de Hongrie (*trifolium pannonicum*) a les racines vivaces, les tiges velues, hautes de $0^m,60$ à 1 mètre. les feuilles à folioles ovales, allongées; les fleurs rouges, disposées en tête ovale, de près de $0^m,05$ de diamètre. On le rencontre en France dans les Basses-Alpes, les Cévennes, etc.

Le genre trèfle est extrêmement nombreux; parmi ceux spéciaux au Midi, nous nous bornerons à citer les *trifolium angustifolium, bocconi, microphyllum, stellatum involucratum, glomeratum, resupinatum,* etc.; dans le Centre, le Nord et l'Est, les *trifolium parisiense, striatum, scabrum, ochroleucum, medium, procumbens,* etc.

§ 4. Genre anthyllide.

Ce genre (*anthyllis*) se distingue par les caractères suivants : calice à cinq divisions, renflé à partir de sabase, rétréci vers son orifice, velu, persistant ; étendard plus long que les ailes et la carène ; gousse petite, renfermée dans le calice, et à une ou deux graines seulement ; feuilles ternées ou ailées, avec impaire plus grande que les autres folioles, et à stipules adhérentes au pétiole.

L'anthyllide vulnéraire (*anthyllis vulneraria*), appelée vulgairement trèfle jaune des sables, trèfle sapin, etc., a les racines vivaces et pivotantes ; ses tiges herbacées sont ordinairement couchées sur le sol quand la plante est isolée ; les feuilles sont inégalement ailées ; les fleurs jaunes réunies en têtes géminées. On la rencontre le long des bois au bord des chemins et des fossés, dans les pâturages secs et calcaires. Elle a été proposée en France à plusieurs reprises, comme plante fourragère, depuis le commencement de ce siècle, mais on ne paraît pas l'avoir adoptée. Il n'en serait pas de même en Prusse et dans le nord de l'Allemagne, d'après M. Koltz, auquel nous devons une bonne notice sur cette plante.

Sa culture, essayée comme celle du lupin jaune par un petit cultivateur des bords de l'Elbe, est établie depuis 1850, à Gross-Ellingen (Saxe prussienne) ; c'est de là qu'elle s'est propagée dans le nord de l'Allemagne. Rustique, se plaisant sur les sables calcaires surtout, elle y donne un produit en rapport avec la fertilité du sol. Son fourrage, moins nutritif que celui du trèfle, a un goût amer auquel les bestiaux s'accoutument avec le temps, mais qui fait qu'on le mélange souvent à d'autres plantes. On emploie de 16 à 20 kilos de semence par hectare; en mélange, on peut semer 14 kilos d'anthyllide avec 8 ou 10 kilos de thimoty, ray-grass d'Italie, fétuque ovine, etc. On obtient, soit deux coupes, soit une coupe et un pâturage. Dans la production des graines, le battage est prompt et facile, à cause du peu d'adhérence des fleurs à la tige, mais il est très-difficile d'extraire les graines des gousses; on peut semer en gousses d'ailleurs. On obtient jusqu'à 400 kilog. de cette semence par hectare. (*Journal de la ferme et des maisons de campagne.* 1ʳᵉ année, nº 16, p. 245.)

§ 5. Genre trigonnelle.

Le genre *trigonelle* (*trigonella*) se distingue par les caractères botaniques suivants : calice à divisions égales; carène très petite; gousse allongée, pointue, droite ou en forme de faux.

La trigonelle fenu grec (*trigonella fœnum græcum*) se reconnaît à sa tige cannelée, un peu velue, à sa gousse terminée par une longue pointe conique, à ses fleurs blanches, à ses tiges un peu traînantes sur le sol et longues souvent de 0ᵐ,50 à 0ᵐ,80. Il est annuel et ses racines sont fibreuses et simples.

Cette plante a été, de temps immémorial, cultivée en Grèce, surtout pour la nourriture des bœufs; les Romains en ont fait grand usage aussi; on la cultive encore aujourd'hui en Arabie, sous le nom de Helbé, en Syrie et en Égypte, d'où on la croit originaire. Caton, Columelle et Pline en parlent dans leurs écrits, mais Olivier de Serres n'en fait aucune mention. De Grèce et d'Italie, le fenu grec passa en Espagne, puis en France, où il fut longtemps cultivé en Provence, dans le Dauphiné et les Flandres, puis tout d'un coup abandonné, à l'époque sans doute où l'agriculture s'enrichit de la luzerne, du sainfoin et du trèfle. Nous croyons cependant qu'il peut rendre de grands services dans des circonstances particulières, ainsi que l'a démontré M. Chanoine, membre correspondant de la Société impériale et centrale d'agriculture; ce même propriétaire a propagé cette culture sur quelques fermes du département de l'Aube. M. Laure (du Var) le cultive soit comme fourrage, soit comme engrais vert.

Il paraît se plaire dans les sols argileux ou argilo-siliceux, c'est-à-dire de consistance moyenne, et surtout sur ceux argilo-calcaires. On le sème, dans le Midi, à la fin de septembre, car il est essentiel que la plante ait pris de la force avant l'hiver; dans le Centre et le Nord, on peut semer au printemps en février et mars, ou en avril et mai. Il réussit très-bien dans le trèfle rouge ou incarnat, mais il peut aussi se semer seul. Sa semence très-fine et d'une belle couleur jaune doré doit être mélangée, pour la semaille, à du sable ou de la terre. On sème en lignes distantes de $0^m,40$ à $0^m,65$, à raison de 80 à 100 litres par hectare, d'après M. Chanoine; mais nous trouvons cette proportion énorme et nous pensons que dans un sol convenable, même pour des semis à la volée, elle doit pouvoir être au moins réduite de moitié. Elle doit être enterrée très-légèrement, comme toutes les graines fines.

Au printemps, on sarcle et bine les plantes en lignes, et on plâtre dans les contrées où ce stimulant agit sur les légumineuses. Lorsque les tiges ont atteint $0^m,50$ à $0^m,65$ de hauteur, et que la plante entre en fleurs, on fauche pour fourrage vert ou sec. Ce foin conserve bien sa couleur verte et durcit peu dans le fanage. En vert comme en

7

sec, la plante transmet une partie de son arome au lait, à la crème, au caillé, mais non au beurre.

M. Chanoine, sur la terre de Vallier-Larivaux, canton de Lusigny (Allier), obtient jusqu'à 4,375 kilos de fourrage sec ou 22,000 kilos de fourrage vert par hectare. Quant à la production de la graine, il en obtient 14 hectolitres par hectare, plus 2,600 kilos de foin battu de troisième qualité. M. Laure conclut « qu'on ne saurait trop propager la « culture du fenu grec, ne fût-ce que comme engrais vé- « gétal ; peu de plantes foisonnent autant que celle-là. » (*Encycl. prat. de l'agric.*) M. Chanoine, de son côté, avait déjà, en 1857, propagé cette culture sur trois hectares du département de l'Aube, chez huit propriétaires. (Journal *l'Agriculture*, 1re année, n° 19, p. 298.)

La semence de cette plante, qu'on exporte en Hollande et surtout en Angleterre, est souvent employée dans la nourriture du bétail, à titre de condiment ou de stimulant ; elle a en outre, paraît-il, la propriété de chasser les charançons par son odeur fortement aromatique. M. Chanoine considère son fourrage comme un excellent tonique très-propre à combattre la cachexie des bêtes à laine. A ces divers titres, nous pensons que le fenu grec a été trop négligé dans des circonstances spéciales, et qu'on doit encourager l'essai de sa culture.

§ 6. Genre lotier.

Le genre *lotier* (*lotus*) se reconnaît aux caractères botaniques suivants : calice tubuleux ; ailes plus courtes que l'étendard et rapprochées par le haut ; gousse oblongue, droite, cylindrique, portant quatre ailes ; stipules grandes, distinctes du pétiole et présentant l'aspect de folioles.

A. Le *lotier corniculé* (*lotus corniculatus*), vivace, a des tiges très-feuillues, longues de $0^m,15$ à $0^m,30$, un peu grêles et souvent velues; ses folioles sont ovales, cunéiformes, parfois glabres comme la tige; ses fleurs, d'un jaune éclatant, sont disposées en ombelles au sommet d'un long pétiole. Il fleurit vers le commencement de juin et se rencontre dans les pâturages et les prairies. Le bétail broute plus volontiers ses feuilles que ses fleurs; mélangé au foin, il ajoute à sa qualité et à sa finesse ; mais il produit peu de graines et se soutiendrait mal si on le semait seul; on doit donc le réserver pour les mélanges de prairies et de pâturages.

B. Le *lotier velu* (*lotus villosus*) est bien plus développé que le précédent; il vient bien dans les prairies fraîches, humides même et à l'ombre. Il est vivace, et peut, sur les prairies tourbeuses et les terres de bruyères, former de très-bons mélanges avec la houque et le ray-grass. Il produit beaucoup plus de graines que le précédent, atteint jusqu'à un mètre de hauteur et fleurit à la fin de juillet.

« L'époque la plus favorable pour les semis serait le mi-
« lieu de mai, car la plante encore jeune craint la gelée.
« On peut répandre la graine à la dose de 20 kilos par
« hectare, au milieu d'une céréale, orge, avoine hâtive,
« ou sarrasin, sur une terre bien ameublie; rouler en-
« suite, si le temps est sec. L'année suivante, la coupe
« fourragère qui atteint jusqu'à $0^m,40$ a lieu en juillet;
« puis la plante repousse et procure encore un pâturage
« de bonne qualité. La prairie artificielle ainsi formée
« dure plusieurs années. On comprend la valeur de cette
« culture, là où nos légumineuses plus productives, trèfle,
« sainfoin, luzerne, ne peuvent prospérer. Peut-être
« même, dans ce cas, soutiendrait-elle avantageusement

« la comparaison. » (L. Gossin. *Encycl. prat. de l'agric.*)
A Grandjouan, imitant l'exemple d'un cultivateur voisin, on put créer ainsi, sur des terres acides nouvellement défrichées et non marnées, d'excellentes et productives prairies artificielles.

On rencontre encore dans nos prairies les lotiers grêle (*tenuis*), étroit (*angustissimus*), hispide (*hispidus*), siliqueux (*siliquosus*), faux cytise (*cytisoïdes*), etc.

§ 7. Genre gesse.

Le genre *gesse* se distingue par les caractères qui suivent : calice en cloche, à cinq divisions, dont les deux supérieures plus courtes ; style aplati supérieurement, coudé et velu dans sa partie antérieure ; stigmate velu ; gousse oblongue, comprimée, renfermant plusieurs graines anguleuses ou globuleuses ; feuilles composées de deux à six folioles ; stipules en demi-fer de flèche.

A. La *gesse cultivée* ou *lentille d'Espagne* (*lathyrus sativus*), plante annuelle, se reconnaît à ses tiges hautes de $0^m,30$ à $0^m,65$, un peu grimpantes, glabres et ailées ; ses feuilles composées de deux à quatre folioles ovales et allongées sont munies de vrilles ; ses fleurs solitaires varient en couleur du blanc au bleuâtre et au violet clair ; les légumes sont courts, larges, aplatis et canaliculés sur le dos ; ils renferment quelques grains blancs ou gris de forme aplatie et anguleuse ; les pédicelles sont axillaires, uniflores, articulés un peu au-dessous de la fleur, et munis à leurs articulations de une ou deux bractées ; les vrilles sont ramifiées. Elle porte les noms vulgaires de gessette, pois carré, pois cornu, garousse, pois breton, lentille suisse, etc.

Cette plante qu'on cultive pour son grain dans le Midi, et pour sa semence et son fourrage dans le reste de la

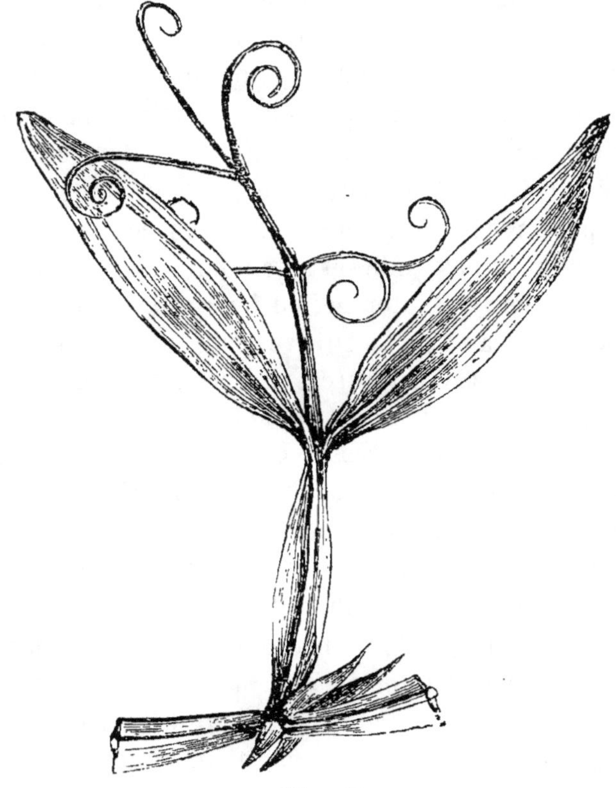

Fig. 12.

Gesse.

France, se plaît surtout dans les sols calcaires, argilo-siliceux et silico-argileux perméables; elle résiste bien à la sécheresse de l'été; mais elle redoute l'humidité et l'acidité du sol. Il lui faut un sol assez meuble et surtout bien nettoyé d'herbes. On la sème à l'automne et quelquefois en mars et avril, à raison de 120 à 150 litres par hectare et en y mêlant un dixième environ d'avoine, pour la soutenir. Dans le Midi, on sème en automne, à raison de 180 à 200 litres par hectare, plus un dixième de seigle. On enterre de $0^m,08$ à $0^m,10$ de profondeur à la herse. La gesse d'hiver se fauche à la fin de juin lorsque le tiers des gousses est déjà formé. Le fanage se fait comme celui des autres fourrages et se termine en mettant en petits cachons de $1^m,50$ à 2 mètres de hauteur. La gesse de printemps se récolte à la fin d'août ou au commencement de septembre; mais elle est peu cultivée. Le produit moyen de la gesse d'automne, en fourrage, s'élève de 2 à 3,000 kilos; quand on la cultive pour ses graines, on en obtient de 15 à 25 hectolitres par hectare, plus 1,500 à 2,500 kilos de paille qui constitue encore un bon fourrage pour les moutons. « La gesse comme tous les autres lé-« gumes secs, dit M. Gossin, favorise la multiplication des « chiendents ; aussi convient-il de cultiver le champ « aussitôt après la récolte. Si l'on prend ce soin et si la « terre d'ailleurs est assez abondamment pourvue de sucs « nutritifs, le blé peut lui succéder; à plus forte raison, « toute céréale de printemps. » (*Encycl. prat. de l'agric.*)

B. — *La gesse chiche* (*lathyrus cicera*), appelée communément jarosse, petite jarosse, petite gesse, etc., ne diffère guère de la précédente que par ses gousses dépourvues d'ailes, mais fortement sillonnées sur le dos ; et par ses pédoncules de moitié plus courts et dont l'articulation est placée beaucoup plus bas ; ses fleurs sont solitaires et de couleur rouge ; ses feuilles sont composées de folioles opposées, lancéolées et mucronées ; ses graines anguleuses sont de couleur grise ou légèrement brune. Elle croît naturellement en Espagne et dans les champs du midi de la France. La semence est vénéneuse pour l'homme, ce qui n'empêche pas quelques boulangers déloyaux, dans les années de disette, de la mélanger dans le pain ; chez le mouton, elles peuvent déterminer le sang de rate.

Ce sont les sols calcaires et les sables que cette plante affectionne particulièrement ; elle redoute l'humidité des terres argileuses. On la cultive dans la Bretagne, le Poitou, la Provence, pour les moutons. Elle paraît peu exigeante sur la fertilité du sol, mais il doit être suffisamment ameubli et nettoyé.

La semaille se fait en septembre, à la volée, à raison de 250 à 300 litres par hectare, avec du seigle ou de l'avoine pour la soutenir ; on enfouit à la herse de 0^m,10 à 0^m,12 de profondeur.

La récolte qui se fait pour fourrage, en dehors des besoins pour la semence, doit s'exécuter avant la maturité des grains, à cause de leurs propriétés nuisibles pour le bétail. La fenaison se fait à la fourche comme pour les autres fourrages, et s'opère en juin. Le produit en sec, par hectare, s'élève en moyenne de 2 à 3,000 kilos, et peut être porté jusqu'à 5,000 kilos ; soit en vert, de 8 à 12,000 kilos et jusqu'à 20,000 kilos. Quand on récolte en grains, on obtient de 20 à 30 hectolitres, plus 1,500 à 2,000 kilos de paille.

Ce fourrage, très-échauffant, convient peu aux chevaux et aux porcs ; il peut déterminer le sang de rate chez le bétail à cornes et le mouton ; le grain produit chez l'homme des paralysies à peu près incurables.

C. — Les gesses qui croissent naturellement en France, et dont on pourrait, en certains cas, tirer parti pour la culture, sont :

La gesse velue (*lathyrus hirsutus*) à fleurs bleues ou violettes, à graines noires, très-rustique, très-fourragère, essayée par **M. Wahl**, dans les Ardennes, et qu'on sème à l'automne. Elle est annuelle.

La gesse tuberculeuse (*lathyrus tuberculosus*) ou tubéreuse, appelée vulgairement méguzon, macjon, gland de terre, annette, etc., à fleurs roses, dont les racines sont tuberculeuses et comestibles. Vivace.

La gesse des prés (*lathyrus pratensis*), l'un des meilleurs fourrages de nos prairies, vivace, à fleurs jaunes au nombre de six à huit, très-rapprochées sur le même pédondule, à feuilles composées de deux folioles lancéolées. Vivace.

La gesse odorante (*lathyrus odoratus*) ou pois de senteur de nos jardins, dont les fleurs varient du blanc au violet.

La gesse à larges feuilles (*lathyrus latifolius*), la gesse à grandes fleurs (*l. grandiflorus*) cultivées comme ornement.

La gesse sans feuilles (*l. aphaca*) à tige grimpante, dégarnie de feuilles, à pétioles en vrilles simples et tortillées, à stipules foliacés et demi-sagittés, à fleurs jaunes, qui croît abondamment dans les moissons du Midi.

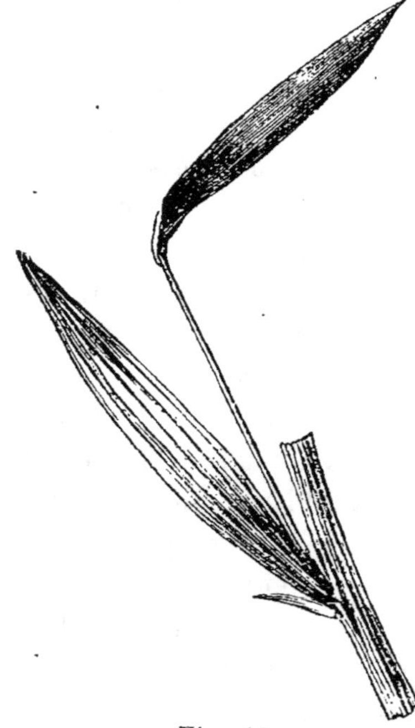

Fig. 13.

Gesse aphaca.

La gesse sauvage (*l. sylvestris*) à tige ailée, un peu grimpante ; à vrilles trifides, quelquefois rameuses; à fleurs roses ou purpurines, qu'on rencontre dans les prairies et les bois élevés et dont tous les bestiaux sont friands. Vivace.

La gesse de marais (*l. palustris*) à stipules aiguës, en demi-fer de flèche, à folioles lancéolées, portées sur un pétiole terminé en vrille rameuse, à fleurs bleuâtres, vivace et qu'on rencontre dans tous les endroits humides et jusqu'au bord des eaux. Tous les bestiaux la mangent, et elle pourrait devenir une excellente ressource dans les marais des vallées tourbeuses. Elle ne fleurit qu'à la fin de l'été.

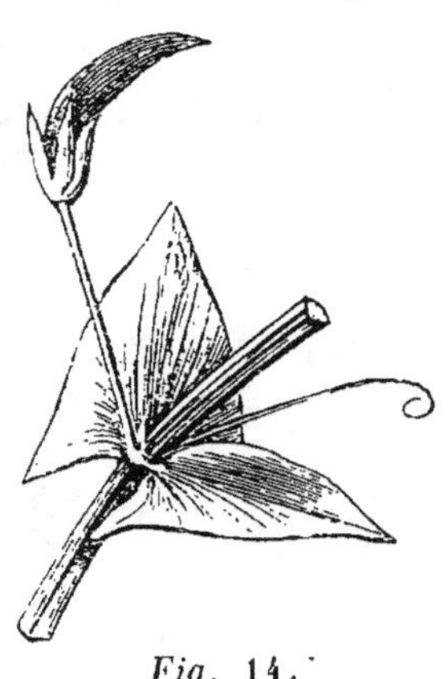

Fig. 14.

Gesse de Nyssole.

§ 8. Genre pois.

Le genre *pois* (*pisum*) a pour caractères distinctifs, en botanique, un calice à cinq dents dont les deux supérieures sont plus courtes ; l'étendard plus grand que les ailes ; le style triangulaire, creusé en carène, barbu en dessous et surmonté d'un stigmate velu ; gousse de forme variable, contenant des graines sphériques à ombilic arrondi.

Le pois des champs, pois gris ou bisaille (*pisum arvense*) se distingue par ses pédoncules le plus souvent uniflores, ses folioles crénelées, ses fleurs violacées. Ses tiges un peu grêles se soutiennent mal et il se couche sur le sol. Ses feuilles sont formées de deux folioles ovales et se terminent par des vrilles rameuses ; les stipules sont ovales et dentés à leur base ; le pédoncule porte le plus souvent

une seule fleur, parfois deux; les gousses sont comprimées et ridées et renferment des grains presque cubiques,
verdâtres ou d'un jaune rougeâtre.

Fig. 15.
Pois.

On en connaît, d'après M. Heuzé,
quatre variétés, savoir :

1° *Le pois gris d'hiver*, variété
rustique et précieuse pour les terrains secs et graveleux ;

2° *Le pois gris de printemps* hâtif, que l'on sème en mars et avril ;

3° *Le pois gris de printemps tardif*, qui se sème en mai et juin ;

4° *Le pois perdrix*, qui résiste
très-bien à la gelée et qu'on sème
soit en automne soit au printemps;
il est plus productif que les précédents. Les graines sont mouche-
tées ou marbrées de brun. C'est à
M. Bille qu'on doit son importation
d'Angleterre en France. Il commence à fleurir avec le mois de juillet, un peu plus tard que les autres variétés.

M. Vilmorin cultive encore :

Le pois printannier à fourrage (de la Côte-d'Or), qui
vient plus haut que le pois gris de printemps et paraît être
très-bon pour fourrage ; le pois des champs de Bohême,
qui paraît peu productif. (*Annuaire des essais*, 1861.
p. 244.)

Le pois gris d'hiver, variété qui commence à se répandre dans le Nord, préfère les terrains substantiels et
secs; il redoute l'humidité, à laquelle il ne résiste pas; les
autres variétés de printemps préfèrent les sols frais et un

peu consistants, renfermant un peu de calcaire. La préparation du sol est la même que pour les vesces, doit s'étendre à une certaine profondeur, et avoir suffisamment ameubli et nettoyé la surface. La variété d'hiver se sème en septembre et octobre ; celles de printemps, du 1er mars au 20 juin environ. On emploie, à la volée, de 225 à 275 litres de semence par hectare, plus un dixième de seigle ou d'avoine d'hiver ou de printemps pour soutenir et ramer la plante. Dans quelques contrées, on sème les pois gris en mélange avec des féverolles, du moha, du maïs, du millet, du sarrasin, du colza, etc. On enterre à la herse, puis on roule. Ces plantes se trouvent bien d'un plâtrage, là où le plâtre a une action manifeste. On a souvent besoin de faire garder le champ pendant les premiers jours qui suivent la semaille, pour empêcher les pigeons, corbeaux, et autres oiseaux, de dévorer les semences.

On fauche le pois gris dès que la moitié environ de ses graines est parvenue à sa maturité ; cette époque arrive pour la variété d'hiver à la fin de juin ; pour celles de printemps dans le courant d'août. Il ne faut pas attendre trop longtemps, parce que le fourrage et le grain perdent de leur qualité, que les gousses inférieures pourriraient, et que les oiseaux enlèveraient une partie des graines. L'opération du fauchage est presque toujours longue et difficile parce que la récolte verse presque toujours sur le sol ; il ne faut pas laisser javeler trop longtemps sans retourner les andains, qui noircissent et pourrissent promptement ; aussitôt la dessiccation assez complète, il faut rentrer.

Pour recueillir la graine qui se répand facilement, on fauche à la fraîcheur ; quand la dessiccation est suffisante, on rentre à la grange ou on bat sur le champ, au fléau. Le produit moyen en fourrage sec s'élève de 3,500 à 4,500 kilos par hectare, et parfois jusqu'à 6,000 kilos Le produit moyen en graines varie de 15 à 25 hectolitres par hectare, et donne en outre 2,000 à 2,500 kilos de paille. L'hectolitre de ce grain pèse de 78 à 80 kilos, lorsqu'il n'a pas été attaqué par les insectes (*Bruche du pois. Voir Guide prat. d'entomol. p. 37.*)

§ 9. Genre lentille ou ers.

Le genre *lentille* ou *ers* (*ervum*) a pour caractères génériques un calice à cinq lanières presque aussi longues que la corolle, et presque égales; un stigmate glabre, un étendard plus grand que les ailes et la carène, arrondi, légèrement courbé et creusé de deux fossettes au-dessus de l'onglet; des ailes obtuses, une gousse oblongue, très-courte, rhomboïdale, contenant de deux à quatre graines très-comprimées.

La *lentille commune ou cultivée* (*ervum lens*) présente les caractères distinctifs suivants : tige un peu velue et anguleuse, pétioles communs prolongés en vrille, étendard rayé de bleu, semences roussâtres. On a obtenu de cette plante trois variétés culturales et même des sous-variétés.

A. — La *lentille commune* (*ervum lens*), cultivée d'une haute antiquité en Judée, en Grèce, à Rome, en Gaule, etc., est une plante annuelle, à tiges grêles, hautes de $0^m,20$ à $0^m,30$, grimpantes et ramifiées, à feuilles ailées alternes, d'un vert tendre, et munies de vrilles; de l'aisselle de chaque feuille partent, soit une ramification, soit une petite grappe de fleurs d'un violet clair, qui produisent de petites gousses dans lesquelles sont contenus deux grains de couleur différente suivant la variété, du jaune au gris

et au rouge, et variant aussi en diamètre de 0^m,01
à 0^m,002.

Elle présente des variétés d'automne et de printemps;
celles d'hiver, assez sensibles sous le climat de Paris, sont
plus productives que celles de printemps, mais donnent
des grains moins beaux. Celles de printemps redoutent la
sécheresse, et doivent par cela même être semées dès qu'on
n'a plus de grandes gelées à craindre; mais elles sont, les
unes et les autres, très-rarement cultivées comme fourrages. C'est surtout en Lorraine et à Gallardon (Eure-et-Loir)
qu'on cultive cette plante pour les semences, qu'on vend
pour l'alimentation de l'homme sous le nom de *Lentilles à
la Reine.*

B. — Le *lentillon (ervum lens minor)*, variété de l'espèce précédente, a le grain d'un goût peu agréable, ne
convient que pour l'alimentation du bétail, et est exclusivement cultivée, depuis un siècle à peine, comme plante
fourragère. Elle a les tiges dressées, grêles et rameuses,
les feuilles composées de cinq à sept paires de folioles
oblongues, des vrilles, des fleurs blanches veinées de violet, et réunies au nombre de deux à trois, des gousses
comprimées et jaunâtres à la maturité, des graines rondes,
aplaties, bombées et rougeâtres (Heuzé). Cette plante, plus
rustique que la précédente, présente comme elle des variétés d'automne et de printemps; les premières exclusives au Midi, les secondes répandues dans le reste de la
France.

Les sols que préfère le lentillon sont ceux siliceux, silico-argileux ou silico-calcaires; il redoute les terrains
argileux ou tourbeux. La variété d'automne se sème en
septembre ou octobre, et fleurit en juin; celle de printemps
se sème en mars ou avril, et fleurit en juillet. Pour cha-

cune, on répand à la volée de 120 à 150 litres de semence par hectare dans un sol bien ameubli et bien nettoyé; le mieux est d'y joindre le dixième environ de seigle ou d'avoine pour ramer les tiges et les soutenir. On récolte par le pâturage en liberté ou au piquet, ou bien on fauche soit en vert pour donner à l'étable, soit pour convertir en foin. Dans ce dernier cas, on coupe à la faux nue entre la floraison et la maturité complète. Plutôt que de laisser ensuite les andains étendus, on les relève à moitié secs, et on leur laisse achever leur dessiccation en tas bien disposés. (Gossin., *Encycl. prat. de l'agric.*)

Le produit moyen ne s'élève pas à plus de 1,200 à 1,500 kilos de foin, représentant 5 à 6,000 kilos de fourrage vert; le produit en grains de semence varie de 6 à 10 hectolitres par hectare.

C. — *La lentille uniflore* (*ervum monanthos*), appelée aussi lentille d'Auvergne, a les tiges très-déliées, anguleuses, ramifiées, plus élevées que dans la lentille commune; des feuilles plus fines, glabres, composées de trois à sept paires de folioles linéaires, tronquées, mucronées au sommet et terminées par une vrille rameuse. Les fleurs solitaires sont d'une couleur blanc bleuâtre, avec la carène tachée de noir; ses gousses sont plus longues et comme bossuées, et renferment chacune trois graines arrondies d'une couleur fauve marquée de noir.

Elle se rencontre à l'état sauvage dans les champs du centre et du midi de la France. Elle paraît se contenter de sols très-médiocres, sablonneux ou schisteux, silico-argileux ou silico-calcaires, mais redoute les terrains calcaires, marneux ou argileux. Les sols granitiques un peu profonds sont ses terres de prédilection. On la sème à la fin de l'automne, en septembre ou octobre, à la volée, à raison de 100 à 130 litres par hectare, mélangés de 20 litres de seigle. On la fauche en juin, entre la floraison et la maturité, et elle produit ainsi de 3 à 4,000 kilos d'un excellent fourrage sec pour les chevaux et les moutons; le produit de la semence s'élève, en moyenne, de 12 à 15 hectolitres par hectare.

D. *La lentille ers ou ervillier (ervum lens verum)*, appelée communément lentille bâtarde, goiril, alliez, éros, comin, etc., présente des tiges droites et rameuses ; des feuilles à folioles très-fines, étroites, tronquées et mucronées, au nombre de 8 à 12 paires, d'un vert très-clair ; des fleurs isolées ou par groupe de deux à trois d'une couleur rose avec l'étendard veiné ; des gousses oblongues renfermant chacune de 3 à 4 petites graines anguleuses d'un brun rosé.

On la sème à l'automne dans le Midi, et au printemps dans le Nord, où elle redoute beaucoup le froid et où sa culture, à cause de cela même, est peu répandue. Elle se contente de sols très-maigres. On emploie de 40 à 60 litres de semence par hectare. Dans le Midi, on fait consommer le fourrage vert sur place par les moutons ; on emploie ses graines très-échauffantes pour la nourriture des mulets et l'engraissement des bêtes à cornes et des porcs. Son produit moyen en grains s'élève de 10 à 12 hectolitres et de 1,200 à 1,500 kilos de paille.

E. *La lentille à quatre graines (ervum tetraspermum)*, à tiges glabres, à pétioles terminés en vrilles rameuses, à fleurs rougeâtres, pendantes, à gousses renfermant quatre grains, se rencontre à l'état sauvage dans les moissons, sur les collines et le long des chemins. On connaît encore la lentille hérissée *(ervum hirsutum)* qu'on trouve, comme la précédente, à l'état sauvage dans la France méridionale surtout; toutes deux fournissent une excellente nourriture aux moutons; mais la culture n'a jamais cherché à les conquérir parce qu'elles sont peu fourragères.

F. *La lentille ervillier à feuilles étroites* (*ervum ervilia angustifolia*), indigène des régions méditerranéennes et cultivée en Algérie, a été introduite de ce dernier pays en France, en 1859, par M. Guérin-Menneville. Dans nos possessions d'Afrique, cette plante qui résiste merveilleusement à la sécheresse, fournit alors au bétail sa graine qui vaut deux fois l'orge en valeur nutritive, et sauve les animaux de la famine. Aussi les Arabes lui donnent-ils le nom de *k'rsa'Allah*, présent de Dieu. M. Guérin-Menneville cultive, depuis six ans, cette variété à la ferme impériale de Vincennes, sur un terrain calcaire des plus maigres et sans fumier, et en obtient chaque année des produits de plus en plus satisfaisants.

§ 10. Genre ornithope ou pied d'oiseau.

Le genre *ornithope* ou *pied d'oiseau* (*ornithopus*) présente comme caractères distinctifs une carène très-petite; des gousses grêles, arquées, longues, cylindriques, aiguës et articulées, réunies au nombre de 2 à 3 sur un même pédoncule, ce qui lui a valu le nom de pied d'oiseau, par sa ressemblance avec cet organe des volatiles.

L'ornithope délicat (*ornithopus perpusillus*) est annuel; il a les fleurs d'un jaune pâle, entourées d'une bractée; l'étendard rayé de rouge. Il est indigène en France où il fleurit pendant tout l'été, dans les terrains sablonneux un peu couverts. L'ornithope comprimé (*ornithopus compressus*) a les gousses comprimées, ridées et terminées par une pointe crochue, les fleurs d'un blanc rosé ou violâtre;

il croît à l'état sauvage dans le midi de la France et de l'Europe, et c'est sans doute par sa culture qu'on a obtenu la variété suivante :

L'ornithope cultivé (*ornithopus sativus*), appelé en Portugal *serradella*, est depuis longtemps déjà cultivé en Espagne et en Portugal ; Sprengel avait instamment recommandé cette plante aux cultivateurs allemands. Elle avait été déjà introduite en Angleterre en 1794, d'après M. Heuzé, mais sans succès. Vers 1844, il en fut envoyé des semences à M. Philippar, qui les sema à Grignon ; le ministre de l'agriculture ayant reçu de Portugal de nouvelles graines, les envoya à Grandjouan où cette culture s'est développée sur une certaine étendue.

L'ornithope cultivé est annuel ; sa racine pivote jusqu'à 0^m,50 dans les terrains légers et profonds ; ses tiges peu rigides atteignent jusqu'à 1^m,30 de longueur ; ses feuilles, recouvertes de petits poils, sont composées de 8 à 15 paires de folioles ; ses fleurs pédonculées et réunies au nombre de 2 à 5 sont de couleur rose, lilas ou blanc ; ses gousses presque droites sont réunies au nombre de 2 à 5 sur le même pédoncule, et terminées par une petite pointe crochue ; chaque gousse renferme de 4 à 9 graines aplaties, chagrinées, de couleur gris rougeâtre ou gris-brun.

« Il faut se défier, dit M. de Gasparin, des auteurs qui « représentent cette plante comme préférant les terrains « siliceux et secs ; elle vient très-bien sur les terrains « siliceux, mais c'est à condition que l'intérieur du sol « soit frais. » (*Cours complet d'agric.*, t. IV, p. 491). Les sables frais et profonds, les tourbes desséchées et chaulées, sont le terrain qu'il préfère, et il faut bien savoir que, ainsi que la plupart des plantes, il redoute, d'un côté, les sables secs et arides, de l'autre, les sols compactes et humides. Les racines de la serradelle sont sensiblement pivotantes et vont jusqu'à 0^m,25 et 0^m,30 de profondeur, rarement au-dessous ; ce fait, ainsi que la ténuité de sa semence, explique pourquoi il lui faut un sol perméable, profond, bien ameubli à la surface et jusqu'à une certaine profondeur.

On sème, en France, au printemps, après les gelées, en mars, avril ou mai, à raison de 25 à 30 kilog. par hectare, plus 5 kilos de moha de Hongrie ou 40 litres d'avoine de printemps ; et quand on la sème seule, à raison de 50 à 60 kilos par hectare. La serradelle, étant privée de vrilles, ne rame pas, mais il est important de lui donner pour tuteur une plante plus rigide qui empêche les tiges un peu grêles de se coucher sur le sol, où elles pourrissent. La semence s'enterre très-superficiellement à la herse d'épines ou au moyen d'un léger roulage. Dans la Campine Belge, selon M. Heuzé, on sème en mars dans un seigle d'hiver, et après la moisson ; elle repousse très-bien et fournit une bonne récolte en septembre.

Dans le sud et l'ouest de la France, on peut semer également à l'automne, en septembre, et le fourrage est alors fauchable en mai ou juin ; on récolte les semis de printemps en août et septembre. On fauche pour le fanage quand les siliques blanchies commencent à mûrir, et on obtient de 3 à 6,000 kilos par hectare, d'un foin excellent que tous les bestiaux recherchent volontiers. On peut aussi faire pâturer par les bêtes à laine ou à cornes, et la plante repousse assez bien. Malheureusement, elle ne donne que peu de graines, 5 à 8 hectolitres par hectare, dont chacun pèse 45 kilos.

Cultivée expérimentalement par M. Philippar, au jardin botanique de Versailles, vers 1846, et par M. Vilmorin, aux Barres, à la même époque, la serradelle s'est peu répandue en France; on ne la retrouve peut-être, dans la grande culture, qu'à Grandjouan (Loire-Inférieure), où M. Rieffel en a tiré un excellent parti, principalement pour les bêtes à laine. Il est bon de rappeler qu'elle peut rendre de précieux services sur les terres de bruyères un peu profondes, sur les tourbes assainies, dans les terrains acides enfin, où elle est peut-être la seule légumineuse qui semble se complaire. Il y en a une variété à fleurs jaunes plus tardive.

§ 11. Genre vesce.

Le genre *vesce* (*vicia*) est distingué par son calice tubuleux à cinq divisions, dont les deux supérieures sont plus courtes; à son style filiforme placé à angle droit sur l'ovaire, velu supérieurement, et en dessous seulement vers le sommet; à sa gousse oblongue renfermant plusieurs graines à ombilic latéral, ovale ou linéaire; à ses folioles nombreuses et à ses stipules de dimension exiguë.

A. *La vesce commune* ou *cultivée* (*vicia sativa*) se reconnaît à ses folioles larges, tantôt aiguës, tantôt obtuses, parfois même concaves au sommet, au nombre de cinq à six paires; à ses fleurs blanches, bleues, violettes ou rouges, solitaires ou géminées dans les aisselles des feuilles supérieures, et dont les divisions du calice sont presque égales; à ses stipules petites et marquées d'une tache brunâtre enfoncée; à ses gousses comprimées et brunâtres; à ses graines sphériques, noires, grises ou blanches et lisses; à ses tiges grêles, tantôt lisses, tantôt pubescentes, tantôt droites, plus souvent couchées, rameuses et longues en moyenne de 0^m,50.

La vesce a été cultivée de temps immémorial par les Hébreux, les Grecs et les Romains; les derniers l'ont importée en Gaule à l'époque de la conquête. On la croit originaire de l'Asie Mineure, où les modernes l'ont trouvée à l'état sauvage.

La culture a obtenu de cette plante, et cela dès l'époque de l'empire romain, deux variétés : l'une d'automne, l'autre de printemps; la première plus rustique et plus productive, la seconde qui a l'avantage de pouvoir remplacer les semis d'automne qui auraient manqué, et encore de pouvoir être semée de mars en mai, afin d'espacer la récolte en vert de juin en août. La vesce d'hiver n'a à redouter que l'humidité et le déchaussement du sol; celle de printemps a à craindre la sécheresse et les pucerons.

La vesce d'hiver ou *hyvernage* préfère les sols secs non exposés au déchaussement, calcaires-argileux et calcaires-siliceux surtout à sous-sols perméables ou drainés; la vesce de printemps au contraire doit être semée sur des sols frais, argileux, argilo-calcaires ou argilo-siliceux. Ni l'une ni l'autre ne sont très-exigeantes sur la préparation du terrain; un seul ou deux labours suivis de hersages suffisent souvent pour la vesce d'hiver; il faut plus de façons pour celle de printemps, qui veut une terre mieux nettoyée et plus ameublie. Le succès de l'une et de l'autre, comme celui de toutes les plantes dépend, on le conçoit, des circonstances de nature physique et chimique et de fertilité du sol qu'on leur consacre; les plantes qu'on dit peu exigeantes sont celles dont les racines profondes et vivaces peuvent aller chercher dans le sous-sol une plus ou moins grande partie des éléments de leur végétation. Or la vesce est annuelle et a des racines traçantes; c'est dire qu'il les faut mettre en sol riche ou abondamment fumé, soit pour les récoltes précédentes, soit pour leur culture directe.

La vesce d'hiver se sème en automne, du 15 septembre au 15 novembre ; les semis les plus hâtifs sont presque toujours les meilleurs, la plante ayant le temps de s'enraciner solidement avant l'hiver afin de résister au déchaussement et aux grands froids ; on lui allie, pour la soutenir, du seigle, de l'escourgeon ou de l'avoine qui augmentent et améliorent le produit en fourrage. On emploie par hectare de 250 à 300 litres de vesce, et de 25 à 50 kilos de céréales ; la proportion du grain-tuteur est en raison inverse de la fécondité du sol ; il faut soutenir la plante, mais non l'étouffer.

La vesce de printemps se sème de mars en mai ; comme pour celle d'hiver, les premiers semis sont ceux qui réussissent le mieux ; mais pour espacer la récolte en vert, on sème à intervalles de quinze jours environ. On lui donne comme tuteur de l'avoine de printemps, et on sème en moyenne 300 litres de vesce et 50 litres d'avoine.

On sème presque généralement à la volée sur un ou deux hersages, et on enterre soit à la herse sur les terres fortes, soit par un labour léger sur les terres légères, parfois aussi par un trait de scarificateur. Toute semence non enfouie est perdue, parce qu'elle ne germe pas et qu'elle est dévorée par les oiseaux, tourterelles, pigeons ramiers, etc.

Comme toutes les légumineuses, les vesces, dans la plupart des terrains, se trouvent bien d'un plâtrage ; le moment le plus favorable, pour les deux variétés, est celui où la plante commence à bien garnir le sol de ses tiges, au printemps pour la vesce d'hiver, trois semaines ou un mois après la semaille pour celle de printemps. Pour activer leur végétation et augmenter leur produit, on peut aussi leur donner du guano, du noir animal, de la poudrette, etc.

L'un des avantages de la vesce d'hiver, c'est qu'elle fournit d'ordinaire son fourrage vert en juin, entre la première et la seconde coupe du trèfle et de la luzerne et avant celle du sainfoin. Le plus souvent, on la place après la céréale qui termine l'assolement, et elle occupe avec grand profit une partie de la jachère. La variété de printemps se récolte en vert de juin en août, suivant l'époque de sa semaille; on peut donc, au moyen de ces deux variétés, entretenir les animaux en stabulation permanente pendant trois mois au moins, et conserver pour l'hiver les secondes coupes de luzerne et de trèfle et celle du sainfoin. Mais c'est là cependant une ressource sur laquelle il ne faudrait pas trop baser un système d'alimentation, à cause des diverses influences climatériques qui contrarient souvent la végétation de la vesce; c'est une ressource, mais on ne saurait en faire la base d'un système de culture. « Si le semis vient à manquer, dit avec beau- « coup de raison M. de Gasparin, ou que la plante éprouve « quelque accident et végète mal, il est difficile de parer « au déficit de fourrage qu'on n'a pu prévoir; tandis que « si l'on sème un trèfle, une luzerne ou un sainfoin, et « que le semis ait mal réussi, on peut y suppléer par les « vesces, ce qui est le véritable emploi de ces plantes. » Ajoutons pourtant que c'est la culture de la vesce qui, dans la Beauce, la Brie, la Champagne, la Picardie, etc., a permis en grande partie de supprimer les jachères et d'entretenir d'aussi nombreux troupeaux de bêtes à laine.

On fauche pour la consommation en vert au moment où la plante est en pleine fleur et où déjà les grains sont formés dans les premières gousses ; quand la plante est destinée à être fanée on attend un peu plus tard, surtout si elle est destinée aux chevaux et aux bêtes à laine. Ce fourrage vert convient plus particulièrement aux bêtes à cornes ; quoique inférieur au trèfle, il produit encore assez de lait ; mais c'est une nourriture échauffante et qu'on accuse de causer le sang de rate ; il est rarement aussi conseillé pour les chevaux, et il est rejeté de l'alimentation verte de notre cavalerie. En sec, ces propriétés sont bien plus sensibles encore, et on attribue en partie aux dragées ou dravières de la Beauce la mortalité causée par le sang de rate aux bêtes à cornes et à laine et aux chevaux. Tout au moins faudrait-il que leur influence fût balancée dans le régime par une ration de racines.

Le fauchage s'opère à la faux nue ou à la faucille, et à la faux garnie quand la récolte a versé. Cette opération du fanage est toujours longue et difficile, la plante contenant environ 80 p. 100 d'eau dans ses tiges épaisses et moelleuses. Elle ne s'opère que deux jours après le fauchage, et la dessiccation a commencé en andains ; on réunit alors deux de ces andains à la fourche, on les soulève et on les retourne avec précaution pour ménager les feuilles, et le quatrième jour on met en veillottes qu'on ouvre et reforme le lendemain. Le cinquième ou le sixième jour, si le temps est beau, et si la dessiccation est suffisante, on met en cachons, où la fermentation lente se développe pendant huit à dix jours. Ce n'est qu'alors qu'on peut botteler et rentrer dans des greniers bien sains, parce que ce foin absorbe facilement l'humidité atmosphérique et moisit avec promptitude.

En Normandie et en Flandre, on fait souvent pâturer les vesces au piquet par les vaches ; dans la Brie et la

Beauce, on fait pâturer en liberté par les moutons; lorsque la saison est humide, la plante donne ensuite un regain plus ou moins abondant; elle a l'avantage de ne causer presque jamais la météorisation. Fauchées en fleur et fanées, les vesces contiennent, d'après M. de Gasparin, 1/16 p. 100 d'azote à l'état sec, et 1/14 à l'état normal, avec 0/11 d'eau. Leur valeur est donc à peu près celle du foin ordinaire des prairies.

Le produit moyen en vert est de 8 à 12,000 kilos de fourrages, représentant de 3,500 à 4,500 kilos de foin; ce rendement peut s'élever dans d'excellentes terres jusqu'à 20,000 kilos en vert, soit 7,500 kilos en foin.

Le produit en graines varie entre 12 à 15 hectolitres en moyenne et peut monter jusqu'à 18 ou 20 et même à 35, du poids de 75 à 80 kilos chacun. Il ne faut pas attendre pour faucher la complète maturité des semences, parce que les gousses s'ouvrent d'elles-mêmes lorsque le soleil paraît après la rosée ou la pluie; la maturation s'achèvera en andains. On fauche le matin à la fraîcheur, on laisse javeler pendant deux à quatre jours, puis on rentre dans la grange, où le battage s'opère au fléau. Les pailles qui restent ensuite forment encore une assez bonne nourriture lorsque, hachées, elles sont mélangées aux pulpes des animaux à l'engrais. Quant aux graines, elles sont rarement données au bétail; M. Royer a signalé la paralysie des reins, chez les chevaux, comme résultat de son usage. On la réserve pour les pigeons.

B. *La vesce blanche*, ou *vesce d'Amérique*, ou *lentille du Canada*, ou *vesce piriforme* (*vicia alba*), a les racines vivaces, les tiges grêles, hautes de 0^m,65 à 1 mètre; les feuilles à folioles grandes, ovales, glabres, au nombre de huit; les fleurs jaunâtres, blanches ou violettes. Elle est plus rustique, mais moins productive que notre vesce de printemps. Ses grains blancs et assez gros sont utilisés pour la nourriture de l'homme et mangés comme les lentilles, soit entiers, soit en purée; ils peuvent entrer encore dans la composition du pain. Elle ne craint pas le froid et pourrait être semée à l'automne dans le sud et une partie du centre de la France. Dans les essais de M. Vilmorin (*Annuaire de* 1861) elle s'est montrée un peu plus forte et surtout plus hâtive que la vesce de printemps.

C. *La vesce à gros fruits* (*vicia macrocarpa*) diffère, d'après M. Heuzé, des autres variétés par ses feuilles et ses tiges, qui sont très-développées. Ses fleurs, d'un beau violet foncé, produisent des gousses très-grosses qui contiennent des semences globuleuses et noirâtres. Cette espèce est digne d'être expérimentée. Aucune espèce ne lui est supérieure quant à la vigueur. On la sème en automne ou au printemps, (*les Plantes fourragères*, p. 419.) Dans les essais de M. Vilmorin, cette plante achevait de fleurir au 1er juillet 1861; on pouvait presque la couper à cette époque, et elle était plus précoce que la vesce de printemps semée à la même date.

D. *La vesce velue* (*vicia villosa*), ou vesce de Russie, essayée depuis peu de temps par quelques cultivateurs, est une espèce vivace, hivernale et très-vigoureuse. Ses tiges, grêles et très-longues (1ᵐ,50 à 2 mètres), se soutiennent mal et se couchent; l'avoine est trop faible pour la ramer, et elle courbe le seigle lui-même; ses fleurs violettes sont disposées en longs épis et s'épanouissent en juillet. Elle conviendrait pour les sols assainis et de médiocre fécondité; sur ceux humides et riches, elle se couche et pourrit.

E. *La vesce multiflore*, ou à épi, ou vesce à bouquet (*vi-*

cia cracca) est vivace; elle se reconnaît à sa tige grêle, haute de 0^m,65 à 1 mètre, striée, velue; à ses folioles lancéolées, pubescentes, au nombre de neuf à douze paires; à ses stipules étroits et demi-sagittés; à son calice à trois dents aiguës, dont les deux supérieures sont comme tronquées; à ses fleurs d'un rouge pourpre passant ensuite au violet bleuâtre, nombreuses, imbriquées, portées sur des épis plus longs que les feuilles; à ses légumes courts et larges, renfermant de cinq à huit graines. Elle croit naturellement en France dans les champs, les bois, autour des haies, dans certains prés. Anderson et Plot, en Angleterre, en ont fait un grand éloge; mais la difficulté de sa culture consiste dans la nécessité de tuteurs solides et vivaces pour supporter son épi long et pesant et ses tiges longues et grêles.

F. *La vesce des buissons* (*vicia dumetorum*) est vivace aussi et se distingue par ses tiges assez volumineuses, longues de 0^m,65 à 1 mètre; ses feuilles à stipules dentés, à folioles larges, ovales, mucronées; ses fleurs rouges disposées en épis pendants. Elle croit dans les haies, les bois des pays de montagnes. (Bosc.)

G. *La vesce des haies* (*vicia sepium*) est également vivace; ses tiges atteignent 0^m,65 à 1 mètre de longueur; ses feuilles à folioles ovales très-entières ont les stipules finement dentés; ses fleurs bleues réunies quatre par quatre reposent sur les aisselles des feuilles supérieures. Cette vesce, qui pousse une des premières au printemps, n'est point cultivée, malgré les expériences si encourageantes de Swaine et Thouin; le premier en a retiré un énorme produit, mais il se plaint que les insectes ne permettent pas d'en récolter la graine. Je remarque que cet inconvénient est bien réel pour les pieds sauvages et pour ceux qu'on cultive à la manière ordinaire, mais que si, au lieu de laisser la première fleur venir à graine, on la coupait, les femelles des insectes (bruches) seraient mortes à l'époque de la seconde floraison, et qu'alors il ne manquerait pas une des semences qui en proviendraient. (Bosc. — *Dictionn. d'agric.*)

H. *La vesce bisannuelle* (*vicia biennis*), ou vesce de Sibérie, est une plante bisannuelle dont les tiges, le plus souvent simples, longues de 1^m à 1^m,30, sont peu feuillues; les feuilles sont composées de huit à douze folioles, lancéolées et glabres; les pétioles se terminent en vrilles presque toujours rameuses; les pédoncules qui terminent les tiges sont axillaires et multiflores; les fleurs, de couleur bleue, sont disposées en épis irréguliers. Elle a été recommandée par Muller, et Thouin a proposé de la semer pour fourrage en mélange avec le mélilot de Sibérie. Elle ne craint pas le froid, et M. O. Leclerc-Thouin conseille de la semer dès le commencement de l'automne pour qu'elle devienne fauchable dès le commencement de l'année suivante, car sa croissance est peu rapide.

I. *La vesce lathyroïde* (*vicia lathyroïdes*) est annuelle; ses tiges sont couchées et longues de plus de 0^m,30 cent.; ses feuilles composées de six paires de folioles dont les inférieures sont en cœur; ses fleurs, bleuâtres ou rougeâtres, sont solitaires ou géminées dans les aisselles des feuilles supérieures. Elle croît dans les lieux secs et sablonneux de beaucoup de parties de la France et fleurit de très-bonne heure au printemps. (Bosc.)

J. *La vesce à feuille de lin* (*vicia linifolia*) est une plante annnelle; ses tiges grêles s'élèvent de 0^m,65 à 1 mètre; ses feuilles sont composées de folioles linéaires et entières; ses fleurs bleuâtres sont géminées dans les aisselles des feuilles supérieures. Elle est abondante dans les seigles des cantons granitiques de la Bourgogne; elle produit un fourrage excellent. (Bosc.)

K. *La vesce jaune* (*vicia lutea*) est annuelle aussi; ses tiges, longues de 0^m,30 à 0^m,60, sont très-rameuses; ses feuilles à folioles ovales et allongées sont émarginées; ses fleurs jaunes sont solitaires dans les aisselles des feuilles supérieures. Elle croît dans les sols pierreux, au milieu des champs, des buissons, etc. Dans des essais faits à Versailles, Bosc rapporte qu'on a pu la couper trois fois dans le courant de l'été, et qu'elle a encore fourni un pâturage abondant pour l'hiver, saison pendant laquelle elle végète et même fleurit.

L. *La vesce ervillée* (*vicia ervilia*) est également annuelle; on la distingue par ses fleurs blanches rayées de violet; par ses gousses articulées et comme plissées; par ses semences anguleuses; elle croît dans les champs cultivés, elle est peu fourragère.

M. Parmi les variétés de la vesce de printemps cultivée, nous nous bornerons à mentionner : la vesce de Norwich, et parmi celles d'hiver la vesce de Bernay, celle du Poitou et la vesce de Narbonne qui, chez M. Vilmorin, n'a fleuri qu'en novembre. La vesce Hopetoun ou écossaise, variété à fleurs blanches, très-productive, est, selon M. Heuzé, très-cultivée en Écosse. Sa semence un peu aplatie est blond grisâtre.

§ 12. Genre sainfoin.

Le genre *sainfoin* (*hedysarum*) a pour caractères botaniques distinctifs : un calice persistant à cinq divisions subulées; corolle papillionacée à étendard oblong, pointu et réfléchi, à ailes étroites, à carène transversalement ob-

tuse; gousses plus ou moins comprimées, droites, articulées, ne renfermant qu'une seule graine à chaque articulation; ovaire supérieur oblong, terminé par un style en
alène et recourbé.

A. *Le sainfoin commun ou cultivé* (*hedysarum onobrychis*), crête de coq, esparcette, bourgogne, sainfoin de
montagnes, se reconnaît à sa tige droite, rameuse, haute
de 0^m,30 à 0^m,50; à ses feuilles ailées avec impaire composées de neuf à dix-sept folioles cunéiformes et glabres;
à ses stipules minces, sèches et demi-transparentes; à ses
fleurs rose et rouge striées disposées en têtes spiciformes,
à l'extrémité de longs pédoncules axillaires; aux ailes
très-courtes et aux divisions du calice aussi longues que
la corolle; à ses gousses uniloculaires, monospermes, ridées et hérissées d'aspérités aiguës.

« Les Romains n'ont pas connu ce fourrage, dit le sa-
« vant Reynier; Bode de Stapel est le premier botaniste
« qui en ait parlé; il en a donné la figure et la descrip-
« tion, ajoutant qu'il l'a reçu de la Bourgogne, où il était
« cultivé, et qu'en Espagne on en cultivait une espèce
« analogue. Olivier de Serres, qui lui est antérieur de
« quelques années, a aussi parlé de sa culture. Cepen-
« dant elle ne remonte pas à une époque fort reculée,
« puisque les habitants de l'Armorique, les seuls qui aient
« conservé en France des traces de l'ancienne langue
« celtique, nomment cette plante *gheol gall* ou *fœun gall*,
« herbe ou foin français; on peut en conclure que ce sont
« les Francs, ou plutôt encore les Bourguignons, qui en
« ont introduit la culture, puisque c'est dans les cantons
« où ils se sont établis qu'on en voit les traces les plus
« anciennes; mais il n'en reste pas moins incertain s'ils
« l'ont apporté avec eux du pays d'où ils sont venus, ou

8.

« si, depuis leur établissement, ayant remarqué la plante
« parmi les espèces sauvages, ils out eu l'idée de la culti-
« ver. Le nom le plus ancien qu'elle ait porté en France
« est *esparcette* : c'est aussi sous celui de *sparcet* que les
« Allemands la connaissent maintenant ; mais je n'ai pas
« pu vérifier si ce nom est d'ancien usage chez eux , ou
« s'il y a été porté de la France avec sa culture. » (*Econ.
publ. et rur. des Celtes et des Germains.*) M. Heuzé va
compléter ces données historiques en nous apprenant que
le sainfoin a été signalé en Belgique en 1552 par Dodoens ;
que Delachamp l'a désigné en 1586 , dans son *Historia
plantarum*, sous le nom d'*Onobrychis*, qu'à cette époque
les Dauphinois l'appelaient *sparse ;* qu'enfin il a été introduit en Angleterre en 1651.

Les botanistes regardent le sainfoin comme originaire
des contrées méridionales, et il est spécial aux sols de nature calcaire ; il est utilisé depuis fort longtemps dans le
Dauphiné et la Bourgogne, et se trouve maintenant répandu dans toutes les contrées à sols calcaires, le Berry,
la Champagne, la Beauce, etc. Cette plante vivace ne donne
chaque année qu'une coupe et un regain rarement fauchable. Dans le Nord, la culture du sainfoin sur les terres
riches a produit une variété qui, transportée ensuite sur
des terres moins fertiles, y donne pendant longtemps des
produits plus abondants que celle qui y était cultivée ori-
ginairement. En effet, Yvart rapporte avoir tiré des environs de Péronne ce sainfoin chaud à deux coupes que
nous trouvons maintenant presque exclusivement cultivé
en France. C'est dans cette contrée que, d'après Yvart,
Pincepré de Buire (vers 1791) aurait introduit de Suisse
le sainfoin à deux coupes, appelé sainfoin chaud, sainfoin
géant ou grande graine. Lullin de Châteauvieux reconnais-

sait dans le Sud-Est aussi deux variétés : l'une, dont la fleur est d'un rose plus foncé et qui provient du Dauphiné ; l'autre, dont la fleur est d'un teint plus pâle et qu'on cultive dans le haut Languedoc ; cette dernière s'élève de $0^m,08$ à $0^m,11$ plus haut, toutes choses égales d'ailleurs. (*Voyages agron.*, t. Ier, p. 317). M. de Gasparin fait venir le sainfoin chaud des cultures soignées et des meilleures terres du Languedoc.

La composition chimique élémentaire de cette plante présente une grande importance, en ce qu'elle démontre les exigences de sa culture quant à la nature du sol. Voici cette analyse par M. Rech :

Sels de soude	18,02
Sels de potasse	5,40
Sels de chaux	24,82
Sels de magnésie	6,86
Acide phosphorique	20,06
Phosphate de fer	2,65
Acides sulfurique, silicique et carbonique	16,65
Charbon	5,54
	100,00

L'énorme proportion de 51,74 p. 100 de sels de chaux et magnésie et d'acide phosphorique indique bien clairement que le sainfoin ne peut se plaire que sur les terrains crayeux, calcaires ou tout au plus sur les loams. De même encore, ses racines profondément pivotantes nous enseignent qu'il redoute l'humidité et qu'il lui faut un sous-sol profondément perméable ; on trouve, en effet, de ses racines qui ont 2 mètres et plus de longueur. Olivier de Serres nous dit bien que : « L'esparcet vient gaiement en terre « maigre et y laisse certaine vertu engraissante à l'utilité « des blés qui ensuite y sont semés. » En effet, le sainfoin végète plus ou moins sur les terres calcaires à sous-sol friable qui n'en ont pas encore porté, mais ce n'est que pour un temps; il en est de même de certaines terres également calcaires à sous-sol tuffeux, et sur lesquelles l'esparcette, ne pouvant former de pivot, devient traçant et trouve sa nourriture dans le sol lui-même; là, sa durée est bien courte et son retour doit être bien éloigné. Partout où le calcaire manque, partout où l'humidité existe, soit à la surface, soit dans le sous-sol, il est inutile de tenter cette culture; mais partout où elle réussit, elle transforme promptement une contrée aride en pays riche et prospère; moins productif que la luzerne, il réussit cependant sur bien des points où celle-ci échouerait.

Quant à la préparation du sol, le sainfoin doit être en tout assimilé à la luzerne : profondeur, ameublissement, propreté, fumures; on doit avoir en vue d'établir une prairie aussi durable que possible, et dès lors il ne faut négliger aucun soin. Si cette culture entre dans la rotation, les conditions ne changent pas pour cela, parce que, si la durée du sainfoin se trouve ainsi limitée, il n'en faut pas moins ménager à son prochain retour un ensemble de circonstances favorables. Il occupe dans l'assolement la même place que la luzerne; c'est-à-dire qu'on le sème dans une céréale d'hiver ou de printemps qui succède à une ou mieux à deux récoltes sarclées.

On sème quelquefois en automne, mais plus communément au printemps, parce que la plante, dans son jeune âge, est très-sensible, sinon au froid, du moins au déchaussement. Rarement aussi on sème cette graine sans l'associer à celle d'une céréale, blé de mars, orge ou avoine de printemps, sarrasin, etc., répandue un peu claire, et qui, après lui avoir servi d'abri contre la sécheresse de l'été, payera avantageusement le loyer de l'année. On sème donc, soit sur un grain d'hiver, en mars et avril, soit en même temps qu'une céréale de printemps, ou plutôt par-dessus elle ; c'est-à-dire que, la semence de blé, d'orge ou d'avoine étant enterrée à la herse, on sème le sainfoin, qu'on recouvre d'un ou deux traits de herse ou d'épines, ou d'un coup de rouleau. Une des meilleures pratiques, dans les terres légères, consiste à semer le sainfoin en juin, dans un sarrasin ou blé noir, dont on ménage la semence afin de conserver de l'air à la légumineuse, et de ne pas l'exposer à être étouffée par la verse du blé noir, que d'ailleurs on fauche en vert.

On emploie pour le sainfoin le double de semence en balles qu'on a répandue pour le froment, soit de 4,50 à 6 hectolitres par hectare. Cette graine s'éballe rarement, et on a reconnu qu'elle lève bien plus régulièrement ainsi que lorsqu'elle est mondée ; il semble que la sécheresse ait moins de prise sur elle. Les gousses doivent être d'une couleur jaune légèrement brune ou rougeâtre, et la graine qu'elle renferme doit être pleine et d'une couleur roux jaunâtre. Ces semences ne conservant leur faculté germinative que d'une année à l'autre, il est plus prudent de produire soi-même celles dont on a besoin que de les acheter chez les grainetiers. La jeune plante doit germer après huit à dix jours, et montrer ses cotylédons après quinze à vingt environ.

On a souvent proposé, pour augmenter le produit, de mélanger la semence de sainfoin de celles du trèfle, du ray-grass, de la pimprenelle, etc. Nous avons déclaré déjà notre opinion à cet égard. Cette pratique ne peut s'expliquer que si on devait rompre le sainfoin dès la seconde ou la troisième année, calcul qui nous semble des plus défectueux.

Le sainfoin garnit peu le sol pendant la première année, souvent même il paraît clair, et quelques graines ne lèvent qu'au second printemps de la semaille; on peut d'ailleurs toujours regarnir les vides en semant sur un piochage au printemps. Il est bon seulement de rechercher la cause de ces non-réussites, afin de les faire disparaître au plus tôt. On ne doit pas faucher la première année, parce que les racines prennent d'autant plus de force que les tiges sont mieux garnies, et aussi parce que le collet de la jeune plante saillit souvent de $0^m,02$ à $0^m,03$ au-dessus du sol, et que le fauchage en détruirait un certain nombre. Il est plus prudent de faire pâturer avec précaution. C'est par le même motif que beaucoup de cultivateurs attendent le premier hiver pour marner leurs sainfoins, dont le collet se trouve ainsi naturellement rechaussé. Le même inconvénient n'existe plus pour les années suivantes, et on peut même dire que la plante supporte mieux la faux que le pâturage.

« Le sainfoin, naturellement très-vivace, dit M. Yvart, « a, comme toutes les plantes pérennes, une longévité « relative aux circonstances avantageuses ou désavan- « tageuses dans lesquelles il se trouve. Les graminées « agrestes, et surtout les bromes mous et stériles (*bromus* « *mollis-sterilis*), sont ses plus redoutables ennemis; et « lorsqu'on parvient à l'en débarrasser par des hersages « profonds, il peut se soutenir très-longtemps. » A ces deux plantes envahissantes par leurs graines il faut ajouter le chiendent (*triticum repens*), envahissant par ses racines et plus difficile encore à détruire, parce que les hersages ni le fauchage ne sont efficaces contre lui. Contre les deux premières une coupe hâtive et avant la maturité de leurs graines parvient à les détruire.

Quant aux soins d'entretien, il sont les mêmes que pour
la luzerne, savoir : un hersage au printemps, mais moins
énergique, parce que la plante est moins solidement enracinée et que son collet est plus saillant hors de terre; un
plâtrage après chaque coupe; l'épierrement et l'épandage
des taupinières. Il faut veiller surtout à ce que les herbes
n'envahissent pas le sol, et avancer ou retarder les coupes
de façon à les prendre avant la maturité de ces semences
nuisibles.

Nous avons dit qu'on devait faire pâturer par le bétail
à cornes le produit de la première année de la semaille
(après la moisson) et aussi celui du second printemps; il
en est de même des regains, toutes les fois qu'ils ne sont
pas fauchables. Mais il faut veiller attentivement à ce que
le collet de la plante soit respecté, et, pour cela, il faut
retirer les animaux en temps opportun et n'y jamais
envoyer les chevaux ou poulains ni les bêtes à laine, qui
broutent de trop près. « Le pâturage, ouvert à propos,
« n'est pas nuisible à la plante, dit M. Magne, il augmente
« même le produit des prés qui vieillissent, quand il ne
« prend pas les plantes trop ras terre. Dans le Midi, on
« commence après la première coupe et on continue le
« pâturage toute l'année. » Le mouton ne doit pâturer que
les sainfoins destinés à être retournés.

Le sainfoin ordinaire produit communément une coupe
et un regain pâturable; le sainfoin chaud ou à deux
coupes donne une seconde pousse, ordinairement fauchable, puis un pâturage. Le premier produit, en fourrage
sec, de 2,000 à 2,500 kilos par hectare; le second donne,
en deux coupes, de 3,000 à 3,500 kilos. Dans les très-
bonnes terres, il peut fournir jusqu'à 9,000 kilos. Comme
ce fourrage sec est d'excellente qualité, il est bien rare

qu'on le fasse consommer en vert, et on le réserve pour les vaches laitières, les chevaux de travail et les bêtes d'engrais.

Pour récolter la graine, on fauche en juin ou juillet, quand les tiges commencent à sécher et que la plupart des gousses ont pris une teinte jaune brunâtre. Ces gousses se détachant assez facilement, il est bon de ne faucher que le matin et le soir, à la faux garnie. On laisse sécher en andains pendant trente-six à quarante-huit heures, puis on bat dans le champ, sur une bâche, soit à la fourche, soit au fléau, ou bien on bottelle à la rosée pour rentrer en grange et battre l'hiver, soit à la fourche ou au fléau, soit à la machine à battre. Les gousses passées au tarare doivent être étendues en couches minces sur le plancher d'un grenier bien sec, et re-muées fréquemment pendant les huit ou dix premiers jours; après ce temps, on peut les mettre dans un barril foncé qu'on place bien sainement. Ce produit s'élève en moyenne de 12 à 15 hectolitres de graines en gousses par hectare, et exceptionnellement à 20 ou 30, dont chacun pèse de 30 à 32 kilos. C'est sur les sainfoins de deuxième et troisième année seulement qu'on doit récolter de la semence, et on n'en doit jamais demander deux années de suite au même champ. Beaucoup de cultivateurs rentrent le sainfoin dans une grange bien saine ou dans un grenier, pour ne le battre qu'à l'époque des semailles; tel nous parait être, en effet, le meilleur mode de conservation. Quant à la paille qui provient du battage, elle doit être hachée et macérée ou fermentée avant d'être distribuée au bétail qui, sans cela la refuse, à cause de sa dureté.

Le sainfoin dure plus ou moins longtemps, suivant que la terre qu'il occupe lui convient plus ou moins, qu'elle est plus riche dans les couches supérieures et inférieures, ou mieux et plus souvent plâtrée ou fumée, qu'elle est plus ou moins effritée. Yvart et M. Bonneau en ont vu persister pendant vingt-sept ans ; mais, en général, il dure bien moins longtemps aujourd'hui, et son produit tend à décroître parce qu'on le fait revenir trop fréquemment sur le même sol. Six à sept ans paraissent être son terme extrême, et dans beaucoup de contrées, du Midi surtout, on ne le conserve que deux à trois ans ; c'est un mauvais calcul, parce que la première année est peu productive, et c'est par suite de cette pratique qu'on a été amené à le mélanger de trèfle, de ray-grass, etc. Il est presque toujours plus avantageux de placer le sainfoin hors de la rotation, de bien établir la prairie, de la soigner comme les luzernières, et de prolonger le plus possible sa durée par des soins et des engrais.

D'un autre côté, il est prudent de ne pas hâter son retour sur le même terrain, ce serait tuer la poule aux œufs d'or. Il faut laisser au sous-sol le temps de reconstituer certains éléments, il faut laisser au temps surtout le soin d'entraîner dans le sous-sol, avec les pluies de l'hiver, une plus ou moins grande proportion de principes organiques et inorganiques ; sans cela, l'effritement ne tarde pas à se produire. Multiplier les retours aujourd'hui, c'est les rendre impossibles dans un temps rapproché. Un intervalle égal à deux fois au moins la durée du sainfoin doit s'écouler avant son retour sur la même terre.

On a souvent dit que le sainfoin était un moyen d'amélioration du sol ; nous ne contesterons pas ce fait ; mais s'il absorbe peu de la fécondité du terrain, s'il l'améliore même par les racines et les débris de tiges et de feuilles qu'il y laisse (8 à 12,000 kilos de racines par hectare, dosant 1,04 p. 100 d'azote, soit en somme 83,20 à 124,80 kilos d'azote, en moyenne 104 kilos, équivalant à 50,000 kilos de fumier normal), il faut bien avouer que c'est dans le sous-sol bien plutôt que dans l'atmosphère que le sainfoin a puisé la plus forte partie des éléments de sa végétation. Il n'en est pas moins vrai pourtant que cette plante nous offre un moyen d'obtenir du fourrage sur des sols d'une grande aridité, et de les améliorer si on leur rend ce fourrage converti en fumier par l'addition des litières et son passage à travers le corps des animaux. Mais ne demandons pas aux hommes et aux choses plus qu'il n'est raisonnable de leur demander.

Le défrichement des sainfoins s'opère comme celui des luzernières; on le fait suivre d'avoine, de seigle ou de froment.

Le foin de sainfoin, quoique considéré dans la pratique comme plus nutritif que la luzerne, n'atteint pourtant presque jamais le même prix sur les marchés à fourrages.

B. *Le sainfoin d'Espagne* ou *sulla* (*hedysarum coronarium*) est également vivace; ses tiges nombreuses, hautes de $0^m,65$ à 1 mètre, portent des feuilles composées de onze à quinze folioles elliptiques et légèrement velues; ses fleurs, grandes, d'un beau rouge foncé, sont disposées en gros épis portés par de longs pédoncules axillaires; ses gousses sont longues, articulées et hérissées. Il est originaire des parties méridionales de l'Espagne et de l'Italie. Dans ces lieux, de même qu'à Malte, en Sicile et dans le Piémont, on le cultive comme fourrage (Yvart). Dans le centre de la France, il est détruit par la gelée et ne peut servir qu'à l'ornement des jardins. On l'appelle sainfoin à bouquets. Comme il ne peut supporter la température de $-6°$ C., sa culture ne saurait convenir qu'à notre colonie d'Algérie.

Il se plaît particulièrement sur les terres crétacées et

profondes, tout au moins fortement calcaires. Sa graine
conserve assez longtemps sa faculté germinative, et on doit
semer de préférence celle âgée de deux ans. On sème le
sulla immédiatement après la récolte du blé, à raison de
10 à 11 hectolitres par hectare; on incendie ensuite le
chaume, ou bien on fait passer un troupeau de bœufs et
de moutons pour recouvrir la semence; celle-ci lève après
les premières pluies d'automne, et, du mois de mars au
mois d'avril suivant, la plante s'élève rapidement jusqu'à
$1^{m},50$ de hauteur; on fauche en juin pour la consommation en vert; on ensemence en blé à l'automne suivant;
puis, après la moisson, on brûle encore le chaume, et
sans qu'il y ait besoin de répandre de nouvelle semence,
le champ se trouve regarni de sulla. C'est ainsi, dit Gri-
maldi, que les champs, une fois *sullés*, donnent pendant
l'espace de quarante années successives et au delà, régulièrement et alternativement de deux années l'une, une
récolte abondante de sulla, et l'autre une moisson du plus
beau blé, sans que, pour conserver une prairie si singulière, il faille d'autre soin que de répandre la graine dans
la première année et de la manière indiquée ci-dessus.
On comprend combien il serait facile d'améliorer ces bar-
bares procédés de culture qui pourtant semblent réussir
à merveille.

Bosc dit qu'à Malte le sulla bien conduit, et qui a échappé
à la gelée, peut donner de bonnes récoltes pendant plusieurs années, mais qu'on ne le laisse pas subsister au
delà de la première, probablement par l'importance de
multiplier les récoltes de blé. Il ajoute que cette plante
donne tous les ans, à Paris, de bonnes graines dans les
jardins, où elle repousse même lorsque l'hiver est doux,
ainsi qu'il l'a vu lui-même pendant trois années consécu-

tives dans les pépinières impériales. (*Dictionn. d'agric.* Déterville, art. *Sainfoin*, p. 336.) M. de Gasparin, d'un autre côté, rapporte qu'on a essayé à Malte de récolter du foin de sulla deux années consécutives, mais que la seconde année a été peu productive, et qu'il a tenté en vain de le cultiver à Orange, où il a toujours été détruit par la gelée.

M. Heuzé a vu le sulla réussir parfaitement en Algérie quand on le cultive sur des terres un peu fortes ou sur des sols argilo-ferrugineux. Cette plante peut devenir une précieuse ressource pour l'avenir agricole de cette colonie. Mais nous ignorons si, jusqu'ici, on en a su tirer un parti avantageux.

C. *Le sainfoin des rochers* (*hedysarum saxatile*) a beaucoup de ressemblance avec le sainfoin commun, quoique plus faible dans toutes ses parties, ce qui tient probablement à son manque de culture. Yvart en a essayé la culture et l'a abandonnée. Dans les essais de M. Vilmorin, les plantes provenant d'un semis fait au printemps ont à peine monté et n'auraient pas pu être fauchés.

D. *Le sainfoin oscillant* (*hedysarum gyrans*) a les feuilles ternées, ovales, lancéolées, avec les folioles latérales beaucoup plus petites ; ses fleurs sont terminales. Il est originaire du Bengale et ne peut se conserver, sous le climat de Paris, que dans les serres chaudes (Bosc). Il n'est intéressant que par le phénomène de gyration dont sont presque constamment animées ses folioles.

E. *Le sainfoin alhagi* (*hedysarum alhagi*) est un arbrisseau épineux dont les feuilles sont simples, lancéolées et d'un vert pâle. Ses fleurs rougeâtres sont disposées en petites grappes axillaires ; ses fruits sont recourbés et articulés d'un côté seulement. Ses feuilles et ses jeunes branches se chargent, dans les grandes chaleurs, d'une liqueur onctueuse qui se solidifie pendant la nuit et que les habitants recueillent le matin. Quoique originaire du Levant, cet arbrisseau se conserve fort bien en pleine terre sous le climat de Paris et se multiplie abondamment par rejetons. Il paraît préférer les terrains sablonneux, et s'y élève jusqu'à un mètre de hauteur. On l'emploie, dans les contrées orientales, à la nourriture des chevaux et des chameaux (Bosc et Yvart, *Dictionn. d'agric.* — Deterville, art. *Sainfoin et Succession de cultures*). On sait quels services rend, dans l'ouest et une partie du centre de la France, l'ajonc épineux, pour la clôture des champs et l'alimentation hivernale du bétail; peut-être le sainfoin alhagi pourrait-il rendre des services identiques dans les contrées du centre et du sud, où l'ajonc ne croît plus?

§ 13. Genre fèves.

Le genre *fève* (*faba*) a pour traits distinctifs : des gousses spongieuses, à valves charnues ; des graines oblongues, ombiliquées à l'une des extrémités.

La fève commune (*faba vulgaris*) se caractérise par : des feuilles ailées à quatre folioles ovales et demi-charnues à pétiole stipulé ; des stipules demi-sagittées et dentées ; des fleurs presque sessiles, réunies au nombre de deux ou trois aux aisselles des feuilles, à corolle blanche ou rosée, avec une tache noire et soyeuse sur chaque aile. Elle est originaire de la Perse et des bords de la mer Caspienne, où le savant voyageur Olivier l'a trouvée à l'état sauvage.

A. *La féverolle* (*faba equina*) est une variété de la fève commune, et paraît se rapprocher plus que la fève, du type primitif. Elle se distingue de la fève commune par ses moindres dimensions, ses gousses plus petites, ses graines presque sphériques et à périsperme coriace, ses fleurs plus nombreuses et beaucoup plus productives.

La culture a produit deux sous-variétés de la féverolle : l'une assez rustique pour être semée à l'automne ; c'est la féverolle d'hiver ; l'autre qui est la plus communément cultivée et qui se sème au printemps ; la première est plus exigeante sur la fertilité du sol, mais aussi celle qui donne le plus de produits ; la seconde, plus rustique mais moins vigoureuse, et produisant moins de grains.

La féverolle demande des terres fortes, argileuses, même les plus tenaces, non trop humides pourtant, pour la variété d'hiver, et non point trop sèches en été pour la variété de printemps ; en un mot, des terres argileuses modifiées par le drainage ou suffisamment assainies. La meilleure place qu'elles puissent occuper est une partie de la sole de jachère, et elles forment une excellente préparation pour le froment. Elles réussissent bien aussi sur un défrichement de gazon, de trèfle ou d'autres prairies artificielles, le tout sur un seul labour. « C'est, dit M. de Dombasle, une des meilleures récoltes, pour la première année, sur les défrichements de cette espèce. »

On sème la féverolle d'hiver en octobre et novembre ; celle de printemps, de février à avril. Les semis se font tantôt à la volée, tantôt en lignes ; il est essentiel pour leur réussite qu'elles soient débarrassées des mauvaises herbes ; c'est pourquoi le semis en lignes est à la fois plus rationnel et plus économique, parce que les sarclages et binages peuvent se faire à la houe à cheval. On distance les lignes de $0^m,65$ à $0^m,70$, et les plantes dans la ligne de $0^m,05$ à $0^m,08$ en raison inverse de la fertilité du sol. Ces semis en lignes peuvent se faire sous-raies à la charrue, une femme distribuant la semence de deux raies l'une, ou au semoir. On n'emploie ainsi que 1 hectol. 50 à 2 hectol. de grains. Les semis à la volée s'opèrent d'après la commune méthode, à raison de 200 à 250 litres par hectare. On enterre par plusieurs traits de herses énergiques et, pour les féverolles de printemps, on termine par un roulage pour plomber le sol et faciliter le fauchage.

« Les fèves se cultivent souvent en mélange avec l'a-
« voine ; on doit, dans ce cas, semer sous-raies les fèves
« le plus tôt possible après l'hiver ; puis, seulement une
« quinzaine de jours après, semer l'avoine et l'enterrer à
« la herse. Si l'on sème les deux ensemble, les fèves pro-
« duisent peu, parce qu'elles sont étouffées par l'avoine. »
(De Dombasle, *Calend. du bon cultiv.*, 7ᵉ éd., p. 38). Ailleurs, on mélange les féverolles de pois gris ou de vesces.

Les féverolles de printemps doivent recevoir un hersage énergique, en mars ou avril, dès qu'elles sont levées ; cette façon est un premier sarclage et en rompant la croûte formée par les pluies et le soleil, donne beaucoup de vigueur à la plante.

Le moment choisi pour la fauchaison en vert est celui où les plantes commencent à fleurir, de façon à achever le champ, au fur et à mesure de la consommation, quand les premières gousses commencent à se former. Il est rare qu'on fane ce fourrage qui prend une teinte noire désagréable, un mauvais goût et se conserve mal. Quand les pucerons paraissent devoir attaquer la récolte, il faut hâter le fauchage.

Disons que ce fourrage vert est peu usité parce que tous les animaux ne l'acceptent pas sans y être accoutumés. En Angleterre cependant, on en fait grand usage pour les bêtes à cornes et surtout les chevaux ; on l'y estime pour les vaches laitières à l'égal du trèfle vert. Sa qualité s'augmente par le mélange de l'avoine et des pois ; mais alors, il faut semer à la volée. On peut évaluer son produit moyen à 20,000 ou 30,000 kilos de fourrage vert par hectare, quand elle est semée seule et à la volée, et à 25 ou 40,000 kilos quand elle est mélangée de pois gris et d'avoine.

§ 14. Genre lupin.

Le genre *lupin* (*lupinus*) se reconnaît à son calice à deux lèvres entières ou dentées ; à sa carène bipétale ; à ses étamines monadelphes ; à ses anthères, les unes globuleuses, les autres oblongues ; à ses gousses épaisses, coriaces, oblongues, et renfermant plusieurs grains ; à ses fleurs disposées en épis ; à ses feuilles digitées et à stipules adhérents au calice.

A. *Le lupin blanc* (*lupinus albus*) est une plante annuelle originaire du Levant, mais qu'on trouve depuis longtemps spontanée dans les moissons du midi et du sud-est. Il se distingue par sa tige jaunâtre, droite, cylindrique, fistuleuse, légèrement velue, un peu rameuse, et haute de 0^m,65 environ ; ses feuilles alternes, digitées, composées de sept à neuf folioles ovoïdes, molles, entières et couvertes en dessous et sur les contours d'un duvet soyeux ; ses fleurs grandes, blanches, alternes, disposées en grappes dressées au sommet de la tige et des rameaux, et dépourvues de bractées ; ses gousses épaisses, hérissées, jaunâtres et velues, renfermant de 3 à 4 graines orbiculaires, lisses, aplaties, blanches et amères (Hyp. Rodin). Cette plante était connue des anciens, et Théophraste, Galien, Pline, Dioscoride et Columelle en parlent fréquemment.

Le lupin blanc paraît prospérer dans tous les sols, moins ceux crayeux et ceux humides. Il ne doit se semer en France qu'après les dernières gelées, vers la mi-avril; on emploie de 100 à 120 litres de semence par hectare. On le cultive pour le pâturage des moutons ou pour l'enfouir comme engrais vert; dans le midi on le mélange quelquefois au trèfle incarnat.

B. *Le lupin bleu* ou *bigarré* (*lupinus hirsutus, varius, seu semi-verticillatus*) a la tige grêle, rameuse au sommet, couverte de poils couchés; ses feuilles ont de cinq à neuf digitations linéaires, oblongues, un peu velues en dessous, très-obtuses; les stipules sont très-étroits, courant sur la base du pétiole; les fleurs sont panachées de bleu de ciel et de blanc, quelquefois rougeâtres, petites, disposées presque en verticilles et renfermées dans un calice velu à lèvre supérieure à deux dents, l'inférieure à trois dents; elles donnent naissance à des gousses comprimées, larges, acuminées, couvertes de poils un peu roussâtres, très-nombreuses. Ses semences presque carrées sont marbrées de noir (Hyp. Rodin). Cette plante annuelle est, comme la précédente, originaire du Levant. Elle se sème au printemps aussi et se cultive de même que le précédent, mais pour engrais ou pour ornement seulement; l'amertume extrême de ses tiges, de ses feuilles et de ses graines ne permet guère de l'utiliser comme fourrage.

C. *Le lupin à feuilles étroites* (*lupinus angustifolius*) a la tige droite, un peu pubescente, à pétioles longs. Les feuilles, à pédicelles épars, sont composées de sept à neuf folioles étroites, linéaires, tronquées, d'un vert gai, glabres ou un peu pubescentes et ciliées. Les fleurs, bleu de ciel, panachées de blanc, sont grandes, alternes, légèrement pédicellées, disposées en un bel épi terminal et four-

9.

nissent des gousses comprimées, étroites, acuminées, un peu sinuées à leurs bords, hérissées de poils roussâtres. Les graines sont arrondies, grisâtres, maculées de blanc. Il est annuel (Hyp. Rodin). On le cultive dans quelques contrées du Midi, notamment aux environs de Bordeaux.

D. *Le lupin jaune* ou *odorant* (*lupinus luteus, vel odoratus*) est annuel ; ses tiges simples, un peu velues, rameuses vers le sommet, s'élèvent à 0^m,30 environ ; ses racines sont pivotantes ; ses feuilles sont composées de sept à neuf folioles digitées, ovales, molles, oblongues, obtuses, rétrécies en pédicelles à leur base, et couvertes de quelques poils courts. Les épis interrompus sont composés de dix-huit à vingt verticilles de six à huit fleurs subsessiles, d'un beau jaune d'or, d'une odeur suave, analogue à celle de la giroflée. Les gousses sont velues, comprimées, et renferment de quatre à cinq graines larges, pubescentes, arrondies, blanchâtres et marquées de brun. Il est originaire de Barbarie et de Sicile. (Hyp. Rodin. *Journal la vie des champs*, 1857, p. 162).

On a commencé en 1840 à cultiver cette plante en grand dans la Prusse, et elle y a produit, à elle seule, une révolution agricole ; depuis 1853 on en cultive énormément aussi dans le nord de l'Allemagne, et on a tenté, mais sans grand succès, de 1856 à 1860, d'introduire cette culture en France. C'est l'infatigable M. Conrad de Gourcy qui a le premier fait connaître en France les avantages que la Prusse avait retirés de cette plante (1).

Comme toutes les plantes nouvelles, le lupin, disait-on,

(1) La nomenclature des voyages agricoles de M. le comte de Gourcy serait trop longue pour trouver place ici. Nous renvoyons le lecteur au catalogue de notre éditeur.

réussissait partout, jusque dans les sables les plus arides ;
il n'avait pas besoin de fumier, il fournissait en vert
comme en sec un excellent fourrage recherché avec avidité par tous les bestiaux ; son grain pouvait remplacer
l'avoine, etc., etc. Il a été accepté avec empressement
par quelques cultivateurs habiles qui l'ont cultivé pour sa
semence vendue souvent jusqu'à 50 francs l'hectolitre,
pendant deux ou trois ans, et puis... c'est tout. On ne le
rencontrerait peut-être pas sur deux exploitations françaises aujourd'hui.

Le lupin jaune aime les sables frais, mais redoute et le
calcaire et l'humidité ; sa racine pivotante indique qu'il
lui faut des terres profondes ; s'il donne d'abondants produits en graines sur les terrains maigres, ce n'est que sur
les sols riches qu'il donne sérieusement du fourrage. On
le sème en mai et juin, en lignes ou à la volée, en employant 100 à 150 kilog. de graines, soit 75 à 110 litres
par hectare.

On fauche pour faner quand l'épi floral de la tige est
défleuri, et on laisse sécher en andains pendant six à dix
jours, après quoi on met en veillottes d'abord, puis en
petits cachons. En Allemagne on mélange, dans les andains, de la paille hachée de seigle ou d'avoine. Le produit
moyen, lupin seul, par hectare, est, selon M. de Gourcy,
de 4 à 5,100 kilos de fourrage sec, et ce produit se double
dans les bonnes terres. On ne le fait pas consommer en
vert, son amertume déplaisant au bétail. On peut, dans
des sols médiocres, récolter de 15 à 20 hectolitres de
graines par hectare, et jusqu'à 30. Les graines, après avoir
macéré pendant vingt-quatre heures dans l'eau, ou avoir
subi une coction, peuvent être données aux animaux à
l'engrais ; on peut encore les concasser pour les donner

aux moutons et aux chevaux ; les balles provenant du battage peuvent entrer dans la composition de soupes cuites pour les vaches laitières. On regarde, en Allemagne, le foin amer du lupin jaune, comme un préservatif de la cachexie des bêtes à laine.

Tout cela, du moins, a été dit en Allemagne et par les publicistes qui ont vu et écouté les Allemands ; il paraît que le bétail français n'a pas les mêmes goûts, ni les cultivateurs de notre pays les mêmes idées, car les tentatives en sont restées là, ou plutôt l'essai a échoué, comme celui de bien d'autres plantes merveilleuses qui sont tout simplement utiles au milieu de circonstances particulières. Il n'est pas jusqu'à la qualité améliorante de cette plante qui ne se trouve en contradiction flagrante avec son propre nom, *lupinus* venant de *lupus*, dit-on, par allusion à sa feuille épuisante, dévorante pour le sol. Nous ne saurions trop mettre les cultivateurs en garde contre les prôneurs de plantes, d'engrais et de systèmes de culture. Tout cela coûte du temps, de l'argent, et détourne du but principal, le plus souvent sans aucun résultat.

§ 15. Genre ajonc.

Le genre *ajonc* (*ulex*) présente pour caractères botaniques : un calice à deux grandes folioles, munies à leur base de deux autres folioles plus petites ; des étamines monadelphes ; des gousses excédant à peine le calice.

L'ajonc d'Europe, *ajonc marin* (*ulex europæus*), est un arbuste vivace, très-épineux, haut de 2 à 3 mètres ; ses feuilles linéaires, sessiles, persistantes, se changent en épines ; ses fleurs jaunes et pubescentes se montrent d'octobre en juin ; ses gousses oblongues sont couvertes de nombreux poils blancs et soyeux. Il en existe une autre variété, l'ajonc nain (*ulex nanus*) qui en diffère en ce qu'il ne dépasse guère 1 mètre de hauteur, et en ce que les épines sont moins nombreuses et plus obtuses. Un instant, M. Trochu (1847) conçut l'espoir d'obtenir une variété sans épines ; mais il dut renoncer à reproduire le pied inerme que le hasard avait fait croître sur ses terres.

L'ajonc marin ne croît pas dans toute la France ; on le trouve en Bretagne, dans une partie de la Normandie, dans le Maine, en Sologne, dans une partie des landes de la Gascogne, sur les sols siliceux et granitiques, argileux et schisteux, jamais sur les terrains calcaires ; il redoute l'humidité stagnante et la trop grande sécheresse. On l'emploie pour former des haies sur talus, autour des champs, ou pour faire en plein champ des ajonnières qui fournissent alternativement du combustible et du fourrage.

On sème les ajonnières à deux époques : au printemps, d'avril en mai ; à l'automne, de septembre à octobre, mais plutôt à la première saison qu'à la seconde ; souvent aussi, en Bretagne, on sème en juin dans du sarrazin. Quand on sème au printemps, c'est dans une céréale de mars ; en automne, c'est sur le chaume d'une céréale. Mais il faut savoir que la jeune plante ne redoute pas moins le déchaussement de l'hiver que la sécheresse de l'été ; il est donc bon de lui donner un abri et c'est pour cela qu'on coupe haut le chaume dans lequel on veut la semer ; c'est pourquoi aussi il faut lui choisir un sol suffisamment égoutté.

On emploie de 15 à 20 kilos par hectare, à la volée, plutôt plus que moins. En Angleterre , on sème souvent en lignes, au semoir, et on n'emploie alors que 10 à 12 kilos de graines. Celle-ci est assez fine et doit être d'une belle couleur jaune d'or. On recouvre par un léger trait de herse ou à la herse d'épines, selon l'état du sol. Il ne reste plus, comme soin d'entretien, qu'à regarnir les vides et à épierrer.

On commence à récolter dès la seconde année, afin de faire taller la plante ; pour cette récolte, on emploie une faux spéciale, appelée landier, très-forte du dos, très-épaisse, très-courte de la pointe et très-large du talon, emmanchée court.

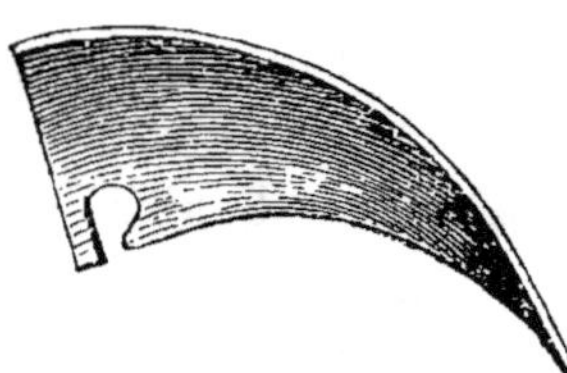

Fig. 16.

Faux dite landier pour les ajoncs.

On coupe aussi ras terre que possible, afin de ne point entraver les fauchages subséquents. L'ajonc mis en andains doit être immédiatement enlevé et porté à la ferme pour y subir la préparation nécessaire. Quand la récolte se fait par des femmes, on emploie la faucille dentée ; il en est de même lorsqu'on coupe le long des haies et fossés les jeunes pousses de l'ajonc ; la main gauche, dans ce cas, est munie d'un gros gant ou d'une petite fourche de bois, afin d'embrasser les tiges que doit couper la main droite.

Cette récolte s'opère d'octobre à mars ; on ne recueille que les pousses de l'année, les autres étant trop ligneuses et trop dures ; on forme de ces tiges des bottes liées avec une corde, une hart de chêne ou d'osier. A la faux, un homme peut facilement faucher par jour 1,000 kilos d'ajoncs ; à la faucille, et le long des haies, il ne peut guère en récolter que le tiers ou 300 à 350 kilos ; une femme ne coupera que 200 kilos environ.

Toutes les préparations qu'on fait subir à l'ajonc, avant de l'employer à la nourriture du bétail, ont pour but de le diviser et d'émousser les piquants pour le rendre plus mangeable et plus facile à distribuer, et de rompre et écraser les fibres ligneuses pour le rendre plus assimilable et plus nutritif ; ces résultats s'obtiennent plus ou moins complétement par divers procédés.

1° En Bretagne, dans les petites fermes et métairies, on coupe et on écrase à la main, dans une auge, avec deux maillets ; l'auge est en bois creusé, de 2 mètres de longueur au plus, de 0^m,50 de largeur, et de 0^m,35 de hauteur ; les parois ont 0^m,08, et le fond 0^m,15 à 0^m,18 d'épaisseur. L'un des maillets A est muni, à son extrémité

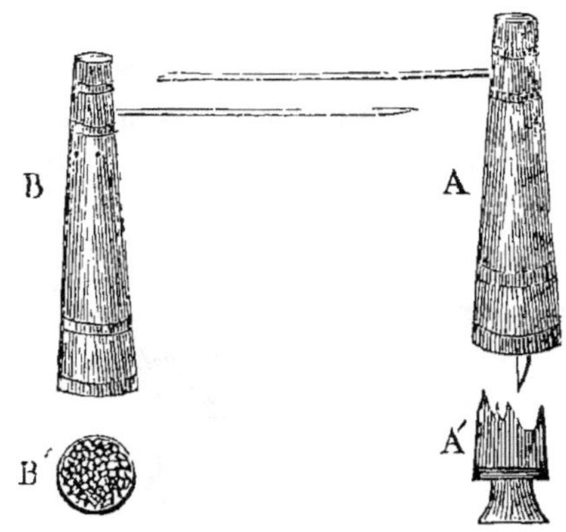

Fig. 17.   Fig. 18.
Maillet à écraser les ajoncs.   Maillet à couper les ajoncs.

inférieure, d'une dent en fer aciéré (vue de face A'); il sert à diviser les tiges ; le second B porte en bas une large tête garnie de gros clous à têtes rondes (vue de face en B'); il sert à écraser les fibres de la tige. Voici comment on opère : On jette l'ajonc dans l'auge par petites portions, et on les coupe en les frappant avec le maillet A ; quand on a obtenu une division suffisante, on les arrose d'un peu d'eau, et on commence à les piler avec le maillet B, jusqu'à ce qu'on ait obtenu une pulpe solide encore, mais facilement divisible; on emploie environ 10 à 12 litres d'eau par 400 kilos de tiges. Comme cette pulpe entre promptement en fermentation, il est de règle pratique de ne la préparer que pour la consommation de la journée.

2° On écrase quelquefois, en Normandie et en Bretagne, les ajoncs sous la roue d'un pressoir à cidre, ou encore, on le pile sur des madriers avec une *demoiselle* semblable à celle dont se servent les paveurs; enfin on peut employer encore les pilons d'un moulin à tan, à huile ou à trèfle.

3° On les coupe au moyen du broyeur de Wedlake qu[i] les écrase en même temps; à Martinvast, nous nous contentions de les couper au grand hache-paille ou hache-

Fig. 19.
Hache-ajoncs de M. Bodin.

ajoncs de M. Bodin, et le fourrage était donné ainsi aux chevaux sans avoir subi aucune autre préparation; peut-être les animaux en perdaient-ils davantage, parce qu'ils triaient les pousses les plus tendres et rejetaient les plus

ligneuses, mais cette pratique économisait les frais de
broyage, assez considérables.

Nous avons vu, à Grandjouan, M. Heuzé payer 1 fr. 40 c.
les 100 kilos, pour la récolte sur les haies, le coupage
et le broyage à l'auge. Partout, nous avons observé que
tous les animaux, et particulièrement les chevaux et les
vaches laitières recherchaient l'ajonc, et s'en trouvaient
fort bien; les chevaux qui en sont nourris sont vifs, gais,
bien portants, et ont toujours le poil frais; il paraît donner
beaucoup de lait aux vaches; les moutons sont les plus
difficiles à son endroit et ne le consomment pas toujours.

Une ajonnière dure de quatre à quinze ans, suivant le sol
dans lequel on l'a établie. On laisse alternativement pousser
les divers champs, sans les faucher, pendant trois à quatre
ans, et on coupe alors pour combustible; on obtient des
sortes de fagots très-utiles pour chauffer le four, cuire le
plâtre et la chaux, etc.; on reprend ensuite le fauchage
en vert. Une ajonnière constamment fauchée se dégarnirait
avec rapidité. Elle peut produire, en moyenne, 12,000 à
15,000 kilos de tiges par an; ce produit s'élève parfois au
double, en Bretagne, dans les terres qui lui conviennent
spécialement.

Les graines se recueillent à la main, le long des haies,
le matin à la rosée, et un peu avant leur parfaite maturité,
parce qu'elles s'ouvrent vivement d'elles-mêmes, et pro-
jettent les semences au loin. L'hectolitre pèse 70 kilos.
On peut calculer la valeur des 1,000 kilos d'ajoncs pilés
à 25 fr. en moyenne, et compter que 180 à 200 kilos de
ce fourrage équivalent, dans le régime, à 100 kilos de bon
foin de prairies naturelles. L'ajonc forme donc pour les
contrées pauvres, celles du reste où, comme par une vue
providentielle, on le rencontre presque exclusivement,

une bien précieuse ressource pour le bétail. D'un autre côté, il forme des haies très-défensives, d'une croissance rapide, et productives aussi en fourrages, mais il a l'inconvénient d'être difficile à extirper du sol qu'il a une fois occupé.

§ 16. Genre genêt.

Le genre *genêt* (*genista*) a pour caractères distinctifs un calice à deux lèvres, la supérieure à deux dents, l'inférieure à trois; les ailes et les carènes abaissées et écartées de l'étendard; des graines réniformes.

A. *Le genêt à balai*, genêt commun ou genette (*genista scoparia, seu spartium scoparium*) est un sous-arbrisseau du midi et du centre de l'Europe, qui s'élève de 1^m,50 à 3 mètres. Il se reconnaît à ses rameaux longs, anguleux, et d'un vert foncé; il a deux sortes de feuilles, les inférieures ternées et velues, les supérieures simples et glabres, les unes et les autres si caduques, qu'on les retrouve rarement après la floraison. Ses fleurs, grandes, jaunes, peu odorantes, sont nombreuses et disposées sur un des côtés des rameaux.

Cette plante croît spontanément dans nos forêts, sur nos montagnes, et dans quelques plaines du centre et de l'ouest, et elle a été utilisée par nos cultivateurs. Outre qu'elle fournit aux moutons et au bétail à cornes une nourriture tonique, en automne et en hiver, elle abrite encore, au printemps et en été, un pâturage serré, assez nourrissant, dû surtout à sa protection. Aussi la Sologne, la Bretagne, la Vendée, en tirent-elles, chaque jour encore, un parti très-économique.

Le genêt réussit à peu près dans tous les terrains, sauf ceux calcaires, pourvu qu'ils ne soient ni trop secs

ni trop humides; les sols schisteux, les sables profonds et
frais sont ceux qu'il semble préférer. On le sème, au printemps, dans du blé, du seigle, de l'avoine, etc.; en mai et
juin dans du sarrazin, à raison de 6 à 10 litres ($4^k,500$ à
$7^k,500$), par hectare. On fauche la céréale comme d'ordinaire, et deux ans après, le genêt étant assez fort, le
pâturage peut commencer pour les chevaux, les bêtes à
cornes et les moutons. Il est prudent cependant de le leur
interdire au printemps; les jeunes pousses, alors surtout
appétissantes, de l'arbrisseau, pourraient déterminer le pis-
sement de sang (mal des bois, inflammation des organes
digestifs, des reins et de la vessie); à cette saison, on ne
doit permettre le pâturage que de temps en temps, et pendant une durée assez courte.

Une genéstière peut durer de cinq à dix ans; on doit la
couper dès que l'arbrisseau, couvrant trop le terrain,
étouffe la végétation au lieu de la protéger. On procède à
la coupe en août et septembre, avec la grande serpe et la
hache; les tiges sont laissées sur le sol jusqu'à ce qu'elles
soient bien desséchées, et on les lie ensuite en fagots
qu'on rentre à la ferme pour les employer au chauffage,
à la cuisson du pain et des aliments, à celle des briques,
des tuiles, de la poterie ou des tuyaux de drainage, de la
chaux ou du plâtre. Un hectare de genêts à leur septième
année peut donner de 300 à 500 fagots de bois, ayant
$1^m,20$ de circonférence au lien, et d'une longueur moyenne
de $1^m,30$. Le défrichement des genestières se fait en octobre
et novembre, avec une forte charrue attelée de trois ou
quatre chevaux ou de quatre à six bœufs; il faut souvent
s'arrêter pour couper de puissantes racines qui entravent
l'attelage et briseraient l'instrument. Dans les métairies
de la Bretagne, on défriche à la pioche, et c'est là un des

travaux de l'hiver. On ensemence ensuite en seigle, en avoine ou en sarrasin.

B. *Le genêt velu* (*genista pilosa*) est encore un sous-arbrisseau fort facile à reconnaître à ses fleurs jaunes couvertes de poils blancs; il a été préconisé comme fourrage par Sprengel. Il se plait dans les terres siliceuses et fournit pendant l'hiver, aux moutons, une nourriture qu'ils recherchent assez; il est très-précoce au printemps et supporte bien le pâturage.

C. *Le genêt des teinturiers*, ou *genestrolle* (*genista tinctoria, seu spartium tinctorium*) sous-arbrisseau de 0ᵐ,65 à 1 mètre de hauteur seulement, a les rameaux striés, verdâtres, cylindriques; les feuilles simples, nombreuses, lancéolées, glabres ou légèrement velues sur leur bord, les gousses glabres. Il se trouve dans toute l'Europe, dans les haies, autour des bois et principalement dans les pâturages des montagnes calcaires. Il fleurit en avril; ses fleurs sont légèrement purgatives et ses graines émétiques; tous les bestiaux recherchent ses jeunes pousses. Autrefois les teinturiers employaient les sommités de ses rameaux pour obtenir une couleur jaune.

Il a été, comme le précédent, recommandé par Sprengel; il se plait dans les terres argilo-siliceuses et surtout calcaires; un peu moins recherché des moutons, il est, paraît-il au moins, plus nutritif que le genêt velu; les chevaux le pâturent volontiers, ainsi que les vaches laitières. Il fleurit à la troisième année du semis, et il supporte très-bien et le fauchage et le pâturage.

D. *Le genêt d'Espagne* (*genista hispanica, seu juncea*), sous-arbrisseau de 2 mètres à 2ᵐ,50, se distingue par ses rameaux cylindriques, opposés, flexibles, remplis de moelle, du plus beau vert, semblables aux tiges des joncs;

ces rameaux sont garnis d'un très-petit nombre de feuilles simples, alternes et lancéolées; il se couvre pendant fort longtemps d'une multitude de fleurs grandes, jaunes, très-odorantes, disposées en épis, et qui se renouvellent de juin à octobre. On le rencontre dans toute l'Europe méridionale et dans le sud de la France, dans les sols sablonneux, caillouteux et pierreux.

« Ce que l'ajonc est pour les terres argilo-siliceuses du « Nord-Ouest de la France, le genêt d'Espagne peut le « devenir pour les terrains calcaires du Midi. Les habi-« tants d'un petit coin de terre situé dans la Montagne-« Noire, aux environs de Lodève (Hérault), ont compris « depuis longtemps le profit qu'ils pourraient tirer de ce « bel arbuste qui croît spontanément sur les sols arides « du Midi. Avec le genêt d'Espagne on pourrait avoir « l'espoir d'utiliser ces vastes garrigues qui sont les landes « des pays chauds. » (De Gasparin, *Cours complet d'agric.*, t. IV, p. 484.)

Non-seulement le genêt d'Espagne peut offrir des ressources fourragères, mais encore il peut fournir des matières textiles. On sème en janvier, après un léger labour, en employant 40 à 50 litres de graines par hectare; on laisse ainsi les arbrisseaux pendant deux ans en repos; à la troisième année, on peut faire pâturer par les moutons et continuer les années suivantes. A partir de la quatrième année, on façonne la terre au pied de l'arbrisseau au commencement de l'hiver. On recèpe à la serpe tous les rameaux qui ont été broutés, et tous les six ans on recèpe par le pied afin d'obtenir du jeune bois et des pousses plus basses et plus tendres. On peut encore couper les rameaux et les faner pour les donner l'hiver à l'étable.

Cette plante fournit un fourrage recherché par les moutons, principalement en hiver où ses pousses traversent la neige; mais ce pâturage est dangereux pendant cette saison parce que le bétail consomme avidement les semences qui déterminent une grave inflammation des voies urinaires, laquelle pourtant cède à un régime diurétique et rafraîchissant.

E. Nous citerons encore, parmi ce genre : le *genêt d'Angleterre* (*genista anglica*), dont les tiges sont épineuses, jaunâtres au sommet et couchées généralement sur terre; à pédoncules non épineux, à gousses terminées en pointe, à fleurs jaunes, assez petites et inodores; on le rencontre en France dans les prés secs des terrains sablonneux; les bestiaux mangent assez volontiers ses jeunes pousses. Le *genêt d'Allemagne* (*genista germanica*) n'en diffère pas sensiblement et pourrait être confondu avec lui. Le *genêt de Sibérie* (*genista sarmatica*) diffère peu du génêt des teinturiers, mais il s'élève plus haut et est plus paniculé. Le *genêt à tige ailée* (*genista sagittalis*) a les tiges presque herbacées, demi-couchées, articulées, ailées, longues de 0^m,30; les feuilles simples, ovales, sessiles; les fleurs jaunes, terminales et disposées en épi court. Il croît dans les sols secs et principalement dans ceux qui sont calcaires; tous les bestiaux le mangent volontiers; on l'appelle vulgairement genistelle (Bosc). Le *genêt couché* (*genista decumbens*) a les feuilles jaunes et disposées trois par trois sur les aisselles des feuilles; on le trouve dans les pâturages du midi de la France. Le *genêt purgatif*, vulgairement appelé griot dans le midi de la France, a le sommet des tiges garni, ainsi que le dessous des feuilles, d'un duvet soyeux, les fleurs jaunes et solitaires; ses gousses sont également velues; on le rencontre en Provence dans les lieux montagneux et découverts; il porte le nom de *genista* ou *spartium purgans*. Le *genêt blanchâtre* (*genista canescens*) est couvert d'un duvet blanc et se rapproche beaucoup du genêt d'Espagne. Le *genêt à fleurs blanches* (*genista alba*) est également velu. Le *genêt monosperme* (*genista monosperma*) a des fleurs blanches, grandes et odorantes; sa gousse ne renferme qu'une seule graine.

CHAPITRE II

PLANTES DE LA FAMILLE DES GRAMINÉES

Cette famille, qui appartient à la classe des Monocoty-lédonnées, à pour caractères distinctifs : Fleurs apétales, hypogines. De simples écailles membraneuses tiennent lieu d'enveloppes florales. Elles sont disposées ainsi qu'il suit : Glume ou calice extérieur à une ou deux valves; balle ou calice intérieur à une ou deux valves aussi; le plus ordinairement trois étamines, quelquefois une à deux; un ou deux styles. Le fruit est un cariopse ou un akène, à endosperme farineux. Tige creuse, entrecoupée par des nœuds; feuilles alternes, à gaînes ligulées et fendues.

Cette famille, une des plus nombreuses, ne comprend guère que des plantes herbacées, parmi lesquelles le froment et les autres céréales, le sarrasin, la canne à sucre et une foule d'autres plantes fourragères; elle est donc aussi l'une des plus importantes pour l'agriculteur. Elle comprend des genres nombreux qu'on a classés en tribus souvent remaniées, et que, pour ce fait, nous nous abstiendrons de mentionner.

§ 1. Genre flouve.

Le genre *flouve* (*anthoxanthum*) a la glume à deux valves inégales sans arête; la balle a deux valves aiguës, oblongues, chargées chacune d'une arête dorsale et renfermant deux étamines.

A. *La flouve odorante* (*anthoxanthum odoratum*) est vivace; ses tiges, formées de deux à trois articulations, s'élèvent en moyenne de $0^m,25$ à $0^m,30$ et sont légèrement velues; ses feuille radicales sont également recouvertes d'un peu de poils fins, ses feulles caulinaires sont courtes; ses fleurs, à balles d'un roux foncé, sont réunies en panicules spiciformes, oblongues, peu compactes. Elle croit naturellement dans tous les terrains, excepté ceux aquatiques, sur les coteaux arides, à l'ombre des bois, comme dans les prairies basses.

La flouve est très-précoce et fleurit avec $4,740°$ de chaleur, c'est-à-dire en mai; aussi est-elle toujours mûre à l'époque du fanage; elle forme des touffes assez larges et arrondies, mais ses tiges courtes et ses feuilles peu nombreuses la rendent d'un faible produit. D'un autre côté cependant, elle est, d'après M. Demoor et madame E.-L. Vilmorin, très-nutritive et développe une odeur aromatique qui rend le foin plus appétissant pour le bétail; c'est cette dernière qualité surtout qui fait qu'on la mélange aux foins des prés marécageux ou aux fourrages avariés.

On la cultive rarement seule pour les raisons que nous venons de mentionner; cependant Beck a constaté qu'elle peut être fauchée dès le milieu de juin et donner encore deux à trois autres coupes dans l'année. Les propriétaires de terrains marécageux pourraient la cultiver sur des coteaux, afin de la mélanger aux foins de leurs prairies basses et d'augmenter leur valeur nutritive et hygiénique.

On cultive en Belgique une variété géante de cette plante, variété sur laquelle nous manquons de renseignements. La flouve des marais (*anthoxanthum palustre*), qu'on rencontre dans les terres argilo-siliceuses de la Bresse, de la Brenne et de la Sologne et qui fleurit en juin et juillet, répand alors une odeur cadavéreuse fort désagréable qu'on a accusée, nous n'avons pas besoin d'ajouter à tort, de causer les fièvres intermittentes qui désolent ces contrées; on a même, et sans doute par confusion, chargé la flouve odorante de ce méfait.

On connaît aujourd'hui, dit madame E.-L. Vilmorin, trois espèces de flouves en France : la Flouve de Puel (*anthoxanthum Puellii*), petite plante annuelle sans emploi économique; la flouve amère (*anthoxanthum amarum*), magnifique espèce vivace encore à l'étude; et la flouve odorante.

§ 2. Genre vulpin.

Le genre *vulpin* (*alopecurus*), assez voisin de la flouve, s'en distingue par sa glume à deux valves, chargées chacune d'une arête dorsale ou hypodorsale partant de la base.

A. *Le vulpin des prés* (*alopecurus pratensis*) a les tiges droites, simples, s'élevant de 0^m,30 à 0^m,60, les racines vivaces, fibreuses, les feuilles lisses et terminées en pointe très-aiguë, les fleurs réunies en un groupe formant un épi cylindrique, mou, blanchâtre et velu, droit; balles ciliées et sans barbe. On le rencontre dans toute l'Europe, parmi les prés et les pâturages un peu humides. Il est très-précoce et fleurit avec 825° de chaleur.

Cette plante préfère à tous autres un sol frais, mais non humide à l'excès; il supporte assez bien le voisinage de l'eau courante, puisqu'on le trouve le long de toutes les rigoles d'irrigation; mais il redoute les eaux stagnantes, et on ne le rencontre que bien rarement dans les prairies tourbeuses. Il ne redoute pas les froids de nos climats, et on peut le semer indifféremment à l'automne et au printemps, à raison de 20 kilos de graine par hectare. Anderson et M. Vilmorin conseillent de le semer seul pour former des prairies fauchables ou des pâturages dans les terres pauvres et marécageuses, dans les fonds d'étangs. On pourrait l'y associer avec le ray-grass d'Italie, la houque laineuse, etc.

Son foin, quoique un peu grossier, convient à tous les bestiaux cependant, lorsqu'il a été fauché de bonne heure; et ainsi, la plante donnerait une seconde coupe. La plante qui épie dans les premiers jours de mai et fleurit vers le 20 de ce mois, épierait une seconde fois en août. Son foin très-nutritif et assez lourd resterait tendre au fanage et serait très-recherché du bétail.

B. *Le vulpin genouillé (alopecurus geniculatus)* est vivace comme le précédent; il a les panicules plus courtes; ses tiges sont couchées et coudées aux articulations; sa glume est un peu velue au sommet. Il est plus précoce encore que le vulpin des prés, et fleurit avec 750° de chaleur. Il se complaît dans les lieux humides, marécageux, vaseux, dans les prairies sujettes aux inondations, aux bords des étangs, etc. Son foin un peu grossier n'en est pas moins nutritif, et le rend précieux dans les circonstances que nous venons d'indiquer. On peut le semer au commencement de l'automne, en employant 35 à 40 kilos de semence. Il peut produire deux coupes par an, si on le fauche de bonne heure en été; Loudon conseille de le faucher, et Beekman plutôt de le faire pâturer.

C. *Le vulpin bulbeux (alopecurus bulbosus)* a les racines vivaces, bulbeuses; les tiges droites, hautes de 0ᵐ,30 à 0ᵐ,35; les fleurs velues et disposées en épis grêles et allongés. Il croît dans les marais et les prés bas, dans les parties moyennes et méridionales de l'Europe. Son fourrage diffère peu de celui des précédents, et, en outre, sa racine est très-recherchée de la gent porcine (Bosc).

D. *Le vulpin des champs* (*alopecurus agrestis*) est vivace comme les précédents; ses glumes sont complétement glabres; sa panicule cylindrique, grêle, allongée, souvent d'une couleur verte purpurine. Ses tiges s'élèvent de 0^m,20 à 0^m,25; on le rencontre spontané dans les champs cultivés où, après la moisson, il offre un bon fourrage au bétail; il talle beaucoup plus que le vulpin des prés, et quoique peu abondant, son foin serait de très-bonne qualité.

Nous mentionnerons encore, mais pour mémoire seulement, le vulpin à feuilles de roseaux (*alopecurus arundinaceus*) à feuilles larges, glauques et rudes, dur et peu recherché du bétail, et le vulpin fauve (*alopecurus fulvus*).

§ 3. Genre phléole ou fléau.

Le genre *phléole* ou *fléau* ou *fléole* (*phleum*) se distingue par sa glume à deux valves tronquées et surmontées de deux pointes, à une seule fleur; sa balle plus courte que la glume; ses fleurs sessiles en épis non rameux.

A. *Le fléole des prés* (*fleum pratense*) est vivace; il a les tiges droites, un peu coudées dans le bas, articulées, feuillues, haute de 0^m,50 à 0^m,75; son épi cylindrique est grêle, cilié, long de 0^m,08 à 0^m,10; les valves de la glume sont prolongées en pointe très-longue des deux côtés; les balles sont ciliées, petites, blanches à l'extérieur, vertes sur les côtés. Il est un peu tardif et ne fleurit qu'avec 1,988° de chaleur. Il est indigène en Europe et fort cultivé en Angleterre sous le nom de *timothy*, et en Amérique sous celui de *cat's tail grass* (herbe à queue de vache).

Cette plante aime les terrains bas, humides, marécageux ou tout du moins frais, les sols argileux et tourbeux. On peut le semer dans une céréale de printemps ; on n'emploie que 8 à 10 kilos de sa graine qui est très-fine, grise et luisante ; on enterre après la céréale, par une herse d'épines. Cette espèce, très-tardive, ne fleurit que vers la mi-juillet, et pousse assez tard au printemps ; il ne faut donc la mélanger qu'à des plantes tardives comme elle. Son foin, un peu gros, est néanmoins excellent pour les chevaux, les bœufs et les vaches. Il donne en vert de 15 à 20,000 kilos de fourrage, et en sec, de 4 à 5,000 kilos. La prairie artificielle peut durer de quatre à cinq ans. Elle convient également très-bien pour le pâturage parce que sa touffe, au printemps, se garnit de feuilles abondantes. On peut encore la mélanger au trèfle ordinaire dont elle augmente sensiblement le produit.

B. *Le phléole noueux* (*phleum nodosum*) est bien reconnaissable à sa racine bulbeuse ; à ses tiges couchées et hautes de 0^m,35 au plus ; à sa panicule assez courte ; à ses glumes fortement ciliées et parfois teintées de rouge pourpre. On le trouve dans les terrains marécageux, dans les sols argileux humides, où il est très-recherché par les bestiaux. Chaque pied, se marcottant par ses nœuds, finit par envahir une grande étendue de terrain ; mais ses feuilles sont courtes et rares et son fourrage est peu abondant. Les porcs savent fouiller ses bulbes et les dévorent avec avidité. Il fleurit en même temps que le fléole des prés, vers le 15 juillet, après 1,988° de chaleur.

C. *Le phléole des Alpes* (*phleum alpinum*) à épis ovales, noirâtres et hérissés de poils, se rencontre dans les pâturages élevés des Alpes où il fournit un fourrage fin, mais petit et peu abondant.

10.

§ 4. Genre alpiste ou phalaris.

Le genre *alpiste* ou *phalaris* (*phalaris*) se caractérise par sa glume à deux valves carénées; ses fleurs en panicule ou en épi cylindrique. Ce genre, voisin du précédent, ne fournit à la culture que des plantes adventices que le bétail utilise occasionnellement par le pâturage.

A. *Le phalaris roseau*, appelé aussi ruban d'eau, rubannier, alpiste roseau (*phalaris arundinacea*) est bien reconnaissable à ses tiges droites, hautes de 1^m,30 à 1^m,80 ; à ses feuilles nombreuses, longues, larges et terminées par une pointe ferme; à ses panicules blanchâtres nuancées de violet. Ses racines sont vivaces et ses tiges annuelles. Il croît dans les pâturages humides; on le trouve dans les prairies tourbeuses, au bord des fleuves et des rivières, dans les prés arrosés de la Lombardie et de la Suède. Lorsque les tiges sont encore jeunes, elles se fauchent bien et donnent un fourrage assez tendre et nutritif; les vaches le pâturent bien aussi et il leur donne assez de lait. MM. Vilmorin, aux Barres, dans le Gatinais (Loiret); Jacquemet-Bonnefonds, à Annonay (Ardèche), et Descolombiers, aux environs de Moulins (Allier); ont essayé de le cultiver sur des terres calcaires et granitiques, mais sans grands succès, et n'ont pas trouvé d'imitateurs. Comme le phléole des prés et noueux, il fleurit avec 1,988° de chaleur, vers le 15 juillet. Il se plaît, d'après M. de Gasparin, dans les glaises sableuses, sur les bords des cours et des amas d'eau. Il faut le faucher avant la floraison pour que le foin ne durcisse pas trop; quoique d'apparence grossière, ce fourrage est bien mangé par le bétail quand il a été coupé de bonne heure; il vient aussi sur les terrains secs, mais avec moins de vigueur. Il lui a donné 13,782 kilos de foin par hectare ou 27,564 kilos en vert, renfermant ensemble 209 kilos d'azote.

B. *Le phalaris* ou *alpiste des Canaries* (*phalaris canariensis*) a l'épi ovale, la glume panachée de vert et de blanc. Cette plante est originaire des îles Canaries où les indigènes l'emploient à leur nourriture. Importée en Espagne et de là en France, elle est cultivée dans le sud de notre patrie pour l'homme et les oiseaux. On fait de ses graines réduites en farine une bouillie assez succulente. Cretté de Palluel l'a cultivée à Saint-Ouen, auprès de Paris, pendant quelques années. Il faut semer l'alpiste des Canaries assez tard au printemps pour qu'il n'ait plus de gelées à redouter, en terre légère et fraîche. On emploie peu de semence, la végétation étant très-vigoureuse et parcourant son cycle, dans le Midi de la France, en trois mois à peine. Cette plante croît maintenant spontanée aux bords de la mer, en Provence et dans le Languedoc. Il peut produire en moyenne 5 à 6,000 kilos de bon foin par hectare, ou 15 à 18,000 kilos de fourrage sec.

C. *Le phalaris* ou *alpiste phléau* (*phalaris phleoides*) a les valves de la glume munies sur le dos de quelques cils raides; ses tiges sont beaucoup moins élevées que celles du phalaris roseau; ses feuilles, presque aussi larges, mais plus courtes; ses fleurs forment un épi grêle dont les épillets reposent sur des pédoncules rameux. Il croît spontanément dans les prés secs et les bois. Les bêtes à cornes et les bêtes à laine surtout le consomment avec avidité tant qu'il est jeune; plus tard, il ne fournit plus qu'un fourrage dur et peu nourrissant.

Le phalaris panaché (*phalaris picta*) est une variété du *phalaris arundinacea*. Ses feuilles, rayées régulièrement de vert et de blanc dans le sens de leur longueur sont d'un fort gracieux aspect et le font cultiver, dans les jardins, comme plante d'ornement à laquelle on emprunte du feuillage pour le mélanger aux bouquets de fleurs coupées.

§ 5. Genre paspale.

Le genre *paspale* (*paspale*), assez récemment distrait du genre *panic*, a pour traits particuliers ses fleurs unilatérales disposées sur deux rangs et sa glume à deux valves.

A. *Le paspale pied de poule* (*paspale dactylon — cynodon dactylon — panicum crus galli*) se distingue par ses tiges rampantes, ses épis linéaires et digités. Cette plante annuelle atteint par ses tiges une longueur de $0^m,22$ à $0^m,27$; ses feuilles sont glabres; ses épis composés, alternes, rapprochés deux par deux et formés d'épillets dont les fleurs sont pourvues d'une arête hérissée (Bosc.) Ce paspale est commun dans tous les endroits sablonneux.

B. *Le paspale stolonifère* (*paspale stoloniferum — millium effusum*) est une plante vivace, originaire du Pérou, importée et recommandée en France par Bosc. Mais elle ne paraît convenir qu'à nos contrées méridionales; au Jardin des plantes de Paris elle mûrissait difficilement ses graines. Les tiges de cette graminée atteignent une hauteur de $0^m,65$ à 1 mètre. Ses racines vivaces se propagent par stolons comme celles du chiendent, traçant comme elles à la surface, et permettant à la plante de se reproduire rapidement et de garnir en peu de temps une vaste superficie. On emploie cette racine aux mêmes usages que celle du *triticum repens*. Le bétail mange volontiers les tiges, les feuilles et même les racines de ce paspale. Malgré les conseils de Bosc, cette plante nouvelle est restée dans l'oubli, et nous ne croyons pas que, même dans le Midi, elle ait jamais pris place dans les cultures.

§ 6. Genre panic.

Le genre *panic* (*panicum*) est caractérisé, entre les genres alpiste, paspale et millet, par sa glume à trois valves dont une plus petite; ses fleurs en panicule ou en épi cylindrique. Ce genre, fort rapproché du genre millet (*millium*), renferme trois espèces cultivées et plusieurs autres indigènes et adventives, occasionnellement utilisées comme fourrages.

A. *Le panic d'Italie* (*panicum Italicum*) se distingue par ses épillets laineux à leur base; il est originaire de l'Inde, et est cultivé dans le midi de la France et dans les jardins du centre pour nourrir, au moyen de ses graines, les oiseaux de volière et la volaille des basses-cours. On donne en Italie un certain développement à la culture de cette plante, dont les graines mondées sont employées en mélange pour la panification, ou servent à faire des espèces de bouillies (*polenta*). En Bourgogne, ces grains sont employés au même usage pour l'homme. Le panic aime un sol léger, mais riche et frais, et il ne doit être semé qu'alors qu'on n'a plus à redouter aucune gelée au printemps; on sème à la volée, ou mieux, en lignes, que l'on sarcle, bine et éclaircit; plus tard, on butte légèrement. Il faut de 4 à 10 kilos de semence par hectare, selon qu'on sème en lignes ou à la volée. Le produit en graines varie de 15 à 25 hectolitres par hectare. Les tiges, sèches et battues, peuvent servir de chauffage après que les animaux en ont brouté les feuilles. On peut tirer de cette plante aussi un bon et abondant fourrage vert. Elle est annuelle.

B. *Le panic millet* ou *commun* (*panicum milliaceum*) est facile à distinguer par ses épillets glabres et ses feuilles grandes et velues à leur base. On l'appelle encore millet à grappes. Comme le précédent, il est originaire de l'Inde et se cultive sous le même climat et de la même manière. Sa graine est un peu plus allongée, varie du jaune au violet, et est d'une saveur un peu plus sucrée ; on l'emploie aux mêmes usages. Ses tiges atteignent de 1 mètre à 1^m,30 et jusqu'à 1^m,50 centimètres de hauteur. Annuel.

C. *La panic de Hongrie, millet de Hongrie*, ou *moha* (*panicum Germanicum, panicum altissimum*) paraît être indigène de l'Allemagne centrale, d'où il a été importé en France, il y a juste un demi-siècle, par M. le comte de Gourcy, suivant M. Heuzé. Son panicule est serré et congloméré en massue ; ses fleurs sont brunâtres ; ses feuilles étroites et pointues. Il atteint la hauteur de 0^m,30 à 0^m,50 centimètres. Le moha préfère les sols légers, frais et substantiels, des sables plutôt que des terres calcaires. On le sème à la volée, d'avril à juin, à raison de 10 à 12 kilos par hectare.

Le plus souvent, on l'emploie en mélange avec du sarrasin, du colza, du millet et de la vesce de printemps, pour faucher en vert. Seul, il produit un fourrage un peu amer. On le cultive rarement pour sa graine, qui est souvent atteinte du charbon, et d'ailleurs peu abondante. Presque toujours le moha se coupe en vert et produit de 8 à 10,000 kilos de fourrage qui, par le fanage, se réduisent de 3,500 à 4,000 kilos de foin. On peut obtenir en moyenne, par hectare aussi, 10 à 12 hectolitres de graine pesant 60 à 64 kilos l'un. Dans le Midi, on cultive souvent le moha comme plante dérobée. Là où le maïs peut réussir, il nous semble préférable au moha par la qualité et la quantité de son produit, sans être beaucoup plus exigeant sur le sol.

On a beaucoup parlé, il y a cinquante ans environ, de *l'herbe de Guinée*, ou *panic élevé* (*panicum altissimum*), plante vivace fort cultivée en Amérique; ses tiges atteignent de 1 mètre à 1^m,50 de hauteur; de deux variétés cultivées sous ce nom, l'une a les racines traçantes, stolonifères comme le chiendent, l'autre les racines bulbeuses. Elle ne réussit que dans le midi et le sud-est de la France, à condition de lui choisir un sol riche, frais et non humide en été et sec en hiver. Elle a donné à M. Aug. de Gasparin 10,000 kilos de foin par hectare, plus un regain; elle peut fournir un abondant fourrage vert de juin à octobre. Elle se multiplie de racines et de rejets; la récolte de la première année est faible; celle des années suivantes est en raison du fumier qu'on lui consacre. Elle est originaire de l'Afrique, sur la côte de Guinée.

Plusieurs panics se rencontrent dans nos cultures comme plantes adventices, et fournissent du pâturage à nos bestiaux : tels sont le panic verticillé (*panicum verticillatum*) qu'on trouve sur les sols calcaires, dans les champs cultivés; le panic vert (*panicum viride*) qui croît dans les mêmes terrains; le panic sanguin (*panicum sanguinale*) à tiges rampantes; le panic dactyle (*panicum dactylon*) à tiges rampantes aussi, et dont on mange en Pologne les graines réduites en bouillie.

§ 7. Genre agrostis.

Le genre *agrostis* (*agrostis*), dont on connaît une douzaine d'espèces, vivaces ou annuelles, présente les caractères suivants : glume à deux valves, plus grande que la balle, qui est quelquefois aristée; ovules, glabres, munies d'une arête genouillée; deux styles ou deux stigmates sessiles; fleurs en panicule plus ou moins serrée. Ce genre diffère de celui avoine par ses épillets qui sont uniflores; des stipes, par son arête qui ne part jamais du sommet de la balle et qui ne persiste pas après la floraison. Les agrostis sans barbes diffèrent des paturins ou poas par leurs épillets qui, nous l'avons déjà dit, sont uniflores.

A. *L'agrostis traçante* ou *stolonifère* (*agrostis stolonifera*) a les tiges nombreuses, couchées, rameuses à leurs bases et poussant des racines de tous les nœuds qui se trouvent en contact avec le sol. Elle porte les noms vulgaires de *trainasse, terre-nue*, etc.; c'est le *fiorin-grass* des Anglais et des Américains; il y en a deux variétés, dont l'une a les panicules étalées au moment de la floraison, et se resserrant ensuite, et l'autre conserve les panicules toujours étalées. L'agrostis stolonifère est commune en France dans les champs humides et argileux ou schisteux, les tourbes, etc., dans les bois ombragés, sur le bord des fossés, etc. (O. Leclerc-Thouin.)

L'agrostis traçante ou fiorin est cultivée en Angleterre et en Amérique comme prairie artificielle; il n'en est pas de même en France où ses racines vivaces et envahissantes font souvent le désespoir des cultivateurs; dans ces mêmes terrains cependant, il serait facile d'obtenir d'elle un bon et abondant fourrage, sauf à la remplacer ensuite par une ou deux cultures sarclées, afin de la détruire après quatre ou cinq ans. Elle aime les terres froides humides, les argiles, les tourbes, et végète cependant dans les sols secs; elle résiste très-longtemps aux submersions et peut être précieuse pour les sols exposés à être inondés.

Sa graine étant très-fine, on n'en répand que 6 à 8 kilos par hectare, soit au printemps, soit à l'automne. On peut propager facilement encore cette plante par l'éclat de ses touffes ou fragments de ses racines, ou même à l'aide du bouturage de ses tiges non enracinées; sur une terre meuble, rayonnée de $0^m,20$ à $0^m,25$ de distance et à $0^m,06$ de profondeur, on plante les racines et les fragments de tiges; on recouvre au râteau ou à la serfouette et on passe le rouleau parallèlement aux lignes. Cette plante est très-tardive; elle ne fleurit qu'à la fin de juillet, après $2,774°$ de chaleur; dans les terres sèches et élevées, elle ne peut donner que du pâturage; son foin, un peu rude et fin, est difficile à faucher. Mélangée à d'autres plantes, celle-ci les étouffe toutes et toujours; elle peut donner de 3 à 4,000 kilos de foin sec par hectare; J. Sainclair a obtenu jusqu'à 8,958 kilos de ce foin sur la même superficie.

B. *L'agrostis d'Amérique* (*agrostis dispar*), « vivace « comme la précédente, a comme elle la tige peu élevée « et un peu dure; sa panicule lâche forme une pyramide « régulièrement verticillée. C'est le herd-grass (herbe aux « troupeaux) ou le red-top-grass (herbe à tête rouge) « des États-Unis, où elle produit sur les terrains humides « et tourbeux un fourrage abondant et de bonne qualité. « Dans les essais qui ont été faits en France, notamment « par M. Vilmorin, pour y propager cette agrostis, il a très- « bien réussi sur des terres sablo-argileuses et même cal- « caires, fraîches, sans humidité. Comme en Amérique, « il y donne des masses de fourrage considérables.

« À cause de la très-grande finesse de la graine et de la « lenteur du premier développement de la plante, on a « proposé de la repiquer, comme nous avons vu qu'on le

« fait pour plusieurs autres espèces, et c'est d'autant plus
« facile pour celle-ci que ses touffes tallent considérable-
« ment et qu'on peut en diviser une seule en une foule
« d'éclats. Si on aime mieux semer, il ne faut répandre
« que 3 kilos 500 à 4 kilos de semence par hectare et les
« recouvrir fort peu. » (O. Leclerc-Thouin, *Mais. Rust.
du XIXe siècle*, t. Ier, p. 498.)

C. *L'agrostis des champs* (*agrostis spica venti*) a la panicule très-lâche, rougeâtre, à rameaux très-déliés, à balle
chargée d'une longue barbe capillaire. On la trouve dans
les prairies sèches et élevées ; elle fournit un fourrage fin,
mais un peu dur. Elle n'est pas sans analogies botaniques
avec la précédente. Elle est annuelle.

D. *L'agrostis vulgaire ou commune* (*agrostis vulgaris*)
est vivace ; ses tiges, assez droites, s'élèvent de 0^m,30 à
0^m,50 de hauteur ; ses feuilles sont courtes et rares ; ses
fleurs sont disposées en panicule finement ramifiée, ovoïde,
de couleur violâtre ou roussâtre et à pédicules assez allongées ; sa glume est hérissée de très-petits poils. La plus
commune de toutes les espèces de ce genre, on la trouve
dans les prés, les bois et les champs. Elle donne un fourrage fin et bon.

E. *L'agrostis des chiens*, agrostis genouillée ou foin de
chien (*agrostis canina*) est vivace ; sa tige, couchée, cou-
dée et un peu rameuse, est assez longue ; ses feuilles,
rares, sont assez longues ; sa panicule est resserrée et d'un
violet purpurin ; la valve extérieure de sa glume est hérissée sur le dos ; la valve externe de la balle est tridentée et
munie d'une arête blanche genouillée. Elle croît dans les
prairies basses et humides et peut réussir parfois pourtant
sur des sols assez secs ; dans le premier cas, elle donne
assez de bon foin qui se conserve très-vert dans le fanage ;

dans le second, elle fournit un très-bon pâturage pour les moutons.

F. *L'agrostis blanche* (*agrostis alba*) ou agrostis couchée (*agrostis decumbens*), vivace, a les tiges rampantes, garnies de feuilles raides et dures au toucher, les panicules lâches, les calices égaux et lisses. On la rencontre communément dans les terrains marécageux, où elle donne un fourrage tardif et un peu dur et grossier. On la rencontre quelquefois aussi dans les terrains secs et sablonneux. Beaucoup d'auteurs regardent cette plante comme étant le type du genre.

G. *L'agrostis paradoxale* (*agrostis paradoxa*), indigène dans le centre et surtout le sud de la France, est très-productive; MM. Boitard et O. Leclerc-Thouin conseillent d'essayer sa culture; son foin, un peu dur, plaît cependant aux chevaux et aux ruminants.

§ 8. Genre houque ou houlque.

Le genre *houque* ou *houlque* (*holcus*) est caractérisé par des épillets de deux sortes : les uns, mâles, sans arêtes, les autres hermaphrodites, coriaces, le plus souvent munis d'une arête qui part du réceptacle; glume bivalve, à deux ou trois fleurs, dont l'une ne contient le plus souvent que des étamines; balle à deux valves, dont l'extérieure est munie sur le dos d'une courte arête sur l'une des fleurs seulement.

La houque laineuse (*holcus lanatus*) est vivace; ses tiges, assez fortes, tendres et pubescentes, hautes de $0^m,40$ à $0^m,50$, sont légèrement velues vers le sommet; ses feuilles, larges mais aiguës vers la pointe, sont recouvertes d'un duvet épais et fin qui lui a valu le nom vulgaire de *blan-*

chard; ce duvet est long et épais, surtout à l'aisselle des feuilles; son panicule, qui s'étale lors de la floraison, est formé d'épillets abondants, veloutés, rougeâtres d'abord, puis qui deviennent blanchâtres. La houque se rencontre à peu près partout, sur tous les sols et à toutes les expositions; elle fleurit de la fin de mai au commencement de juin et pendant le reste de l'été dès qu'elle a reçu 1,944° de chaleur.

« On l'a recommandée pour la formation des prairies « temporaires, sans aucun mélange. Cette culture est « avantageuse dans les terres très-riches, mais le semis « doit se faire dru et le fauchage ou le broutage doit avoir « lieu assez à temps pour que les touffes ne se déchaussent « pas dès la deuxième année; car on sait que la houque « laineuse a une propension particulière à se former en « touffes saillantes. Les roulages et les hersages ne peuvent « pas non plus être négligés; elle forme un excellent pâtu- « rage. » (Demoor, *Prairies*, p. 137.) M. Lequinio, qui l'a soigneusement cultivée en Bretagne, dans le Morbihan, en avait formé d'excellentes prairies artificielles sur lesquelles elle s'élevait à près d'un mètre, donnant une masse considérable d'excellent fourrage.

B. *La houque molle (holcus mollis)* ou houque soyeuse est vivace; ses tiges, fines et grêles, s'élèvent de 0^m,40 à 0^m,60 et ont les nœuds velus; la gaine des feuilles est sensiblement glabre; les feuilles sont complétement lisses, très-nombreuses et réunies en touffes sur le collet; la panicule est blanchâtre et plus maigre que dans la précédente; les fleurs sont presque glabres; l'arête dépasse de beaucoup la glume; les tiges sont un peu coudées, éparses et presque renversées; les racines sont très-traçantes et comme stolonifères. Elle affectionne davantage les sols sablonneux, où elle fournit un excellent pâturage. En terre fertile, dit M. Demoor, elle donne un rendement considérable en foin et se range à côté des meilleures graminées sous le rapport de ses qualités nutritives. On lui reproche d'être tardive, et en effet, elle ne fleurit que vers la mi-juillet après avoir reçu 2,186° de chaleur. M. de Gasparin et M. Demoor sont d'accord pour assurer que le bétail est très-avide de son foin; les porcs recherchent soigneusement aussi ses rhizomes.

C. *La houque odorante* (*holcus odoratus*), originaire du nord de l'Europe, et très-rustique, est vivace. Elle porte dans certaines classifications le nom de *hiérochloé boréale*. Ses tiges grêles sont terminées par une panicule presque unilatérale, peu garnie et qui s'étale beaucoup à la floraison; ses pédoncules sont glabres, les racines sont extrêmement traçantes. Sa fleur répand une odeur très-agréable qui parfume les foins; cette houque, très-précoce, fleurit de la fin d'avril aux premiers jours de mai avec 474° de chaleur.

On connaît encore la houque tuberculeuse (*holcus tuberculosus*) signalée par M. L. Gossin, qui ignore son pays originaire et l'a trouvée dans les collections de l'Institut agricole de Beauvais. Elle a les panicules de même espèce que ceux de la houque laineuse; tiges de même hauteur, souvent coudées; feuilles plus larges et plus longues et tellement veloutées qu'au toucher il semble que ce soit du velours; racines tuberculeuses, végétation en touffes feuillues, floraison de juin à septembre. (*Encycl. prat. de l'Agric.*, art. HOUQUE, t. X, p. 741.)

§ 9. Genre sorgho.

Le genre *sorgho* (*sorghum*) se distingue par ses panicules rameuses dont les épillets contiennent deux fleurs géminées, l'une pédicellée, uniflore, mâle ou neutre, l'autre sessile, hermaphrodite, biflore, à deux fleurons, dont l'un fertile et l'autre stérile ou neutre.

Le sorgho sucré, vulgairement houque, carambosse, sagine, grand ou gros millet (*sorghum vulgare, holcus sorghum*), se reconnait à sa panicule rameuse, resserrée, à ramifications pubescentes; à ses fleurs géminées, l'une mâle ou stérile, l'autre hermaphrodite, dont la glume a deux valves, et la balle a trois valves, la seconde aristée, la troisième portant un nectaire velu; à ses chaumes garnis de forts nœuds pubescents. Il est annuel, fleurit avec 2,950° de chaleur et ne mûrit ses graines qu'avec 4,000°. A l'exception de la Provence, il ne peut donc être cultivé en France que comme fourrage.

Il est originaire de l'Inde, est cultivé dans toute l'Afrique, a été introduit en Europe vers 1590, en Italie en 1786, en France en 1852 par M. de Montigny, consul de France à Shangaï, auquel nous devons déjà tant de plantes et d'animaux utiles. Le sorgho est devenu en France une plante fouragère et industrielle; on l'emploie à l'alimentation du bétail, on en extrait de l'alcool, enfin on confectionne des balais avec ses panicules débarrassées de leurs graines.

Le sorgho aime les sols légers, profonds, frais et riches, parfaitement nets de mauvaises herbes. On le sème en avril et mai, en lignes ou à la volée; dans le premier cas, on rayonne de 0^m,60 à 0^m,75 de distance et on sème à la main ou au semoir en poquets espacés de 0^m,40 à 0^m,50; on emploie alors de 3 à 4 kilos (5 à 6 litres) par hectare; Dans le second cas, on répand 8 à 10 kilos (12 à 15 litres) de semence. On recouvre à la herse renversée et au rouleau. On sarcle, dès que les plantes adventices se montrent, à la houe à cheval d'abord, puis à la binette à main. On peut récolter en vert d'août en octobre et commencer dès que les premières panicules se sont montrées. La récolte se fait, suivant le développement qu'ont pris les tiges, à la faucille, à la serpe ou à la faux ; on ne fauche à l'avance que la consommation du jour.

Il faut bien se garder d'envoyer le bétail pâturer le regain de cette plante ; la science, ne pouvant en rendre compte sans doute, a contesté un fait bien acquis à la pratique, les propriétés vénéneuses de cette plante dans sa jeunesse ; plusieurs empoisonnements ont été signalés dans la Beauce, le Perche et le Midi, et nous en avons observé un nous-même dans le Loiret, à Dampierre, sur des bêtes à laine. Ces faits n'ont pas peu contribué, sans doute, à arrêter la propagation de ce fourrage si productif.

Les tiges et feuilles du sorgho doivent être coupées au hache-paille avant leur distribution au bétail, qui ne saurait diviser les cannes énormes et dures qu'il produit dans les bons terrains. Il convient à tous les animaux et particulièrement aux vaches laitières. On obtient de 80,000 à 100,000 kilos de fourrage vert par hectare, et même jusqu'à 123,000 kilos. Ce fourrage équivaut à peu près, en qualité, à celui du maïs.

On connaît maintenant un grand nombre de variétés de cette plante : sorgho nain et géant, noir et rouge, Franklin et Imphy, amélioré, etc. Le dernier a donné à M. de Beauregard 12 p. 100 de sucre.

§ 10. Genre canche.

Le genre *canche* (*aira*) a la glume formée de deux valves. coriaces dont l'externe est garnie à son sommet de trois à cinq barbes; elle renferme trois fleurs dont celle du milieu est mâle, les deux autres hermaphrodites; la balle est aussi à deux valves, dont l'extérieure porte une arête plus ou moins genouillée, partant de la base et divisée en trois ou quatre barbes.

A. *La canche blanchâtre* (*aira canescens*), annuelle, a les feuilles jonciformes, la glume argentée, les barbes renflées en massue; on la trouve dans les terrains sablonneux; elle donne un fourrage dur de très-médiocre qualité.

B. *La canche touffue* (*aira cœspitosa*) ou *canche élevée*, vivace, a les tiges rudes; les feuilles striées à leur face supérieure; la balle dentée au sommet et velue à la base. Elle croît dans les bois et les prés un peu humides, et forme un gazon assez épais dans les lieux ombragés; tous les bestiaux la recherchent au printemps et la dédaignent à l'automne. Elle est un peu tardive, fleurissant à la mi-juillet après 2,186° de chaleur.

C. *La canche flexueuse* (*aira flexuosa*) ou canche de montagne, vivace, forme à son collet une touffe assez garnie de tiges nombreuses, mais courtes et grêles, surmontées d'une panicule lâche et étalée, à fleurs dont les balles luisantes sont argentées, et de feuilles courtes, glabres et jonciformes. Elle offre aux moutons un excellent pâturage.

D. *La canche aquatique* (*aira aquatica*), vivace, a les tiges courtes (0^m,30), garnies de feuilles planes, et surmontées d'un panicule lâche, oblong et d'une teinte vert violâtre. On la trouve communément dans les marécages, où les bestiaux la vont avidement chercher tant qu'elle est jeune et tendre.

§ 11. Genre mélique.

Le genre *mélique* (*melica*) a la glume bivalve, à valves scarieuses, renfermant deux fleurs hermaphrodites et le rudiment imparfait d'une troisième fleur pédicellée ; les valves de la balle sont ventrues.

A. *La mélique ciliée* (*melica ciliata*) vivace, a les tiges grêles, s'élevant de 0^m,30 à 0^m,35 ; les feuilles étroites, glabres ; les fleurs réunies en un panicule ordinairement simple ; chaque épillet renferme deux fleurs fertiles et une troisième fleur stérile ; la valve extérieure de chaque fleur fertile est garnie de poils soyeux qui s'étalent à la maturité. Elle habite les coteaux arides du Midi et est peu fourrageuse.

B. *La mélique élevée* (*melica altissima*) ou *mélique de Sibérie*, vivace, se distingue de la précédente par sa panicule très-rameuse, imitant celle des avoines, ses fleurs sans barbes et la hauteur de ses tiges, 0^m,60 à 0^m,80. Elle est originaire de la Sibérie et très-précoce. «Elle nous « paraît, disait Yvart, être une plante précieuse par la vi- « gueur et la précocité de sa végétation ; elle élève quel- « quefois ses tiges nombreuses et droites jusqu'à la hau- « teur de un mètre, et elle s'accommode de terrains peu « fertiles. En somme, je la crois préférable aux espèces « indigènes. »

C. *La mélique bleue* ou *seslérie bleue* (*melica, seu sesleria cœrulea*), vivace ; ses tiges grêles et élevées, 0^m,60 à 0^m,75, sont accompagnées de feuilles longues et étroites, à gaîne entière, non fendue ; sa panicule est compacte, spiciforme, oblongue, presque unilatérale , à épillets cylindriques ; les balles, petites, pointues, sont panachées de vert, de

11.

violet et de bleu ; les locustes sont à deux ou trois fleurons ; les arêtes ne dépassent pas la glume. On la rencontre sur les montagnes un peu humides comme sur les hauteurs maigres et rocailleuses. Elle est extrêmement précoce, fleurissant avec 410° de chaleur, en mars ; elle offre donc un fourrage précieux aux moutons, dès le commencement du printemps. En Italie, on convertit ses semences en un pain grossier dont les pigeons sont très-friands.

Citons encore, pour mémoire, la mélique penchée (*mutans*), uniflore (*uniflora*), pyramidale (*pyramidalis*), des montagnes (*montana*), toutes exclusivement propres au pâturage.

§ 12. Genre dactyle.

Le genre *dactyle* (*dactylis*), très-rapproché des bromes, a pour caractère : la glume à deux valves carénées et inégales, renfermant de trois à huit fleurs ; les valves de la balle sont également carénées et l'une d'elles est surmontée d'une arête très-courte.

A. *Le dactyle pelotonné* ou *aggloméré* (*dactylis glomerata*), vivace, a des tiges grosses, élevées (0^m,65 à 0^m,75), un peu courbées dans le bas, mais se relevant ensuite ; des feuilles larges et rudes, coupantes même, d'un vert glauque ; un panicule également rude, formé d'épillets nombreux, pelotonnés, unilatéraux et très-rudes, qui s'étalent un peu à la floraison.

Cette plante se rencontre dans tous les lieux ombragés, dans les bois et les haies et leurs alentours. Elle est assez précoce, fleurit à la mi-juin, après 1,516° de chaleur. Elle forme un excellent pâturage, repousse bien sous la dent, gazonne promptement les mauvais terrains en pente et convient à tous les bestiaux ; on le sème soit à l'automne, soit au printemps, seule, à raison de 35 à 40 kilos par hectare. Mais ses tiges durcissent rapidement, son foin blanchit au fanage et n'a aucun arome; il faudrait le faucher presque aussitôt que l'épi apparaît. M. Demoor se loue de son emploi dans les prairies fauchées, et conseille de le semer épais dans un sol argilo-siliceux frais; il peut donner de 8 à 10,000 kilos, et même plus, de foin par hectare.

§ 13. Genre ivraie.

Le genre *ivraie* (*lolium*) se caractérise par des épillets solitaires, alternes, appliqués contre chaque dent de l'axe de l'épi qui est canaliculé et à peù près parallèlement à cet axe; glume à deux valves, l'intérieure petite et souvent avortée, contenant un grand nombre de fleurs.

A. *L'ivraie vivace* (*lolium perenne*) ou *ray-grass des Anglais*, ou margal dans le midi de la France, est une plante vivace, ainsi que l'indique son nom; ses tiges sont droites, un peu grêles, cylindriques, hautes de $0^m,25$ à $0^m,50$; ses feuilles sont touffues, d'un vert clair, glabres, longues et étroites; épillets sans arêtes, dépassant la glume et renfermant de six à douze fleurs. C'est cette même plante qui, dans nos jardins, est employée, sous le nom de *gazon anglais*, à former les pelouses et les bordures. Elle est assez précoce au printemps et entre en fleurs vers la fin de juin, après avoir reçu 1,632° de chaleur. Elle ne redoute pas le froid et est cultivée en Angleterre et jusque dans le nord de l'Europe. Elle a été propagée par le botaniste anglais Ray (1670-1715), dont on lui a donné le nom.

La culture en a fait obtenir, en Angleterre, plusieurs variétés : *l'ivraie vivace de Russell*, plus nutritive que l'ivraie commune; *l'ivraie vivace de Stickney*, qui ressemble beaucoup à la précédente ; *l'ivraie vivace de Withworth*, qui est à la fois la variété la plus précoce et la plus tardive ; l'*ivraie vivace écossaise*, d'*Orkney*, *de Pacey*, etc., qu'on préfère généralement à la variété commune que nous cultivons seule en France ; les variétés de Russell et de Stickney se plaisent dans les sols bas, mais fertiles ; celle de Withworth réussit bien sur les terrains un peu élevés (Demoor).

Le ray-grass anglais demande un sol assez fort, argileux, argilo-calcaire ou argilo-siliceux, frais, mais non pas humide ; dans les sols siliceux et secs, dans ceux trop maigres, il ne monte pas, fleurit près de terre et disparaît rapidement. Il aime surtout les sols bien nets de mauvaises herbes, contre lesquelles il se défend mal ; la céréale d'hiver sur laquelle on le sème aura donc été bien préparée par des labours et des hersages, par des sarclages et des fumures appliquées surtout à la récolte sarclée qui a dû précéder. Il en est de même si on le sème avec un grain de printemps.

On sème donc, en automne dans les terres sèches et légères ; au printemps (mars-avril) dans celles qui sont fraîches et riches ; on sème soit sur des céréales en végétation, soit en même temps que des céréales, soit sur la terre nue. On peut répandre la graine du ray-grass, au printemps, sur un seigle, un blé ou une avoine d'hiver un peu clairs ; sur une terre qui vient d'être ensemencée en toùs grains de mars ; en mai et juin dans des fourrages mélangés (vesce, pois, moha, etc.) ou du sarrasin, destinés à être coupés en vert ; à l'automne, en septembre, sur des terres nues qu'on veut convertir en pâturages ou en prairies. Dans tous les cas, on emploie de 40 à 60 kilos de graines bien épurées, et on enterre avec une herse légère suivie d'un rouleau. Dans les plantes en végétation, on n'enterre pas, ou on donne un hersage léger ou un sarclage à la main ou au râteau.

Le ray-grass est très-épuisant, et il est d'une bonne pratique de lui donner une demi-dose de guano (150 kilos par hectare), ou un arrosage à l'engrais liquide, après chaque coupe. Telle est une des conditions principales de l'existence de cette prairie artificielle qui, ainsi traitée, peut durer six à sept ans. Ajoutons que les engrais liquides ont la propriété, selon M. Heuzé, d'arrêter le développement de la rouille, à laquelle cette graminée est exposée dans les terrains humides.

On fauche en vert peu après que la plante a épié, parce qu'elle durcit très-vite, et on se ménage ainsi une seconde coupe. On fauche, pour faner, au moment où les épis commencent à entrer en fleur; plus tôt, on perdrait beaucoup en poids; plus tard, la plante durcirait. On n'obtient en sec qu'une seule coupe et un regain, ou un pâturage. Le fanage s'exécute comme celui des prairies naturelles, mais il doit être conduit plus rapidement, afin de conserver la couleur et l'arome. La dessiccation achève de s'opérer dans les cachons et les meules. On obtient en moyenne de 3 à 4,000 kilos de foin, ou de 8 à 15,000 kilos de fourrage vert.

Pour obtenir des graines, on ne fauche que quand le champ est défleuri; mais alors il faut le faire sans tarder, parce que les vents et la pluie font tomber la graine sur le sol. On laisse sécher en andains qu'on retourne une fois seulement à la fourche, on bottelle ou on rentre; le mieux est encore de porter, sur une civière à colza, les andains à la toile installée dans le champ, et de battre immédiatement à la baguette ou au fléau. 12 à 15 hectolitres de graines sont le produit moyen d'un hectare ; mais il peut s'élever jusqu'à 25 hectolitres. La paille qui provient de ce battage peut être donnée hachée et fermentée avec des racines et des pulpes aux moutons et aux bêtes à cornes à l'engrais.

Le foin de ray-grass anglais est toujours un peu dur et amer ; néanmoins les chevaux et les moutons s'en arrangent bien. Mais il en faut 120 à 140 kilos pour égaler en valeur nutritive 100 kilos de bon foin.

On mélange souvent le ray-grass au trèfle rouge, à la luzerne, au sainfoin, et nous avons dit quelle était notre opinion à cet égard. Il est mieux employé à former des pâturages pour toute espèce de bestiaux, en l'associant à d'autres graminées et légumineuses vivaces comme lui.

B. *Le ray-grass d'Italie*, ou *ivraie vivace d'Italie* (*lolium italicum*), est originaire de l'Italie septentrionale, c'est-à-dire de la Lombardie, d'où il s'est répandu dans les Apennins et le reste de la Suisse ; c'est de ce dernier pays que Thouin l'a importé en France, en 1818, et M. Lawson en Écosse en 1831. Il est vivace ; ses tiges s'élèvent de $0^m,50$ à $0^m,70$ et jusqu'à un mètre et plus ; ses feuilles larges sont d'un vert tendre ; ses épis longs de de $0^m,15$ à $0^m,25$, sont formés d'épillets barbus et très-étalés ; ses semences sont munies d'une arête droite.

Le ray-grass d'Italie aime les sols frais ; ce sont les seuls sur lesquels il réussisse, à moins qu'on ne puisse l'irriguer ; il est assez exigeant sur la fertilité du sol. Il lui faut des terres argileuses ou argilo-siliceuses bien assainies et assez riches. C'est par erreur que M. Heuzé dit « qu'il végète mal sur les sols tourbeux ; qu'il y reste « petit s'il ne périt pas, et prend souvent une teinte rou-« geâtre. » Nous l'avons vu cultiver, dans la vallée de l'Yèvre, auprès de Bourges, dans une exploitation de 80 hectares, où il fournissait le seul fourrage possible; le sol était une tourbe de plus d'un mètre de profondeur; il y occupait 20 hectares dans l'assolement suivant : 1° racines (betteraves, carottes, pommes de terre ou haricots); 2° ray-grass; 3° ray-grass; 4° colza. La première et la dernière sole étaient fumées. Il y donnait deux excellentes coupes, sans irrigation; cependant les courtillères lui causaient parfois beaucoup de dommages au printemps.

On le sème comme le ray-grass d'Italie, en employant de 50 à 75 kilos par hectare. Au val d'Yèvre, ou le sème au printemps, après avoir piétiné le sol pour le tasser, sur un labour frais à la bêche; on répand la semence sur le terrain nu et sans aucun mélange d'autres plantes; on enterre en piétinant de nouveau. Dans les tourbes solides, le pied de l'homme ou des enfants peut être remplacé par le rouleau.

Il donne, quand il est semé seul, sa première coupe dès le premier été qui suit la semaille, et la seconde à la fin d'août ou au commencement de septembre. Quand il est semé dans une céréale, il ne donne, la première année, qu'une coupe en vert à l'automne. Il est très-précoce au printemps et fleurit avec 1,550° de chaleur. Il forme des prairies dont la durée peut s'étendre à cinq ou six ans; au val d'Yèvre, on ne le conserve que deux ans, parce que son retour fréquent effritterait rapidement le sol.

Le produit de ce fourrage est considérable : au val d'Yèvre, il fournit en moyenne 10 à 12,000 kilos de foin en deux coupes, la première année, et autant à la seconde. Dans le Milanais, avec l'irrigation, on obtient jusqu'à huit coupes de fourrage vert; en Angleterre, avec l'arrosement d'engrais liquides, on fauche six fois; dans le nord de la France, on peut récolter, la seconde année, en trois coupes et un regain, jusqu'à 17,000 kilos de foin; dans l'Ouest, à Belle-Isle, M. Trochu recueille, en quatre coupes, 10,000 kilos de foin.

On associe parfois le ray-grass d'Italie au trèfle rouge ou au trèfle incarnat; on mélange alors 8 à 12 kilos de trèfle rouge ou 12 à 15 kilos de trèfle incarnat et 15 à 20 kilos de ray-grass; nous préférions semer seules celle de ces trois plantes à laquelle le sol convient le mieux, car leurs aptitudes sont bien différentes.

Le produit en graines s'élève en moyenne de 25 à 30 hectolitres (625 à 750 kilos) par hectare, plus 3,500 à 4,000 kilos de paille que les moutons mangent encore assez bien. Le fourrage vert de cette plante a toujours une saveur un peu amère à laquelle les bestiaux ont besoin de s'accoutumer; il en est de même du foin, toujours un peu amer et un peu dur, beaucoup moins nutritif que le foin de prairies. Néanmoins, au val d'Yèvre, les chevaux de travail de forte taille et faisant un assez rude service de roulage s'entretenaient bien avec une ration de 12 kilos de ce foin et 10 litres d'avoine.

D. *L'ivraie multiflore (lolium multiflorum)*, annuelle, se distingue des deux précédentes par ses tiges presque lisses, moins hautes; ses épis et ses épillets barbus et étalés; ses feuilles moins larges. On la rencontre spontanée dans l'ouest et le centre de la France. On en connaît deux variétés cultivées:

L'ivraie multiflore mutique (lolium multiflorum muticum) a les glumelles munies d'une arête; il est très-commun en Bretagne, où il porte le nom de *pill*, et où M. Rieffel l'a cultivée en grand, pour fourrage, sur des terres acides, tourbeuses ou de bruyères; il en a tiré, dans ces circonstances, de précieuses ressources; cette plante atteignait de 0^m,40 à 0^m,60 de hauteur, et fournissait, en une seule coupe, de 2,500 à 3,000 kilos de foin par hectare, équivalant de 7,000 à 8,500 de fourrage vert. Elle se sème à l'automne dans une céréale.

L'ivraie multiflore submutique (*lolium multiflorum submuticum*) a les graines et les glumelles sans barbes ou à barbes très-courtes. Elle a été cultivée dans le Gatinais, aux environs de Montargis, par M. Bailly, qui la sème en septembre, sur un déchaumage de blé ou d'avoine; elle atteint 0^m,70 à 0^m,80 de haut, et est de quinze jours plus tardive que le ray-grass anglais; il en obtient de 2,500 à 3,000 kilos de foin par hectare, dans un sol caillouteux reposant sur un sous-sol argileux.

Ces deux variétés sont annuelles, fleurissent en juin, et meurent en août. Toutes deux donnent un foin un peu dur et grossier, mais nutritif et fort bien accepté par les bestiaux qui y sont accoutumés. Mais toutes deux sont fort difficiles à détruire dans le sol où on les a une fois cultivées. Dans les essais de M. Vilmorin, essais opérés dans le Gatinais, la variété mutique n'a pas résisté à l'hiver; la variété submutique semée au printemps subsistait encore au mois de mars suivant.

§ 14. Genre orge.

Le genre *orge* (*hordeum*), a pour caractères : les épillets ternés, dont deux latéraux, souvent mâles et pédicellés, celui du milieu sessile et hermaphrodite dans les variétés sauvages, mais dans beaucoup de variétés cultivées toutes les fleurs sont constamment hermaphrodites; glume à deux valves divisée en sorte de six paillettes; chaque glume renfermant une seule balle à deux valves.

A. *L'orge commune* ou *orge carrée (hordeum vulgare)*, annuelle, a toutes ses fleurs hermaphrodites, garnies de barbes longues et étroites; ces fleurs sont disposées sur six rangs, dont deux sont proéminents et donnent à l'épi une forme à peu près quadrangulaire; cet épi est toujours plus ou moins courbé. On en cultive plusieurs variétés pour fourrages.

I. *L'orge commune d'hiver (hordeum vulgare hybernum)*, bisannuelle, est originaire de la Russie; son grain reste enveloppé par les balles après la maturité; ses six rangs de fleurs sont irréguliers, et celui du milieu est proémi-minent; l'épi est long et arqué. Elle est très-cultivée en Allemagne et dans le nord de l'Europe, mais très-peu cultivée en France, où on lui préfère la suivante.

II. *L'orge hexastique* ou *à six rangs*, ou *escourgeon (hordeum hexasticum)*, se distingue de la précédente par son épis gros, ramassé, un peu pyramidé, à six rangs réguliers séparés par des sillons profonds; l'épi s'égrène facilement dès qu'il a atteint sa maturité; le grain reste enveloppé de ses balles. C'est une variété d'hiver.

L'escourgeon demande un sol sec en hiver, frais en été, et riche de vieil engrais; de bonnes terres argilo-siliceuses drainées, argilo-calcaires perméables, ou des sables riches et profonds. On le sème en septembre ou octobre, après avoir ameubli, nettoyé et assaini le terrain ; on répand à la volée 250 à 300 litres de semence. Au printemps, on donne un vigoureux hersage, dans le courant de mars. « Au printemps, dit M. de Dombasle, cette plante offre « une ressource très-précieuse pour la nourriture des bes-« tiaux au vert, parce qu'elle est toujours bonne à cou-

« per une quinzaine de jours avant le trèfle, et qu'elle
« forme une excellente nourriture pour toute espèce de
« bétail. Elle est fauchée d'assez bonne heure pour que
« le terrain puisse être employé à la plantation de pommes
« de terre on d'autres récoltes, de sorte qu'elle n'occupe
« le terrain, dans beaucoup de cas, que pendant un temps
« où il n'aurait rien produit. » (De Dombasle. *Calend. du
bon Cultiv.*, 7ᵉ éd., p. 275-276.)

La place de l'escourgeon destiné à être fauché en vert
est après du colza, des vesces fauchées en vert, du trèfle
incarnat, des fourrages précoces, etc., jamais après une
céréale. Il souffre souvent des hivers très-rigoureux et
très-humides. Il peut fournir en moyenne 10 à 12,000 kilos de fourrage vert par hectare.

C. *L'orge nue à deux rangs*, ou *grosse orge nue* (*hordeum distichum nudum*), annuelle, est souvent aussi employée comme fourrage. Dans les trois fleurs qui sont
accolées ensemble, celle du milieu est hermaphrodite et
barbue; les deux latérales sont mâles et sans barbes;
l'épi est long, comprimé, à arêtes parallèles, le grain
reste adhérent à la balle. C'est notre *orge distique* ou *pa-
melle* ou *paumelle;* c'est une variété de printemps. Elle
veut une terre meuble et riche et végète très-rapidement.
Elle peut donner en moyenne de 8 à 10,000 kilos de fourrage vert par hectare.

D. *L'orge noire* (*hordeum vulgare nigrum*), annuelle ou
bisannuelle, est une variété de l'orge commune à six
rangs; elle s'en distingue par la couleur violet plus ou
moins foncée de ses grains. Elle peut se semer soit au
printemps, soit à l'automne. En la semant passé le mois
de mars, en avril et mai, elle peut être pâturée et fauchée
cette première année, et donner encore une bonne récolte

de grains l'année suivante, exactement comme le seigle dit de la Saint-Jean. Elle est assez cultivée en Allemagne.

E. *L'orge des prés* ou *orge faux seigle* (*hordeum secalinum*), annuelle, a les glumes divisées eu paillettes fines, accrochantes et glabres; ses tiges sont grêles, ses feuilles assez rares, on la rencontre dans les lieux incultes et les prés; elle forme un assez bon fourrage quand elle est coupée avant la floraison; plus tard, le bétail n'y touche plus. *L'orge des murailles* ou *des souris* (*hordeum murinum*) a les locustes à fleurons tous aristés; les latérales de chaque groupe mâle à paillettes sétacées, rudes et ciliées, la médiane à paillettes linéaires, lancéolées. Elle est annuelle et très-commune autour des habitations, le long des murs, des chemins, des prés, des haies. Tous les bestiaux la mangent bien tant qu'elle est jeune. *L'orge bulbeuse* (*hordeum bulbosum*), indigène de l'Afrique septentrionale, est vivace; ses locustes latérales sont mutiques; sa souche est bulbeuse; elle est précoce et fleurit vers la fin de mai, avec 2,130° de chaleur. Elle aime les terrains argilo-siliceux riches et profonds; on peut la faire pâturer dès la fin d'avril ou la faucher en vert à partir du 10 au 15 mai. Selon M. Demoor, elle peut donner 40,000 kilos de fourrage vert, ou 9,500 kilos de foin par hectare.

§ 15. Genre seigle.

Le genre *seigle* (*secale*) a pour caractères génériques : des épillets solitaires renfermant deux fleurs à valves aristées; ces fleurs, disposées sur les dents du rachis, lui présentent l'une de leurs face latérales; les paillettes sont linéaires et subulées.

A. *Le seigle cultivé* (*secale cereale*), annuel ou bisannuel, a les épillets accompagnés de deux paillettes sétacées et calicinales; les glumes à valves ciliées. Il est indigène du Caucase et des bords de la mer Caspienne. On le cultive souvent comme fourrage vert, à cause de sa précocité au printemps. Il aime les sols légers, les sables frais et assez profonds; il n'est |pas très-exigeant quant à la richesse du sol, mais il redoute beaucoup l'humidité. Après avoir parfaitement ameubli le sol, on le sème, en septembre, après un fourrage (escourgeon, trèfle incarnat, vesce, pois, etc.), déjà fauché en vert. On emploie 250 à 300 litres par hectare. On peut d'ordinaire couper dans la deuxième quinzaine d'avril, dès que le champ est épié; quand la plante a achevé de fleurir, les tiges sont trop dures; on sème donc en proportion du bétail qu'on veut en nourrir et en comptant sur une alimentation de douze à quinze jours par cette plante. On peut calculer sur un produit moyen de 10 à 12,000 kilos de vert par hectare.

B. *Le seigle multicaule, seigle de la Saint-Jean, seigle de Silésie, seigle du Nord* ou *seigle de Russie*, n'est autre chose qu'une variété culturale du seigle commun ou cultivé, semée à une époque différente de celle ordinaire; confié à la terre en juin, il se ramifie beaucoup et monte en tiges sans mûrir; si on le fauche, il donne du printemps à l'été de la seconde année une bonne récolte de grains; semé à la même époque que le seigle ordinaire, il végète exactement comme lui, mais a les grains sensiblement plus petits et les tiges aussi élevées mais moins fortes.

Cette plante, depuis longtemps déjà cultivée en Allemagne, était connue en France dès la fin du dernier siècle; Gilbert, Thouin, Lebreton l'expérimentaient aux environs de Paris dès 1785. Il aime les mêmes terrains que le seigle ordinaire, mais plus riches. On le sème dans le courant de juin ; au 1er septembre, il a atteint de 0m,40 à 0m,50, et on peut le faucher ; du 1er au 15 octobre, sa repousse atteint de nouveau 0m,25 à 0m,30, et on fait une seconde coupe ; les deux ensemble produisent en moyenne 5 à 6,000 kilos de vert. Si on consacre la seconde année à la production fourragère, on peut obtenir trois coupes encore, représentant 8 à 10,000 kilos de fourrage vert ; sinon on récolte du grain et de la paille.

C. *Le seigle de printemps* est encore une variété culturale du seigle commun ; il porte les noms de *petit seigle, seigle marsais, trémois,* etc. Quand on le sème plusieurs années de suite à l'automne, il revient au volume du grain, à la taille des tiges du seigle d'hiver ; semé à l'automne, il produit pendant deux ou trois ans un peu plus que ce dernier, pour lequel l'inverse a lieu ; car si on sème du seigle d'hiver au printemps, il donne très-peu pendant un certain nombre d'années (Yvart). Cette variété n'est que peu productive et rarement cultivée comme fourragère.

§ 16. Genre brome.

Le genre *brome* (*bromus*) a pour caractères génériques : glume bivalve de cinq à dix-huit fleurs ; la valve extérieure de la balle est grande, concave et surmontée d'une crête qui part en dessous du sommet ou du milieu d'une petite échancrure ; la valve intérieure est concave en dehors et a ses deux bords ciliés.

A. *Le brome des prés* (*bromus pratensis*) est vivace ; ses tiges s'élèvent de 0m,40 à 0m,50 ; les gaines des feuilles sont velues ; ces feuilles sont longues, dures, rudes en dessus, poilues sur les bords et en dessous ; sa panicule est étalée; ses épillets panachés de vert et de pourpre sont très-pointus et renferment chacun de cinq à huit fleurs; les glumes sont scarieuses sur les bords. Il est commun dans les prés frais; il réussit bien dans les sables profonds et dans les terres argilo-siliceuses; M. Vilmorin en a tiré un très-bon parti comme prairie naturelle en le semant dans de maigres terres calcaires. Mais, de même que tous les bromes, il demande à être fauché de bonne heure parce qu'il durcit rapidement.

B. *Le brome mou* (*bromus mollis*) ou *doux*, annuel et bisannuel, a les tiges pubescentes, surtout au sommet; les gaînes et les feuilles également pubescentes; les paillettes ont de trois à cinq nervures au plus; la paléole interne est sensiblement plus courte que l'externe dont les bords sont anguleux. Ses semences nombreuses et lourdes font souvent verser les tiges. Il est très-commun dans les prairies et donne un fourrage assez tendre.

C. *Le brome des seigles* ou *brome seigle* (*bromus secalinus*), annuel ou bisannuel, se reconnaît à ses tiges simples, glabres, élevées de $0^m,50$ à $0^m,75$; à ses feuilles dont la gaîne est glabre et le limbe à peine velu; à sa panicule peu garnie, dont chaque épillet, presque cylindrique et garni d'une crête assez courte, renferme de cinq à huit fleurs. Il est précoce et fleurit en juin et juillet après avoir reçu $1,766°$ de chaleur. Un cultivateur de la Bretagne (environs de Nozay, Loire-Inférieure), M. David, du Désert, en avait formé, ainsi que du brome stérile, des prairies artificielles. Il doit être fauché de bonne heure.

D. *Le brome stérile* (*bromus sterilis*), annuel ou bisannuel, a un panicule formé d'épillets très-lâches, formant des rameaux penchés et garnis de barbes longues et rudes. Il est très-précoce et fleurit avec $1,053°$ de chaleur.

Les Anglais l'estiment beaucoup, et nous venons de voir qu'on en peut former de bonnes prairies artificielles précoces sur des sols arides. Mais il doit, comme les autres, être fauché avant sa floraison.

E. *Le brome inerme* (*bromus inermis*), vivace, a le panicule formé de trois à huit épillets rameux ; la paléole externe est mutique ou courtement aristée ; l'interne est pubescente et ciliée ; les jeunes feuilles sont enroulées sur elles-mêmes ; il est assez précoce et fleurit avec 2,186° de chaleur. Il est assez commun dans les lieux humides, dans les prairies basses, au bord des rivières ; on le rencontre pourtant dans quelques terrains secs et élevés ; ses racines sont traçantes et profondes. Son fourrage est rude et durcit très-rapidement.

F. *Le brome des champs* (*bromus arvensis*), annuel ou bisannuel, a les gaînes inférieures des feuilles couvertes de poils courts qui forment un duvet cotonneux de couleur grisâtre ; la valve externe de la balle est échancrée au sommet ; les épillets sont verdâtres. Il est commun dans les prés et les champs sablonneux ; son fourrage, un peu moins dur que celui des autres bromes, est assez estimé. Il ne fleurit qu'avec 2,550° de chaleur.

G. *Le brome élancé* ou *gigantesque* (*bromus giganteus*), annuel ou bisannuel, a les épillets petits, formés de quatre fleurs portant de longues arêtes presque terminales. On le trouve dans les bois et les prairies ombragées. Ses tiges sont dures et son fourrage très-grossier. Ses tiges atteignent quelquefois jusqu'à deux mètres.

H. *Le brome pinné* ou *corniculé* (*bromus pinnatus, seu corniculatus*), vivace, a les épillets alternes, distiques, cylindriques et courbés en forme d'ergot ; il forme de larges touffes serrées, dont les feuilles larges, rudes, cou-

pantes sont d'un vert jaunâtre et que le bétail ne pâture
que lorsqu'elles sont jeunes. On le trouve assez commun
dans les prés, les champs, les bois et les pâturages
arides.

I. *Le brome de Schrader* (*bromus Schraderii*), vivace, a
les tiges droites, simples, hautes de $0^m,70$ à 1 mètre,
glabres, à cinq ou six nœuds marqués par une petite ligne
brun noirâtre; ses racines sont fibreuses; ses feuilles,
planes, rubannées, d'un vert clair, d'environ $0^m,25$ à
$0^m,30$, sont longuement atténuées au sommet; la gaîne
est très-poilue et garnie supérieurement d'une ligule mem-
braneuse frangée, villeuse elle-même; le limbe est par-
couru, dans une grande partie de sa longueur, par une
nervure dorsale saillante; la panicule est assez divisée et
pendante; les pédoncules, d'abord dressés, puis infléchis,
naissent en général deux, rarement trois ensemble, et
portent chacun trois ou quatre épillets oblongs, pointus,
comprimés, composés de trois à six fleurs; les deux valves
de la glume sont glabres, membranées sur les bords, non
aristées; les glumelles sont également aiguës ou terminées
par une arête très-courte, souvent rudimentaire (Alph.
Lavallée).

Cette plante, originaire des États-Unis, d'où elle avait
été, il y a plus de vingt ans déjà, introduite et cultivée
comme essai en France, a été mise à la mode en janvier 1864 par un mémoire adressé à la Société impériale
et Centrale d'Agriculture de France, dans lequel l'auteur,
M. Alph. Lavallée, propriétaire à Segrez, par Saint-Ché-
ron, arrondissement de Rambouillet (Seine-et-Oise),
rendait compte de ses cultures de cette plante depuis
six années. Le brome de Schrader, d'après cet auteur,
s'accommode de tout terrain qui n'est pas absolument

sec ; il est très-rustique, d'une végétation vigoureuse, peut donner quatre et même cinq coupes en vert d'un excellent fourrage, particulièrement propre aux vaches laitières ; il peut être fauché du 15 mars au 20 avril, avant le seigle ; séché, il constitue un excellent foin ; il produit beaucoup de graine et peut persister de cinq à sept ans sur le même sol ; enfin, il est très-précoce au printemps.

L'enthousiasme se mit de la partie et les grainiers ne purent fournir aux demandes de graines ; tout le monde a rendu des essais des comptes très-satisfaisants. Tout est bien qui finit bien. Nous avons peine à croire pourtant que le brome de Schrader détrône jamais le trèfle, la luzerne ou le sainfoin. Certainement, il peut, il doit, comme un grand nombre de plantes, réussir dans des circonstances données et y rendre de précieux services, mais si jusqu'ici il a satisfait tout le monde, c'est que pour une semblable tentative on a dû choisir les terres les plus à sa convenance et les plus riches ; petit à petit la pratique saura lui faire sa part.

M. Lavallée donne un bon labour profond, sème 200 litres par hectare, herse et roule fortement ; au printemps de chaque année il donne un roulage. « Après « douze ou quinze jours environ, le semis lève ; on peut « faire une première coupe au bout de deux mois, si on a « semé vers mars ou avril. Dès que ce brome a été fauché « une fois, disparaissent toutes les plantes annuelles ou « vivaces dont la végétation s'était accomplie en même « temps que la sienne. Il occupe en effet si bien le sol, « tallant et remplissant les moindres vides, qu'aucune « culture ne peut être aussi admirablement propre. » (A. Lavallée.) M. Lavallée a obtenu en quatre coupes, en quinze mois, 36,270 kilos de fourrage vert ; il évalue le produit moyen annuel par hectare à 12,000 kilos de foin. L'hectare, à la seconde coupe, lui produit 65 hectolitres de grain ne pesant que 20 à 21 kilos l'hectolitre. La plante verte dose 0,79 p. 100 d'azote, desséchée à 120°, elle dose 1,94 p. 100.

§ 17. Genre fétuque.

Le genre *fétuque* (*festuca*) a pour traits génériques : la valve externe de la balle munie d'une arête qui part du sommet, ou simplement acérée. Il comprend un très-grand nombre de plantes utiles et est voisin à la fois des genres poa ou paturin, brome et canche.

A. *La fétuque ovine ou des moutons* (*festuca ovina*), vivace, a les tiges nues, tétragones, les feuilles sétacées, en touffes, les balles un peu rudes au sommet. Elle est commune dans les pâturages secs et découverts ; ses tiges ne s'élèvent pas à plus de $0^m,12$ à $0^m,16$, et son fourrage est peu abondant ; mais c'est la vraie plante à moutons.

B. *La fétuque rouge* (*festuca rubra*), vivace, a les tiges menues, droites, lisses, hautes de $0^m,14$ à $0^m,16$; les feuilles déliées et parfois en touffes ; le panicule resserré, à fleurons aristés et rougeâtres ; chaque épillet renferme six fleurs ; les feuilles supérieures sont velues en dessus. On la rencontre dans les mêmes circonstances que la précédente qui fleurit en juin avec 1,546° de chaleur, tandis que la rouge, plus précoce, fleurit à la fin de mai avec 1,341°.

C. *La fétuque élevée* (*festuca elatior*) ou fétuque géante (*festuca gigantea*), vivace, a les tiges hautes de $0^m,60$ à $0^m,75$; les feuilles larges, nombreuses, planes et un peu rudes; le panicule à rameaux inférieurs ordinairement géminés, les glumes à valves blanches sur leurs bords; les fleurons munis d'une arête deux ou trois fois plus longue que la paléole. On la trouve abondamment dans les prairies basses et humides les plus fertiles. Son fourrage, un peu grossier, durcit rapidement. Elle fleurit en juin avec 1,899° de chaleur.

E. *La fétuque des prés (festuca pratensis)*, vivace, a les tiges hautes de 0^m,35 à 0^m,40, les feuilles planes, assez longues et garnies de poils un peu raides dirigés vers la pointe ; le panicule, presque unilatéral, est composé d'épillets rameux, renfermant de sept à onze fleurs, et rougeâtres supérieurement; les fleurons sont munis de barbes très-courtes. Elle est commune dans les prés bas et y fournit un fourrage très-fin, très-bon, mais peu abondant. Elle fleurit en juin avec 1,899° de chaleur.

E. *La fétuque à queue de rat (festuca myurus)*, bisannuelle, a les tiges glabres, les nœuds de couleur purpurine, la glume à deux valves inégales, les balles couvertes d'aspérités; elle est peu élevée, 0^m,30 à 0^m,35. On la rencontre dans les lieux les plus arides; les bestiaux, qui la mangent volontiers quand elle est tendre, la dédaignent complétement quand elle approche de sa maturité.

F. *La fétuque fausse ivraie (festuca loliacea)*, vivace, a l'épi composé de locustes, les unes sessiles, les autres supportées par un pédoncule assez allongé, les fleurons mutiques ou courtement aristés, la ligule non biauriculée, les feuilles planes; elle fleurit à la fin de juin avec 1,632° de chaleur. Elle aime un sol argilo-siliceux ou silico-argileux et ne craint pas la submersion; elle est à la fois très-précoce et très-tardive; elle peut former seule de bonne prairies artificielles; on la sème au printemps avec

50 à 60 kilos de semence. Son foin est très nutritif, mais demande à être récolté de bonne heure.

G. Nous nous contenterons de citer encore parmi ce genre très-nombreux : la fétuque glauque (*festuca glauca*) des sols sablonneux et arides ; la fétuque durette (*festuca duriuscula*) des sols élevés et arides ; la fétuque hétérophylle (*festuca heterophylla*) des bois et des lieux couverts ; la fétuque roseau (*festuca arundinacea*) des terrains marécageux ; la fétuque penchée (*festuca decumbens*) des bois élevés ; la fétuque des buissons (*festuca dumetorum*) des endroits ombragés humides ou frais, etc.

§ 18. Genre poa ou paturin.

Le genre *poa* ou *paturin* (*poa*) se reconnaît facilement à ses balles obtuses toujours dépourvues d'arêtes ; le nombre des fleurs varie de deux à vingt ; l'axe de l'épi est fragile et se partage en articles qui se détachent avec le fleuron ; les panicules sont à rameaux étalés ou dressés.

A. Le *paturin annuel* (*poa annua*), annuel, a le panicule à rameaux géminés et ouverts à angle droit, la gaîne de la feuille supérieure plus longue que le limbe, les feuilles assez courtes et assez fines, la tige oblique, comprimée et peu élevée ($0^m,15$ à $0^m,25$). Elle se multiplie rapidement de ses semences et garnit promptement le sol ; elle supporte très-bien le pâturage. On la rencontre partout ; sans souffrir de la sécheresse ni de l'humidité, elle peut garnir très-rapidement des terrains incultes et y fournir un excellent pâturage ; dans un sol un peu riche, elle vient fauchable.

B. Le *paturin des Alpes* (*poa Alpina*), vivace, a les tiges grêles et assez hautes ($0^m,30$ à $0^m,60$), les feuilles douces et molles, la gaîne de la feuille supérieure plus longue que le limbe; la panicule, diffuse et très-rameuse, est formée d'épillets à rameaux solitaires ou géminés, de six fleurs, cordiformes. Il forme des touffes serrées dans les pâturages élevés, sablonneux ou calcaires. Il est très-précoce et fleurit avec 1,440° de chaleur. On l'emploie en Suisse et en Écosse pour former des pâturages de montagnes.

C. *Le paturin des prés* (*poa pratensis*), vivace, à racines traçantes; la membrane qui couronne la gaîne des feuilles est obtuse et comme tronquée; sa tige, grêle, droite et cylindrique, s'élève de $0^m,35$ à $0^m,80$; ses feuilles radicales sont étroites, celles caulinaires plus larges; sa panicule, lâche et diffuse, à rameaux verticillés, est garnie d'épillets glabres, très-petits, composés d'un nombre de fleurs indéterminé. Il est très-précoce et fleurit avec 1,053° de chaleur seulement. Il croît dans les prairies élevées aussi bien que dans les terrains frais. Ses rhizomes traçants envahissent très-promptement le sol et l'épuisent vite. Son fourrage est abondant et d'excellente qualité. On l'emploie en Angleterre pour former des prairies temporaires; on le sème au printemps en employant 25 à 30 litres de graine.

D. Nous nous bornerons à mentionner à la suite les espèces suivantes : le paturin des bois (*poa nemoralis*) ou à feuilles étroites (*poa angustifolia*), très-précoce, excellent pour les prairies ombragées; le paturin fertile (*poa fertilis*) plus précoce et qui convient dans les mêmes circonstances; le paturin commun (*poa trivialis*) plus précoce encore que le fertile et qui dans les bonnes prairies dépasse souvent un mètre de hauteur; le paturin des marais (*poa palustris*), excellent fourrage pour les terres marécageuses; le paturin aquatique (*poa aquatica*), et le paturin flottant (*poa fluitans*) qui, dans la Bresse et la Dombes recouvrent l'eau des étangs et fournissent au bétail un pâturage aquatique; le paturin comprimé (*poa compressa*) qu'on trouve dans les endroits siliceux et arides; le paturin bulbeux (*poa bulbosa*) assez commun dans les pâturages montueux ; puis les paturins à trois nervures (*trinervata*), raide (*rigida*), amourette (*eragrostis*), etc.

§ 19. Genre avoine.

Les caractères du genre *avoine* (*avena*) sont les suivants : balle à deux valves pointues, dont l'intérieure porte une arête genouillée qui part du dos; cette arête manque dans quelques variétés de l'avoine cultivée; glume bivalve renfermant deux ou plusieurs fleurs hermaphrodites et quelques-unes stériles par défaut d'organes femelles; fleurs disposées en panicule.

A. *L'avoine cultivée* (*avena sativa*) annuelle et bisannuelle, a les fleurs disposées en panicules lâches; les épillets à deux ou trois fleurons, pendants; les valves de la glume striées, blanchâtres à leurs bords et plus longues que les fleurs; les barbes garnies à leur base de poils roussâtres ; grains de couleur variable du blanc au noir. Elle paraît être originaire de

Fig. 20.
Feuille d'avoine avec sa ligule.

l'Orient; le voyageur Olivier l'a du moins trouvée à l'état sauvage en Perse. La culture en a obtenu un grand nombre de variétés parmi lesquelles nous ne nous occuperons que de celles d'hiver et de printemps.

L'avoine d'hiver (*avena sativa hiberna*) aime les sols argileux, argilo-siliceux ou silico-argileux qui sont bien assainis; l'humidité stagnante en hiver la détruit complétement; il faut laisser un peu motteux le sol dans lequel on la sème, à charge de le niveler au printemps par des hersages et roulages. La semaille se fait, sur un défrichement de landes, de bois, de trèfle ou de luzerne, etc., aux mois de septembre et octobre à raison de 225 à 250 litres par hectare. Pendant tout l'hiver, il faut veiller à ce que l'eau s'égoutte bien dans les fossés et rigoles d'assainissement. De bonne heure, au printemps, hersages énergiques et roulages, pour remuer le sol et le plomber. Dans la dernière semaine de mai ou la première de juin, l'avoine étant épiée, il faut commencer le fauchage en vert, et on peut ainsi continuer pendant trois semaines à un mois; elle durcit beaucoup moins vite que le seigle et l'orge. Ce fourrage convient très-bien à tous les animaux de trait ou de rente. Un hectare d'avoine peut fournir, en moyenne, de 12 à 15,000 kilos de vert, représentant 4 à 5,000 kilos de foin.

L'avoine de printemps (*avena sativa verna*) est plus rarement employée seule comme fourrage que celle d'hiver, mais on l'emploie fréquemment à faire des mélanges avec les vesces, les pois, la gesse, etc. Elle demande des terrains moins forts, plus frais, plus profonds et plus riches que la variété automnale. Elle est moins productive, mais un peu plus assurée, quoiqu'elle ait la sécheresse à redouter comme l'autre a le déchaussement. Elle se cultive

de même et est bonne à faucher de la fin de juin au commencement de juillet; son produit moyen peut être évalué
de 10 à 12,000 kilos de vert valant de 3,500 à 4,000 kilos
de foin.

B. *L'avoine élevée* ou *fromental (avena elatior)* vivace, a
les tiges garnies de feuilles larges, élevées de 0^m,75 à 1 mètre; la panicule, longue mais étroite, est composée d'épillets
à deux fleurs dont l'une fertile à barbe courte, l'autre stérile à barbe longue. M. Miroudot, cultivateur des environs
de Vesoul, paraît être le premier en France qui, en 1754,
essaya de la tirer de son état agreste et de la soumettre à
une culture soignée et régulière. Il déclare qu'il ne connaît rien de plus propre ni de moins coûteux pour multiplier les fourrages et conséquemment les bestiaux, et qu'il
la fait faucher à la fin de mars. Des membres de la société
d'agriculture de Bretagne, suivant son exemple, déclarè-
rent qu'elle soutenait trois coupes par an et donnait un
produit considérable. Gilbert ajoutait qu'il en avait vu de
très-beaux champs sur les bords du Rhin, et qu'elle est
préférable au ray-grass sur les terrains pierreux et un
peu humides (Yvart). Néanmoins, elle n'est presque plus
employée qu'en mélange pour former des prairies artificielles (avec le trèfle, le sainfoin, la lupuline, etc.), ou
des prairies temporaires, comme les marcites de la Lombardie (fromental 25 kilos, ray-grass d'Italie 5 kilos, trèfle
15 kilos).

Le fromental redoute plus l'extrême humidité que la
sécheresse, mais il résiste bien aux grands froids. Il
est précoce et fleurit dans la dernière quinzaine de juin,
avec 1,516° de chaleur. Il aime bien plus les terrains légers que ceux compactes; il est très-épuisant et doit être
fumé tous les deux ans; à cette condition, il peut durer

quatre ou cinq années, et quelquefois six. M. Vilmorin, aux Barres, dans le Gatinais en a conservé pendant vingt ans sur des sols très-maigres et sans lui donner jamais de fumier. On le sème au printemps, en employant de 70 à 80 kilos par hectare. Dans les bonnes terres, il peut donner deux à trois coupes en vert, par année, ou deux coupes en sec; mais il doit être fauché de bonne heure pour obtenir un foin tendre et nourrissant.

C. *L'avoine jaunâtre* (*avena flavescens*), avoine blonde ou petit formental, vivace, a les tiges grêles hautes de $0^m,30$ à $0^m,40$ seulement, un panicule à rameaux portant de cinq à huit fleurons dressés et non pendants, dont deux fleurs hermaphrodites ; les valves externes des balles sont aristées et munies d'une arête épidorsale; les épillets sont d'un jaune luisant, et l'axe des fleurs velu. Elle est vivace et tardive, ne fleurissant qu'à la fin de juillet avec $2,186°$ de chaleur. On la rencontre sur les coteaux, dans les prairies sèches, et elle y fournit un excellent fourrage, mais ne doit être employée qu'en mélange.

D. *L'avoine pubescente* (*avena pubescens*), vivace, s'élève de $0^m,50$ à $0^m,75$; ses feuilles et ses pédoncules sont velus; ses épillets argentés au sommet, rougeâtres ou violets à leur base, composés de fleurs hermaphrodites souvent réunies au nombre de trois dans chaque glume; l'ovaire est poilu. Elle est très-précoce et fleurit avec $1,204°$ de chaleur. Elle perd son duvet dans les terres riches. Elle se plaît dans les terrains frais, mais on la rencontre dans ceux secs et élevés, siliceux ou calcaires. Dans de bonnes conditions, elle peut former de bonnes prairies temporaires et les chevaux mangent volontiers son fourrage. Elle supporte très-bien aussi le pâturage. On la sème à raison de 50 à 60 kilos par hectare.

E. *L'avoine des prés (avena pratensis)*, vivace, ne s'élève guère que de $0^m,25$ à $0^m,30$; ses feuilles glabres sont assez longues, mais étroites; elle forme des touffes assez larges; son panicule est resserré en forme d'épi; ses épillets très-allongés, panachés de blanc et de violet, sont formés de quatre à huit fleurons opposés; l'ovaire est velu; la valve externe de la glume fendue au sommet. On la rencontre dans les prés et les champs des sols calcaires où elle n'est pas très-commune, et quelquefois dans les sols siliceux. Elle est tardive et ne fleurit qu'en juin, avec $1,302°$ de chaleur. Elle ne peut donner qu'une seule coupe et un pâturage tardif.

F. Nous nous contenterons de mentionner ensuite : l'avoine noueuse ou avoine à chapelets (*avena nodosa seu bulbosa*) dont les racines sont formées de bulbes blanchâtres accolés les uns aux autres; l'avoine courte (*avena brevis*) annuelle, qui est cultivée dans les terrains maigres et stériles, comme fourrage, mais peut s'élever à $1^m,50$ dans les bons sols; l'avoine fragile (*avena fragilis*) annuelle, et spéciale aux pâturages du Midi; l'avoine follette ou folle avoine ou avron (*avena fatua*) annuelle, et l'une des plantes les plus nuisibles dans les cultures.

§ 20. Genre maïs.

Le genre *maïs* (*zea*) présente comme traits distinctifs : plante monoïque; fleurs mâles en panicule; fleurs femelles en épis axillaires, recouverts d'une gaîne foliacée; style filiforme, très-long; graines nues, lisses, crustacées à leur surface; feuilles larges, longues et glabres.

A. *Le maïs cultivé (zea maïs vel zea sativa)* annuel, a les fleurs mâles rameuses et terminales, dont chacune est uniflore; les fleurs femelles sont serrées en épis axillaires cachés sous des spathes et dont les styles sortent en houppes soyeuses; leur glume est uniflore; tige haute de 0^m,50 à 1^m,30 suivant les variétés; semences de couleur variable du blanc au jaune, au rouge et au violet, disposées en lignes parallèles à l'épi, dans lequel elles sont comme incrustées.

Originaire d'Amérique, dit-on, le maïs aurait été introduit vers 1543 en Europe par les Espagnols. Cependant il paraît avoir été cultivé, de temps immémorial, dans plusieurs contrées de l'Asie et de l'Égypte, car on en a trouvé de nombreux spécimens dans plusieurs tombeaux. Quelques auteurs pensent même qu'il ne devait pas être tout à fait inconnu, pendant le moyen âge, en Espagne, en Italie et dans nos provinces méridionales, où il pourrait avoir été apporté par les Arabes et les croisés. En effet, s'il faut en croire M. Heuzé, des chartes du treizième siècle prouveraient qu'il a été importé de l'Asie Mineure en Italie en 1204.

Le maïs qui porte aussi les noms de blé de Turquie, blé d'Inde, de Guinée ou d'Espagne, millet d'Inde ou gros millet, qui ne mûrit ses graines qu'avec 3,300° de chaleur au moins, ne saurait être cultivé, en France, pour sa graine, dans le Nord, l'Est, et une partie du centre; mais il peut être partout cultivé comme fourrage, puisqu'il n'exige alors que 1,417.° de chaleur pour atteindre de 0^m,80 à 1^m,20 de hauteur; on en peut tirer un excellent fourrage vert de juin à octobre. On en possède maintenant un grand nombre de variétés dont les plus fourrageuses sont:

Le maïs jaune gros, à grains jaune orangé, s'élevant à 2 mètres et un peu tardif; le maïs de Pensylvanie, à grains jaune clair, s'élevant de 2 mètres à 2^m,50, plus tardif que le précédent; le maïs perle, à grains blancs, s'élevant de 1 mètre à 1^m,50 et très-tardif; le maïs des landes, à grains roux, s'élevant de 1 mètre à 1^m,50, précoce; le maïs quarantain, à grains roux, s'élevant de 0^m,80 à 1 mètre, et très-précoce; le maïs d'août ou d'été, à grains jaune orangé, s'élevant de 0^m,90 à 1^m,10, et moins précoce que le précédent.

Le maïs pour fourrage doit être cultivé dans une terre forte bien ameublie, argileuse, argilo-siliceuse ou argilo-calcaire, un peu fraîche, mais surtout riche et propre. On commence à semer de la fin d'avril et on continue à une quinzaine de jours d'intervalle, en mai, juin et la première quinzaine de juillet. Il est plus rationnel de semer en lignes qu'à la volée, afin de pouvoir sarcler, biner et chausser avec des instruments; ces lignes seront distantes de 0^m,60 à 0^m,70, et dans les lignes on sèmera trois grains en poquets à une distance de 0^m,12 à 0^m,18. On

Fig. 21.
Pied de maïs butté d'un côté.

emploie ainsi 80 à 100 litres de grains par hectare; on recouvre peu profondément ensuite, soit à la herse en bois renversée sur le dos, soit même au râteau à mains. Quand on sème à la volée, il faut 150 à 200 litres de grains ordinaires et seulement 100 à 120 litres de grains des petites variétés ; on recouvre, dans ce cas, à la herse renversée.

Les soins d'entretien se réduisent à des sarclages et binages, toutes les fois qu'il en est besoin, et à un buttage dès que les tiges ont atteint de 0^m,50 à 0^m,60. On coupe à la faucille ou à la serpe, dès que les panicules des fleurs mâles commencent à se montrer, et on peut faire consommer pendant une quinzaine de jours ; alors la plante devient dure. Aussi faut-il proportionner la date et l'étendue des semis à la consommation. Il y a beaucoup d'économie à couper le maïs au hache-paille avant de le distribuer, en tronçons de 0^m,05 à 0^m,08 de longueur. Le produit en fourrage varie de 15 à 20,000 kilos par hectare, représentant 3,700 à 5,000 kilos de foin. Ce fourrage vert est un des meilleurs que l'on puisse récolter pour tous les animaux, et surtout pour les vaches laitières et les bêtes à l'engrais.

CHAPITRE III

La famille des *crucifères* renferme des plantes dycotylédones, polypétales et hypogines ; elle a pour caractères
distinctifs : des feuilles simples ; des fleurs terminales ; un

Fig. 22.

Fleur du chou.

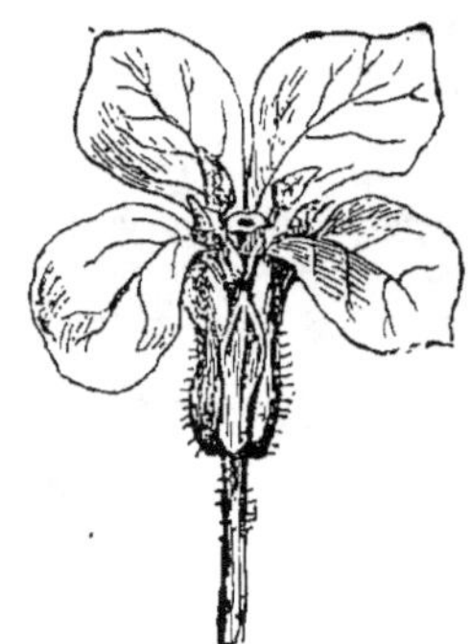

Fig. 23.

Fleur de la giroflée

calice tétraphylle et caduc ; une corolle à quatre pétales
en croix, onguiculés ; six étamines tétradynames ; sur le
réceptacle, on trouve deux ou quatre glandes : deux sur
lesquelles sont insérées les étamines les plus courtes, et
deux autres placées entre les étamines les plus grandes ;
un style ; un stigmate ; une silique ou une silicule, s'ouvrant ordinairement en deux valves.

Presque toutes les plantes de cette famille produisent

des semences oléagineuses; quelques-unes sont aussi cul-

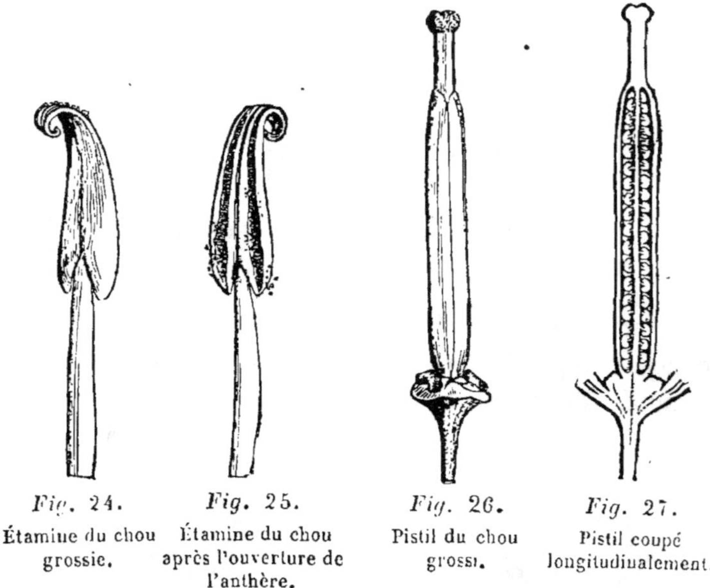

Fig. 24.   Fig. 25.   Fig. 26.   Fig. 27.

Étamine du chou grossie.   Étamine du chou après l'ouverture de l'anthère.   Pistil du chou grossi.   Pistil coupé longitudinalement.

tivées pour leurs propriétés tinctoriales, d'autres pour leurs qualités fourragères.

§ 1. Genre moutarde.

Le genre *moutarde* (*sinapis*) a pour caractères génériques : un calice étalé ; des fruits en silique terminée par un bec aplati en forme de languette.

A. *La moutarde blanche* (*sinapis alba*), annuelle, a les tiges velues, rameuses, s'élevant de $0^m,30$ à $0^m,60$; les feuilles pétiolées, ailées, avec un lobe terminal assez grand et dentelé ; les fleurs d'un jaune très-pâle, disposées en épis lâches ; les siliques hispides terminées par une languette plus longue qu'elles ; les graines d'un jaune doré.

Elle est très-commune dans les champs cultivés, ceux calcaires surtout.

Il faut lui choisir des terres argilo-calcaires, silico-calcaires, ou des sables frais et profonds, assez riches; on la place sur un chaume de céréale préparé par un déchaumage et deux hersages; ou sur une terre qui a déjà porté un fourrage vert, et préparée par un labour. On sème depuis le commencement de juillet jusqu'à la fin d'août, à intervalles de quinze jours, à la volée, en employant de 12 à 15 kilos de semence; on enterre par un hersage et un roulage. On commence le fauchage lorsque le champ commence à fleurir, et la consommation peut continuer, sans interruption, si on a bien espacé les semis, de la fin d'août à la mi-novembre.

Cette plante, qui ne météorise pas, convient particulièrement pour les vaches laitières, auxquelles elle donne beaucoup et d'excellent lait; on en fait grand usage dans le nord et en Belgique, où cette plante porte les noms de *moutardon, herbe au beurre*, et où on l'estime presque à l'égal de la spergule; elle est souvent cultivée aussi aux environs de Paris.

B. *La moutarde noire (sinapis nigra)*, annuelle, a les siliques glabres, tétragonales, serrées contre l'axe de la grappe et terminées par une corne courte; les graines globuleuses sont de couleur brune. Elle est très-vigoureuse dans sa végétation; mais toutes ses parties vertes contiennent un principe âcre qui les rend inacceptables par le bétail, et ses graines s'échappent facilement des siliques lorsque approche la maturité. Elle est exclusivement cultivée pour l'industrie et la médecine.

§ 2. Genre chou.

Le genre *chou* (*brassica*) a pour traits particuliers : un calice connivent, bossu à la base; des siliques comprimées, cylindriques ou tétragones, s'ouvrant en deux valves.

A. *Le chou cultivé* ou *potager* (*brassica*), bisannuel, a les racines caulescentes; les feuilles épaisses, très-glauques; les siliques presque cylindriques; les fleurs blanches ou jaune clair. Cette espèce se divise en deux tribus : le chou pommé (*brassica oleracea capitata*) et le chou branchu ou à feuilles (*brassica oleracea acephala*).

I. *Choux pommés* ou *choux cabus*. Ces choux, trop peu cultivés en grand, et depuis quelques années seulement, se distinguent par des feuilles larges, épaisses, se recouvrant les unes les autres, plus ou moins serrées, et offrant une masse plus ou moins cylindrique ou conique, plus ou moins mamelonnée, vertes ou vert-violâtres à l'extérieur, jaunâtres, blanches ou blanc-violâtres dans le cœur, quelquefois panachées de blanc et de violet, le tout suivant les variétés. Nous ne nous occuperons ici que de celles qui sont cultivées en grand.

Ce sont : le chou de Milan des Vertus, à feuilles peu frisées, souvent d'un vert glauque, gros, rustique, et résistant bien au froid; le choux d'York cœur-de-bœuf, assez gros, rustique, un peu tardif; le chou cabu d'Alsace, gros, plat ou arrondi, précoce, variété du chou d'York; le chou cabu d'Allemagne, ou chou quintal, qui atteint un poids et un volume énormes, à feuilles épaisses, teintées de violet, à coûtons épais et durs.

Toutes ces variétés demandent un terrain un peu fort et

frais; les terres argileuses et argilo-siliceuses leur conviennent mieux que celles qui renferment une proportion notable de calcaire. L'acidité du sol semble leur convenir aussi : car ils réussissent, en général, très-bien sur les terres tourbeuses, les défrichements de landes et de bois, et les terres de bruyères, sur les étangs desséchés, et en général toutes les terres neuves. Le sol doit être profondément cultivé et ameubli et renfermer en abondance de vieil engrais; les tourteaux de colza sont encore pour eux un excellent engrais, de même que les composts de vases d'étangs, de curures de fossés, de gazons et d'un peu de chaux. Nous considérons cette plante comme très-épuisante.

On sème en pépinières depuis la mi-février jusqu'à la mi-mars, à raison de 125 à 150 grammes de graines par are; il faut compter trois ares de pépinières pour planter un hectare. On recouvre au râteau, on bat un peu le sol, on paille et on arrose. On éclaircit et on sarcle; on arrose ou on abrite suivant les besoins et le temps. Le plant est bon à être transplanté de la mi-mai à la mi-juin.

Pour cela, on arrache le plant à la main, avec assez de soin pour ne pas trop casser les radicelles qu'on éboutte pourtant à la serpette, lorsqu'elles sont trop longues. Ce plant doit être immédiatement porté au lieu de la transplantation, lié en bottes, et déposé à l'ombre. On plante à la charrue ou au plantoir. Pour planter à la charrue, on a un nombre suffisant de femmes ou d'enfants qui, toutes les trois raies, placent le plant sur une bande renversée, à la profondeur voulue, et l'appuient du pied; la quatrième bande recouvre et enterre le plant; on travaille avec deux charrues dont les chevaux sont muselés et attelés en file. Il faut deux à trois femmes ou enfants par charrue.

Pour planter en lignes, au plantoir, le sol doit avoir été rayonné en quinconces, de façon que les choux se trouvent espacés de $0^m,50$ à $0^m,60$ en tous sens. Des femmes ou des enfants disposent devant les ouvriers un plant à chaque intersection des lignes, et les planteurs, à l'aide du plantoir des jardiniers, mettent le plant en place. Un homme et un aide peuvent planter, en moyenne, 25 ares par jour; deux charrues, avec six femmes ou enfants peuvent planter environ un hectare par jour. On devra de préférence, pour la transplantation, choisir un ciel couvert et le moment où on attend de la pluie. En Bretagne, avant de mettre le plant en place, on le trempe dans une bouillie de bouses de vache, de purin, d'eau et de noir animal.

Les soins d'entretien consistent en des sarclages et binages à la houe à cheval dont le passage en tous sens est rendu facile par la disposition des lignes en quinconce; deux sarclages et binages suffisent le plus souvent jusqu'au moment où le chou garnit à peu près le sol. Mais il ne faut pas attendre jusque-là pour donner un léger buttage dans les terrains secs et peu profonds; cette opération a dû être faite dès que les choux ont commencé à former leur tête. On peut effeuiller à la fin d'août, c'est-à-dire enlever les feuilles jaunes ou cassées, qui peuvent être données aux vaches ou aux porcs.

La récolte a lieu successivement de la mi-septembre à la mi-novembre; on commence par les choux dont la tête a éclaté; on coupe à la serpe et on transporte à la ferme chaque matin la provision de la journée. Mais il faut diviser ces têtes à la serpe, à la faucille, ou mieux au coupe-racine, ainsi que nous l'avons vu faire chez MM. Malingié et Adolphe Salvat. Quand il reste, à la fin de novembre, des choux en place, il faut les arracher avec leurs racines garnies de terre, les renverser la tête en bas et le pied en l'air dans un coin sec et abrité du champ, pressés les uns contre les autres et laissant des passages en lignes à intervalles de deux mètres, puis recouvrir les choux de paille de colza. D'autres fois on les met en jauge, la tête inclinée vers le nord, parfois même en silos après les avoir enveloppés de paille. Mais ces deux procédés ne valent pas le premier.

On obtient, en moyenne de 40 à 50,000 kilos de têtes représentant de 8 à 10,000 kilos de foin. Ce fourrage, un peu relâchant, a, en outre, l'inconvénient de communiquer au lait des vaches un goût particulier qui rappelle celui du chou. Aussi ne faut-il pas en composer exclusivement la ration, mais le donner en mélange avec de la moutarde, des racines du foin et de la paille hachée, des tourteaux et des farineux. On ne doit, en aucun cas, en faire usage pour les bœufs de travail, et on doit en donner avec discrétion aux bêtes à l'engrais, en se rappelant surtout qu'il peut, dans certaines circonstances, déterminer la météorisation.

II. *Les choux non pommés* ou *choux à feuilles, choux à branches* (*brassica oleracea acephala*) comprennent quatre variétés principales:

1° *Le chou cavalier* (chou chèvre, chou à vaches, chou en arbre, chou de Laponie, grand chou de Bretagne), dont la tige acquiert souvent une hauteur de $1^m,50$ à 2 mètres, à feuilles grandes, unies, vertes, à pétiole nu mais accompagné d'oreillettes épaisses, à fleurs blanches ; très-rustique, passant très-bien l'hiver en pleine terre, mais peu productif parce que les feuilles repoussent moins rapidement que dans les autres variétés. Une sous-variété, appelée *chou cavalier de Flandre* ou *chou caulet rouge*, n'en diffère que par la couleur violette de sa tige, de ses pétioles et des nervures de ses feuilles.

2° *Le chou moellier* (chou à moelle ou chou de Chollet) est moins élevé, mais plus ramifié et plus touffu que le précédent; il n'atteint que 1 mètre à 1^m,50 de hauteur; sa tige remplie de moelle est ordinairement renflée depuis le collet jusqu'à son extrémité supérieure; ses fleurs sont d'un jaune pâle. C'est le plus productif de tous les choux à tige; mais il est sensible aux grands froids, et dans les sols humides, la pourriture s'empare souvent de sa tige. Il y en a une variété à tiges rouges.

3° *Le chou branchu* (chou de Poitou, chou à mille têtes, chou d'Angers) est moins élevé que le cavalier; sa tige n'atteint que 1 mètre à 1^m,50; il se ramifie beaucoup dès le collet presque; ses feuilles plus entières, sont moins épaisses, plus lisses et d'un vert plus clair que celles du cavalier; ses fleurs sont jaunes; il est très-productif et peut lutter avec le chou moellier parce qu'il émet des rameaux de l'aisselle des feuilles; plus rustique que le moellier, il l'est moins pourtant que le cavalier.

4° *Les choux à tiges frisés* ont été introduits du nord de l'Allemagne en France, vers 1830, par M. Vilmorin. Il y en a deux sous-variétés : le choux frisé vert (chou du Nord, chou de Laponie, chou d'Écosse), atteint 1^m,30 de hauteur environ; ses feuilles longues, un peu étroites très-frisées et divisées en nombreux lobes, sont d'un vert glauque foncé; le *chou frisé rouge* n'en diffère que par la couleur violette de toutes les parties de la plante. M. Moll a vu ces deux sous-variétés supporter, dans le nord de l'Allemagne, sans en souffrir, les froids rigoureux de l'hiver de 1829 à 1830.

Les choux à tiges sont communément cultivés dans l'ouest et le sud-ouest de la France, en Normandie, en Bretagne et en Vendée, quelque peu en Sologne aussi. Ils se cultivent comme les choux pommés, aux seules exceptions suivantes près. Le chou cavalier se sème de la mi-juillet à la mi-août pour mettre en place en novembre et fournir ses feuilles pendant l'été et l'automne suivant ; semé en mars il fleurit en mai de l'année suivante et meurt. Les lignes doivent être espacées de $0^m,70$ à $0^m,90$ et le plant distant dans la ligne de $0^m,60$ à $0^m,80$.

La récolte s'opère depuis le mois de septembre jusqu'à celui de décembre ; elle reprend au printemps et se continue jusqu'à l'automne suivant, interrompue seulement pendant les trois mois d'hiver. On y procède en cueillant ou mieux en coupant les feuilles, en commençant par le bas de la plante, choisissant d'abord celles qui jaunissent, et n'en prenant qu'un certain nombre : deux ou trois sur chaque pied. On les entasse dans un tablier ou dans un sac qu'on vide à l'extrémité du champ quand ils sont remplis. Il ne faut cueillir chaque jour que la consommation du lendemain. Une femme peut récolter par jour de 200 à 300 kilos de feuilles ; mais il est prudent d'interrompre l'effeuillage par les grands froids. M. Malingié, pour éviter cette main-d'œuvre, envoyait ses moutons pâturer sur place les champs de choux pendant les beaux temps.

Au printemps, on peut recommencer l'effeuillage suivant les besoins, car bientôt la plante va monter et fleurir. Alors on la coupera par le pied pour la donner au bétail ; les tiges du choux moellier doivent être fendues en quatre, le bétail les mangeant fort bien alors. Pour les autres variétés, on sépare les rameaux de la tige, qui n'a aucun usage que d'être séchée et réduite en cendres pour engrais. Pendant l'été, on effeuille les choux cavaliers.

Un hectare de choux à tiges peut fournir en moyenne de 30 à 40,000 kilos de fourrage vert qui représentent de 6 à 8,000 kilos de foin; ce rendement peut s'élever jusqu'à 100 à 120,000 kilos par hectare et par an. Les feuilles de choux à tiges ont à peu près les mêmes qualités et propriétés que celles des choux cabus.

B. *Le chou des champs* ou *colza* (*brassica campestris*), annuel et bisannuel, a les tiges ramifiées; les feuilles radicales pétiolées, sinuées ou légèrement découpées, même quelquefois pinnées à leur base, les feuilles caulinaires sessiles, lyrées et hispides à leur face inférieure; fleurs jaunes ou blanches suivant la variété; fruits en siliques bossuées à deux valves convexes. Connu d'Olivier de Serres, le colza est depuis longtemps cultivé en grand et comme plante oléagineuse en Allemagne et dans les Flandres; c'est à l'abbé Rozier que nous devons son introduction dans notre culture, où il n'a commencé à prendre un rang important que depuis 1810, et surtout depuis 1830.

La culture a obtenu du colza deux variétés culturales, l'une d'hiver, l'autre de printemps; on connaît encore deux sous-variétés de colza d'hiver, l'une dite colza chaud, qui a les fleurs blanches; l'autre dite colza froid, qui les a jaunes, a les feuilles plus épaisses, plus grandes et supporte mieux l'hiver. Enfin, une dernière variété plus récente est le colza parapluie, dont les rameaux sont plus divergents, qui est plus exigeant sur le sol, mais plus productif. Ce n'est que le colza d'hiver que l'on cultive comme fourrage. Il préfère un sol argilo-siliceux bien assaini, ou silico-argileux; mais il redoute l'humidité, qui le fait rougir et le détruit. On le place sur un chaume de céréales avec un labour et des hersages, et on sème de la fin d'août à la fin de septembre, à la volée, à raison de 6 à 8 kilos de graine par hectare ; on recouvre avec une herse d'épines et un coup de rouleau.

Le plus ordinairement, on sème le colza en mélange avec d'autres plantes qui le rendent plus appétissant et corrigent sa saveur un peu âcre et ses propriétés relâchantes, comme des pois gris, des vesces, etc. On sème quelquefois aussi le colza d'hiver en mai et juin associé à du maïs, du millet, du moha, des pois gris, et on le fauche en vert en septembre et octobre. Son emploi le plus commun est pour fournir au printemps un pâturage précoce aux bêtes à laine ; mais il ne faut pas en faire la base exclusive de leur régime pas plus que de celui des bêtes à cornes ; très-aqueux d'ailleurs, il est peu nutritif, il est très-relâchant et peut causer la météorisation. Il peut fournir en moyenne 25 à 30,000 kilos de fourrage vert, équivalent de 4,500 à 6,000 kilos de foin.

C. *Le chou-navet* (*brassica napus*), annuel et bisannuel, se distingue par son calice à moitié ouvert, les feuilles couvertes de poils assez abondants et rudes ; sa racine renflée, blanche, jaunâtre, parfois violette à l'extérieur, douce et sucrée. Le type originaire croît spontanément sur les terrains sablonneux des bords de la mer Méditerranée. La culture en a obtenu un grand nombre de variétés, parmi lesquelles nous n'étudierons que la navette, le navet, le rutabaga et le chou-rave ; la première à cette place, les autres dans la deuxième section de ce traité.

La navette (*brassica napus oleifera*) est très-anciennement connue ; on la cultive dans le Nord, dans l'Est et le Sud, comme plante fourragère ou comme plante oléagineuse. On en a obtenu, par la culture, deux sous-variétés, l'une d'hiver, l'autre de printemps ou quarantaine. C'est la première surtout qui est cultivée pour fourrage. La navette est moins exigeante que le colza sur la qualité du sol; celui qu'elle préfère est silico-calcaire; elle donne moins de produit que le colza, mais aussi elle redoute moins les ravages des puces de terre (*altises*); on la sème à la volée, de la fin de juillet au commencement de septembre, et d'avril en juin, à raison de 8 à 10 litres par hectare. Le sol a dû être parfaitement ameubli à la surface, bien purgé de mauvaises herbes, et la semence enterrée légèrement à la herse d'épines et au rouleau. On la fauche en mars ou avril, au moment où elle commence à montrer ses fleurs; elle durcit très-vite. On peut évaluer son produit moyen de 12 à 20,000 kilos de vert, équivalant de 2,400 à 4,000 kilos de foin. Une variété, dite la navette dauphinoise et cultivée dans les Hautes-Alpes, pour ses graines, se sème après la moisson et mûrit en juin suivant. La même plante peut y fournir aussi un fourrage précieux, surtout par sa précocité, ce qui est, du reste, le principal mérite de la navette envisagée à ce point de vue.

§ 3. Genre pastel.

Le genre *pastel* (*isatis*) est caractérisé par un stigmate sessile; un fruit en silicule plane, pendante, lancéolée, obtuse, monosperme, ressemblant beaucoup à la capsule du frêne.

A. *Le pastel des teinturiers* (*isatis tinctoria*) se distingue par ses fleurs glauques, sagittées, avec les inférieures crénelées; ses fleurs jaunes disposées en panicule à l'extrémité des tiges et des rameaux; ses tiges atteignent la hauteur de 0^m,80 à 1 mètre. Il est vivace et croît spontanément en France, en Piémont, en Angleterre, et dans les terrains pierreux.

Cette plante et la couleur qu'elle fournit étaient connues des peuples anciens ; plusieurs peuplades de la Bretagne, d'après César, s'en teignaient le corps. Pline rapporte qu'elle était employée au même usage par les Scandinaves ; de son temps, le pastel était déjà d'un prix élevé, parce qu'on s'en servait pour falsifier l'indigo. Les capitulaires de Charlemagne appellent le pastel *waisda*, en basse latinité, d'où les noms de *guède*, *vouède*, *wede*, qu'il porte encore dans le midi de la France. Avant la fin du douzième siècle, époque de l'introduction de l'indigo du Levant en Europe, on cultivait, sur d'assez grandes étendues, le pastel en Thuringe, en Italie, en France ; à cette époque, cette culture florissait surtout dans les anciens diocèses de Toulouse, Montauban, Alby, Lavaur, Saint-Papoul et Mirepoix. Au seizième siècle, elle s'était considérablement étendue en Normandie, et cette province fournissait aux teinturiers de Rouen le bleu de Perse dont les Orientaux se montraient avides acquéreurs. Depuis le dix-septième siècle, le pastel, détrôné par l'indigo, a été à peu près abandonné ; on ne le retrouve plus cultivé que sur des espaces très-restreints, aux environs d'Albi, dans quelques cantons du Nord (Valenciennes) et de la basse Normandie (Caen) ; il n'est plus employé qu'en mélange avec l'indigo pour la teinture de quelques étoffes communes. Le Lauraguais fut longtemps *le pays de Cocagne*, ainsi dénommé de la fabrication des *coques* de pastel, expression qui a passé dans le langage et les proverbes, quoique l'industrie ait depuis longtemps disparu.

Si le pastel a fait son temps comme plante tinctoriale, il n'en est pas tout à fait de même comme plante fourragère; Bohadsch , de Prague, le recommanda le premier en 1766, selon Bosc, à l'attention des cultivateurs; Daubenton en fit usage pour son troupeau; Vilmorin père prêcha longtemps sur les ressources qu'il peut offrir au bétail, et Arthur Young avait déjà fait son éloge. Cependant cette plante et les avantages qu'on en peut retirer ont été à peu près partout dédaignés.

Un sol calcaire, plus ou moins fertile, profond, frais et bien ameubli est celui qui convient le mieux au pastel; l'engrais qu'il préfère semble être celui du gros bétail à cornes. On peut semer soit à l'automne, soit au printemps, à raison de 10 à 12 kilos pàr hectare, de graine de l'année précédente; celle de deux ans a le plus souvent perdu, en grande partie, sa faculté germinative. On sème à la volée et on enterre à la herse. Les pucerons et les sauterelles, dans le Midi surtout, causent souvent beaucoup de dégàts dans cette culture. La plante semée de mars en juin est bonne à faucher de juin en septembre; elle continue à vé-géter pendant l'hiver, et fournit de très-bonne heure (en février et mars) un pâturage au printemps, ou une coupe en avril et mai. Il produit ainsi de 15 à 20,000 kilos d'un fourrage vert très-précoce dont tous les bestiaux et les moutons surtout sont très-friands. Mais il donne aux laitiè-res un lait bleu et pauvre en crème. Sa racine profonde le favorise contre la sécheresse et le peut rendre précieux dans les terrains arides et pierreux, pourvu qu'ils soient profonds et bien ameublis, les sables calcaires, par exemple. On a cultivé aussi, mais sans succès, les pastels *isatis littoralis* et *costata*.

§ 4. Genre bunias (orthodium).

Le genre *bunias* (*bunias*) a pour caractères : un calice un peu étalé, un stigmate sessile ; fleurs jaunes ou blanches ; silique pauciloculaire ; feuilles glauques, les inférieures crénelées, longues et acuminées ; les supérieures alternes et étroites.

A. Le *bunias d'Orient* (*bunias orientale*), originaire de l'Asie Mineure, a été proposé par Arthur Young, Thouin, Pictet et Regnier, comme plante fourragère. Il est vivace, et croît à peu près partout ; nous l'avons expérimenté dans des terres tourbeuses où il a bien réussi. M. Roger, propriétaire à Quincy (Cher) et membre de la société d'agriculture de ce département, le cultive en grand sur des terres silico-calcaires, et il y obtient un fourrage vert très-précoce que les brebis, les vaches, les chevaux et les lapins mangent avidement. Cette plante est très-productive en graines. Le bunias est reconnaissable à ses feuilles légèrement dentées et un peu gaufrées marginalement, recouvertes d'un fin duvet blanc ; à ses fleurs jaunes assez nombreuses sur un pédoncule assez élevé et rameux. Il se propage facilement par ses racines traçantes et ses graines nombreuses, et est peu exigeant sur la nature et la richesse du sol ; nous l'avons cultivé dans un terrain tourbeux, où il paraissait se plaire.

CHAPITRE IV

FAMILLE DES OMBELLIFÈRES.

Cette famille comprend des plantes dicotylédones, polypétales et épigynes. Elle est caractérisée par un calice
entier ou à cinq dents; corolle à cinq pétales; cinq éta

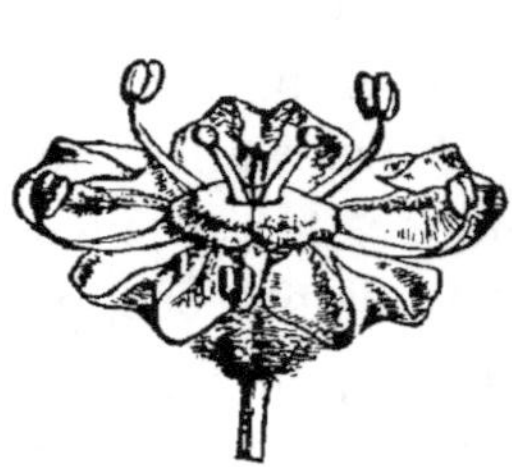

Fig. 28.

Fleur de la carotte cultivée.

Fig. 29.

Pistil de la carotte
cultivée.

Fig. 30.

Coupe longitudinale
du pistil de a carotte.

mines; deux styles; deux stigmates; deux semences de
forme variée, attachées par leur partie supérieure à un

Fig. 31.

Étamine de la carotte cultivée.

Fig. 32.

Étamine de la carotte après
l'ouverture de l'anthère.

axe central, simple ou divisé; fleurs variant du blanc au

jaune, disposées en ombelles; feuilles le plus souvent composées. Presque toutes les plantes de cette famille se plaisent sur les terrains calcaires et renferment un principe résineux et aromatique qui les rend à la fois toniques et excitantes.

§ 1. Genre berce.

Le genre *berce* (*heracleum*) a pour signes caractéristiques un calice presque entier; les pétales du bord de l'ombelle grands et bifides; le fruit elliptique, comprimé, strié, un peu échancré au sommet; les graines membraneuses.

La berce branc-ursine (*heracleum spondylium*), plante vivace, se reconnaît à ses tiges volumineuses, élevées (1 mèt. à 1^m,50); à ses ombelles grandes et planes; à ses feuilles amples, lobées et hispides en dessous. Elle est commune dans les prés bas, argilo-siliceux, tourbeux, etc., surtout au bord des fossés, des ruisseaux, et dans les lieux frais, riches et abrités. Sprengel a conseillé, dans ces circonstances, d'en former des prairies artificielles très-productives en fourrages verts; son conseil ne paraît avoir été suivi nulle part. Ce que nous en savons, c'est que le bétail, dans nos prés, la mange volontiers quand ses pousses sont jeunes, mais les respecte religieusement dès que les tiges ont atteint 0^m,50 environ. Une autre espèce, la berce de Sibérie (*heracleum siberium*) est plus précoce, fournit un fourrage plus abondant encore; mais, d'après M. Heuzé, elle se multiplie difficilement.

CHAPITRE V

FAMILLE DES COMPOSÉES, OU SYNANTHÉRÉES.

Cette famille renferme des plantes dicotylédones, monopétales, hypogynes et à anthères conjointes.

Elle a pour signes particuliers : une corolle monopé-

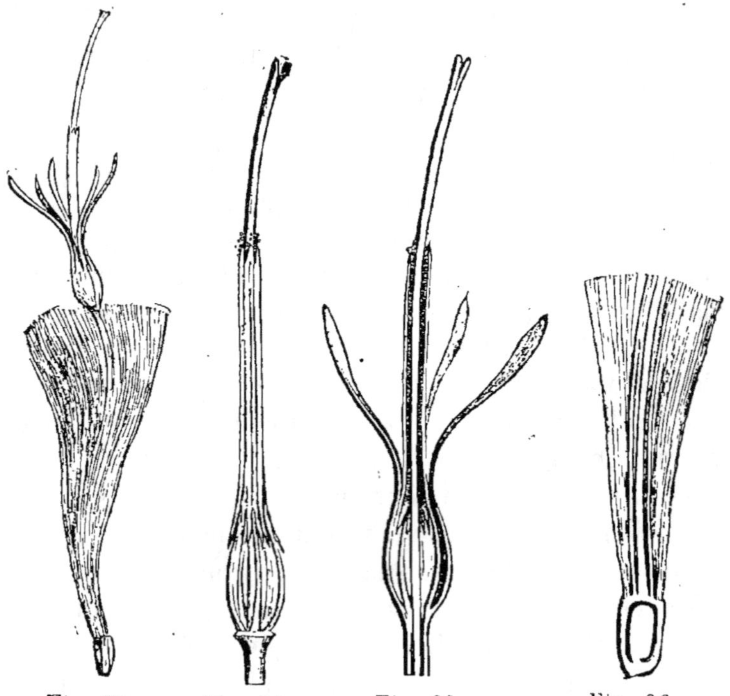

Fig. 33.	Fig. 34.	Fig. 35.	Fig. 36.
Fleur de la famille des composées (artichaut).	Étamines et pistil.	Coupe longitudinale de l'ovaire.	Coupe longitudinale des étamines et du pistil.

tale, tantôt régulière, tubuleuse et à cinq dents ; tantôt

irrégulière et terminée en languette d'un côté; cinq étamines soudées en tube par les anthères seulement; un style, un stigmate bifide; le fruit est un akène nu ou couronné par une aigrette; fleurs hermaphrodites, neutres ou unisexuées, portées sur un réceptacle charnu, entouré d'écailles qui forment un involucre ou calice commun. Elle comprend plusieurs tribus.

I. *La tribu des chicoracées* ou *semi-flosculeuses* est caractérisée par des fleurs hermaphrodites; des fleurs terminées en languettes; un caryopse muni d'une aigrette terminale; les plantes de cette tribu sont ordinairement lactescentes.

§ 1. Genre chicorée.

Le genre *chicorée* (*cichorium*) a pour traits génériques

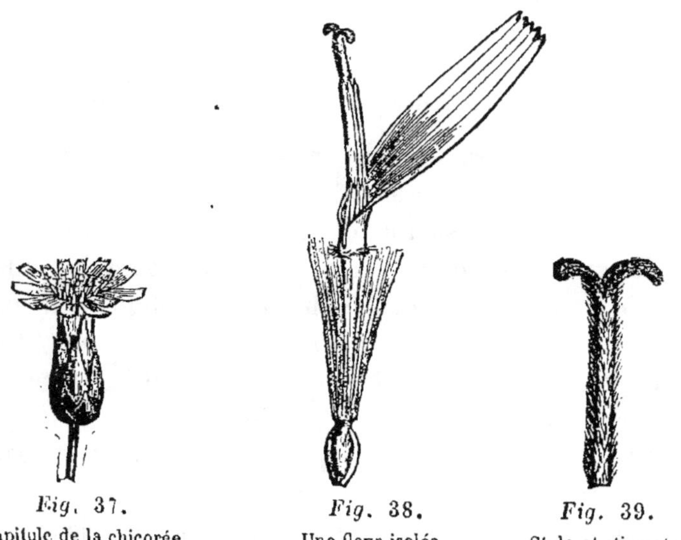

Fig. 37.	Fig. 38.	Fig. 39.
Capitule de la chicorée sauvage.	Une fleur isolée (chicorée sauvage).	Style et stigmate (chicorée sauvage).

l'involucre double; l'extérieur a cinq folioles réfléchies;

l'intérieur a huit parties plus longues et soudées à la base; les semences couronnées par des denticules.

A. *La chirorée sauvage (cichorium intybus)* se reconnaît à ses fleurs sessiles et géminées, d'un beau bleu; elle est vivace; ses tiges s'élèvent de 0^m,50 à 1 mètre et souvent

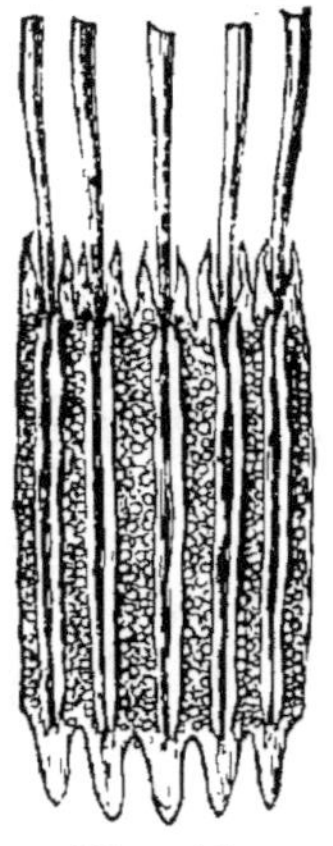

Fig. 40.
Androcée étalée, après l'ouverture
des anthères (chicorée sauvage).

Fig. 41.
Étamines ou androcée
(chicorée sauvage).

plus, et sont très-rameuses; ses feuilles caulinaires sont longues, étroites, dentées et à demi embrassantes. On la rencontre spontanée surtout dans les terrains calcaires, le long des chemins, sur la berge des fossés, dans les cultures. Ses racines, longues et charnues, la font cultiver, dans le nord de la France, pour en obtenir une succédanée du café. On la cultive beaucoup, en Angleterre, pour fourrage, soit qu'on la sème seule, soit qu'on la mélange à l'orge, à l'avoine ou au trèfle, pour obtenir un pâturage ou une prairie artificielle.

Elle ne réussit que sur les terres calcaires, riches et profondes; ses racines pivotantes le disent de reste, et elle est très-épuisante; mais aussi elle est très-précieuse au printemps, ne redoute ni le froid ni la sécheresse et peut donner quatre coupes par année. On la sème, soit au printemps, soit à l'automne, dans une céréale, le sol ayant été préparé en conséquence, c'est-à-dire défoncé, fumé, ameubli et nettoyé. On sème à la volée, à raison de 12 à 15 kilos par hectare, ou sur le terrain nu, en lignes distantes de 0^m,20 à 0^m,25, à raison de 8 à 10 kilos. A chaque printemps, on lui donne un hersage énergique, afin de détruire les mauvaises herbes.

« C'est à Cretté de Palluel qu'on doit d'avoir le premier « (1784) cultivé la chicorée sauvage en grand, pour four- « rage, aux environs de Paris. Il la semait au printemps, « avec de l'avoine, sur deux labours dans les terres fortes, « et sur un seul dans les terres légères. La première an- « née, il ne la coupait que deux fois; mais, les suivantes « il en tirait quatre ou même cinq récoltes. J'ai été té- « moin d'une de ses récoltes, la même qu'il cite dans « son mémoire, et j'ai été, comme tout le monde, en- « thousiasmé de son produit, c'est-à-dire des cinquante- « six milliers qu'il leva sur un arpent de terre médiocre « (81,887 kilos par hectare, l'arpent de Paris étant égal à « 0^h,3429). Une prairie de chicorée sauvage fournit pendant « cinq à six ans, sans diminution sensible, après quoi il con- « vient de la labourer pour y semer autre chose. C'est sur « les vieux champs qu'on est dans l'intention de détruire, « ou sur des champs à cela exclusivement destinés qu'on « doit récolter la graine de la chicorée. » (Bosc.) Ce fourrage doit être fauché dès que les plantes ont atteint 0^m,30 à 0^m,40 et consommé en vert; les vaches, les moutons, les lapins, lorsqu'ils y sont habitués, l'aiment beaucoup, malgré sa saveur amère; il est en même temps tonique et anticachectique.

Une variété de cette plante, dite *chicorée améliorée*, a été obtenue par M. Jacquin, en 1840; elle a les feuilles plus larges, plus entières, veinées de rouge; elle est plus productive que la variété sauvage, sans paraître plus exigeante.

II. *La tribu des radiées* a pour caractères : les fleurons du disque tubuleux, ceux de la circonférence terminés en languette.

§ 2. Genre achillée.

Le genre *achillée* (*achillea*) se distingue par ses fleurs à cinq ou dix rayons courts et un peu en cœur; son involucre ovoïde, imbriqué d'écailles inégales; les graines entièrement nues.

A. *L'achillée millefeuilles* (*achillea millefolium*), vivace, a les feuilles allongées, deux fois pinnatifides, à découpures linéaires et dentées; à fleurs blanches ou rosées; à demi-fleurons en forme de cœur renversé. On la rencontre spontanément dans tous les terrains qui ne sont pas humides, dans les prés, les champs et les bois, comme dans les pâturages; elle n'est pas très-fourrageuse, mais résiste très-bien aux plus grandes sécheresses; c'est surtout une plante précieuse pour le pâturage des moutons qui l'aiment assez. Sprengel conseille de la mélanger au pissenlit, au cumin, au trèfle et à plusieurs graminées. Elle est aromatique et donne de fort bon lait aux laitières. D'après le même auteur, en Allemagne, on arrache ses racines pour les donner aux vaches qui en sont très-avides, et dont le lait s'en trouve parfumé. Nous devons ajouter que, si les moutons mangent volontiers les feuilles et les jeunes tiges de l'achillée, ils la dédaignent dès qu'elle a monté en fleurs.

CHAPITRE VI

FAMILLE DES ROSACÉES.

Cette famille contient des plantes dicotylédones, poly-pétales et périgynes.

Elle a pour caractères : un calice monosépale, persis-tant, tubuleux ou étalé, à cinq divisions; une corolle à

Fig. 42.

Fleur d'une rosacée
(fraisier).

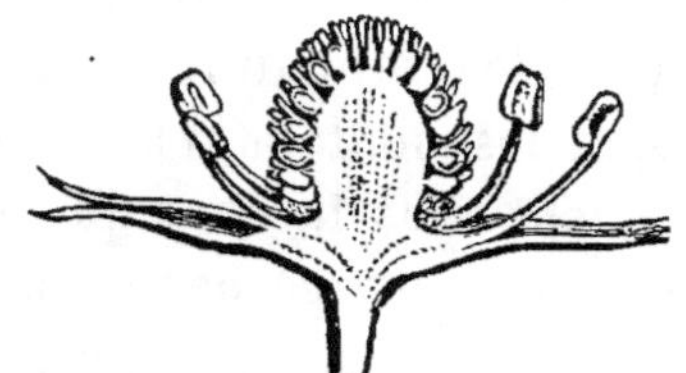

Fig. 43.

Coupe longitudinale des organes
sexuels et du réceptacle (fraisier).

cinq pétales égaux, insérés à l'entrée du tube du calice ou à sa base; des étamines en nombre indéfini; des pistils en

Fig. 44.
Étamines.

Fig. 45.
Pistil.

Fig. 46.
Coupe longitudinale.

nombre variable, distincts ou soudés, quelquefois réunis sur un gynophore central; un ovaire simple ou multiple, libre ou adhérent; un fruit très-variable; des feuilles simples ou composées, munies de stipules.

§ 1. Genre pimprenelle.

Le genre *pimprenelle* (*poterium*) a pour traits génériques : corolle nulle; calice à quatre lobes, et muni de trois écailles à sa base; fleurs dioïques; les mâles ayant trente étamines; les femelles, deux ovaires et deux stigmates en pinceau.

A. *La pimprenelle sanguisorbe* (*poterium sanguisorba*), vivace, a les tiges anguleuses, les styles plumeux et rougeâtres; elle croît naturellement dans les prés secs et calcaires, où les moutons la mangent assez bien. Elle repousse rapidement sous la dent du bétail, et résiste aussi bien aux froids qu'aux sécheresses. Ces diverses qualités l'ont souvent fait préconiser comme une plante précieuse à importer sur les pâturages secs et calcaires du Berry, du Gatinais et de la Champagne. Sprengel et M. Vilmorin l'ont beaucoup vantée, mais bien peu d'agriculteurs ont écouté leurs conseils. Sprengel avouait bien qu'en trop grande quantité dans un pâturage elle pouvait nuire au bétail à cause de ses qualités excitantes et astringentes, et c'est là le vrai motif pour lequel la pratique a laissé cette plante dans l'abandon. Les bêtes à laine la mangent bien quand elles la rencontrent dans les pâturages, de temps en temps, mais leur instinct ne les laisserait pas en faire un usage exclusif. Ce peut être un pâturage hygiénique, mais non habituel. On peut cependant l'employer en mélange avec d'autres semences, comme le trèfle blanc, le sainfoin, le trèfle, le lotier, le ray-grass, etc., pour former des pâturages à moutons. Ni les vaches, ni les chevaux n'appétent ce fourrage en vert non plus qu'en sec. On pourrait semer au printemps ou à l'automne, en mars ou en septembre, à la dose de 25 à 30 kilos par hectare. On la cultive dans les jardins, comme salade, comme assaisonnement ou pour la nourriture des lapins.

§ 2. Genre sanguisorbe.

Le genre *sanguisorbe* (*sanguisorba*), très-voisin du précédent, s'en distingue pourtant par son calice coloré à quatre lobes, avec deux écailles à la base ; ses quatre étamines et ses deux ovaires.

A. *La sanguisorbe officinale* (*sanguisorba officinalis*), souvent confondue avec la pimprenelle sanguisorbe, a les tiges rougeâtres, les feuilles à folioles cordiformes, les fleurs en capitules d'un brun rougeâtre. Elle porte souvent le nom de grande pimprenelle ; elle s'élève en effet plus haut que le potérium et atteint souvent $1^{m},50$; on la rencontre dans les prés bas, ceux tourbeux surtout ; elle se convient bien aussi dans les terres calcaires fraîches et profondes. Elle ne produirait qu'un fourrage dur et grossier, et le mieux est de la faire pâturer.

CHAPITRE VII

FAMILLE DES CARYOPHYLLÉES.

Cette famille renferme des plantes dicotylédones, polypétales et hypogines.

Elle a pour caractères : un calice ordinairement persistant, tantôt monophylle, tubuleux, à cinq dents, d'autres fois à cinq folioles distinctes; corolle à cinq pétales, rétrécis en onglet, rarement nulle; étamines en nombre variable; ovaire simple; plusieurs styles accompagnés d'autant de stigmates; fruit capsulaire à une ou plusieurs loges et à plusieurs valves; embryon roulé autour d'un endosperme farineux. Dans cette famille, qui comprend la saponaire et le lin, et qui est assez nombreuse, nous ne rencontrons qu'une seule plante fourragère.

§ 1. Genre spargoute, spargoule ou spergule.

Le genre *spargoute, spargoule* ou *spergule (spergula)* a un calice à cinq folioles; une corolle à cinq pétales entiers; cinq styles; une capsule uniloculaire, à cinq valves; des semences bordées de blanc.

A. *La spergule des champs (spergula arvensis)*, vulgairement morgeline, espargoute, spargoute ou spargoule, est une plante annuelle; ses tiges, en partie couchées, rameuses, articulées, s'élèvent à 0^{m},30 à 0^{m},40 de hauteur; ses feuilles sont linéaires et verticillées; ses fleurs blanches sont pédonculées et terminales; elle croît spontanée sur les terrains siliceux, dans toute l'Europe. Elle est très-cultivée en Allemagne, en Belgique et surtout en Hollande. Elle végète très-rapidement, fleurit avec 1.100° de chaleur seulement, et mûrit ses graines en quatre-vingt-dix jours environ, à partir de la semaille; aussi peut-on en faire, pour fourrage, plusieurs récoltes dans la même année, en semant à intervalles de douze à quinze jours, depuis mars jusqu'en septembre.

Elle aime les terrains légers, profond, frais et riches; on la sème dans la sole de jachère, ou en récolte dérobée après un fourrage vert fauché au printemps; le terrain doit être parfaitement nettoyé et très-divisé dans toute sa profondeur. On emploie de 12 à 15 kilos de graine par hectare, à la volée, et on recouvre à la herse d'épines et au rouleau. Dans les climats du Nord, on peut faire quatre ou cinq semis et récoltes dans l'année; dans le midi et le centre de la France, on peut encore obtenir trois semis et récoltes sur le même terrain, dont deux au printemps (mars-mai) et un à l'automne (septembre). On fauche ou mieux on arrache la plante pour fourrage (parce que ses tiges longues, grêles et peu enracinées ne supportent pas toujours la faux) dès que ses fleurs commencent à s'épanouir; elle durcit rapidement. On fait manger à l'étable par les moutons et les vaches surtout. Quelquefois, on fait pâturer au piquet. Rarement on convertit la spergule en foin. En moyenne, on obtient de 10 à 12,000 kilos de fourrage vert, représentant 3 à 4,000 kilos de foin. Le lait des vaches nourries avec ce fourrage vert est excellent et produit un beurre très-estimé pour sa finesse et son parfum.

On en connaît une variété aussi rustique et plus productive, c'est la spergule géante (*spergula maxima*), qui croît naturellement dans les lins de la Courlande et de la Westphalie et s'élève jusqu'à un mètre quand elle n'est pas semée trop épais. Ses graines se distinguent à leur couleur brune, pointillée de jaune et de brun foncé, sans anneau saillant. On tire sa graine de Riga, et il faut la renouveler souvent si l'on ne veut pas qu'elle dégénère. L'élévation de cette spergule permet de la faucher pour en nourrir les animaux en vert à l'étable ou pour la convertir en foin. (De Gasparin, *Cours compl. d'agric.*, t. IV, p. 488.)

CHAPITRE VIII

Cette famille renferme des plantes dicotylédones, périgynes.

Elle a pour traits saillants : un calice coloré, à cinq ou
six divisions; une corolle nulle; des **étamines**, en nombre
déterminé pour chaque genre, attachées à **la** base du ca-

Fig. 47.
Renouée ou persicaire d'Orient (*Polygonum orientale*).

lice; des anthères marquées de quatre sillons, s'ouvrant
en deux loges; un ou trois styles; un fruit consistant en
un caryopse nu ou recouvert par le calice.

§ 1. Genre polygone ou renouée.

Le genre *polygone* ou *renouée* (*polygonum*) est caractérisé par des étamines au nombre de cinq à huit; deux ou

trois styles; un fruit triangulaire recouvert par le calice.

A. *La renouée sarrasin* ou *sarrasin cultivé*, vulgairement *blé noir* (*polygonum fagopyrum*), a la tige droite,

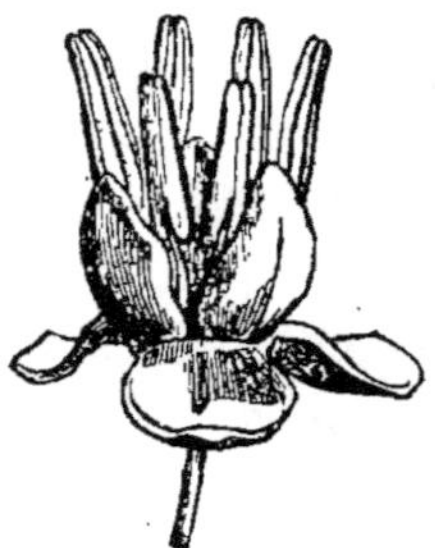

Fig. 48.

Fleur mâle d'une polygonée
(oseille cultivée).

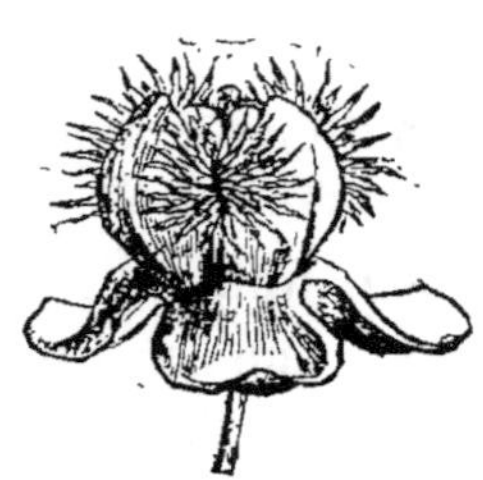

Fig. 49.

Fleur femelle d'une polygonée
(oseille cultivée).

cylindrique, rameuse, lisse, charnue, rougeâtre, haute de $0^m,40$ à $0^m,60$; les feuilles alternes, cordiformes ou sagit-

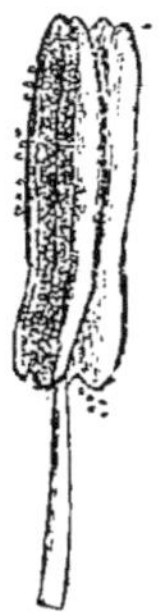

Fig. 50.

Étamine après l'ouverture
de l'anthère
(oseille cultivée).

Fig. 51.

Pistil (oseille cultivée).

Fig. 52.

Coupe longitudinale du
pistil
(oseille cultivée).

tées, d'un vert clair, les inférieures pétiolées, les supérieures sessiles; les fleurs rougeâtres, réunies en bouquets aux extrémités des rameaux; les semences à angles lisses. Il est annuel. Il est originaire de l'Asie, et était inconnu

des anciens, mais cultivé par les Celtes Gaulois, quoi qu'en
disent beaucoup d'auteurs qui le font venir de Grèce en
Bulgarie, d'autres d'Afrique en Espagne et en France par
les Maures. Bode de Stapel est le premier qui en ait
publié une description, au seizième siècle, et d'après
M. Heuzé, il était cultivé en Angleterre avant 1597. Le-
grand d'Aussy dit qu'il fut introduit du Lyonnais en Bretagne par le médecin Champenois.

« Un terrain meuble naturellement ou artificiellement,
« par conséquent siliceux ou crétacé, un climat ou une
« saison humide, point de vents secs et point de gelées
« pendant sa végétation, tel est le concours de circons-
« tances qui favorisent la production de cette plante. » (De
Gasparin.) Nous dirons cependant que le sarrasin n'est
pas plus exclusif quant à la nature du sol qu'il n'est exigeant quant à sa fertilité. Nous l'avons vu cultiver en Bretagne sur des terres schisteuses, argilo-siliceuses, en Sologne
sur des argiles très-fortes ou sur des sables très-secs, en
Champagne sur des craies presque pures, et partout nous
l'avons vu réussir en raison directe de l'ameublissement
du sol et des engrais qu'on lui avait consacrés. Cette
plante pourtant redoute la sécheresse tant que ses feuilles
n'ont pas recouvert le sol ; aussi sa culture comme grain
est-elle très-chanceuse ailleurs qu'en Bretagne où les
vents humides, les brumes, les brouillards et les rosées
favorisent presque chaque année sa fructification, tandis
que dans le Centre, l'Est, et surtout le Sud, sa réussite
est irrégulière et problématique.

Mais il n'en est pas de même quand on le cultive comme
fourrage ; il réussit partout, et peut donner, soit seul,
soit mélangé à d'autres plantes, une nourriture, sinon de
première qualité, du moins abondante et précieuse pour

les contrées à sol maigre et à culture arriérée. Il peut occuper une partie de la jachère et succéder à des fourrages hâtifs coupés au printemps (colza, navette, vesces d'hiver, trèfle incarnat, etc.), et il prépare bien le sol pour des céréales d'hiver. On le sème du 15 mai au 15 août, à raison de 80 à 100 litres par hectare et on enterre à la herse et au rouleau. Mais le mieux est de le mélanger à du maïs, du moha, du millet, de la vesce de printemps, un peu de colza, etc., de manière à garnir le pied et à rendre le fourrage plus abondant, plus appétissant et plus nutritif.

Il est prudent de commencer le fauchage dès que les premières fleurs défleurissent, moment intermédiaire entre celui où la plante est trop aqueuse, et celui où la tige devient dure, ligneuse et peu nourrissante. On peut compter en moyenne sur un rendement de 12 à 15,000 kilos de fourrage vert, représentant 2,500 à 3,000 kilos de foin, quand il est semé seul; en mélange, il est à la fois plus productif et de bien meilleure qualité. Il doit être réservé pour les bêtes à cornes; les chevaux le consomment rarement, à moins qu'il ne soit très-mûr, parce qu'ils éciment le sommet des tiges afin d'en extraire le grain; il enivre les bêtes à laine et leur fait enfler la tête; cela est positif et on doit se garder même de les envoyer paître sur les champs qui viennent d'être débarrassés de ce fourrage. Il ne faut pas oublier que le blé noir en vert peut météoriser.

Il est rare qu'on convertisse le blé noir en foin; cependant nous avons vu M. Ménard, à Hupemeau, lauréat de la prime d'honneur du Loir-et-Cher, se ménager cette ressource pour l'hiver. Il opérait le fanage en rassemblant les tiges en petites bottes dressées par le pied sur le sol et liées par le sommet. Ce foin doit être consommé dès l'entrée de l'hiver, parce qu'il se conserve mal et prend la poussière; mais les chevaux et les bêtes à cornes le mangent avec assez de plaisir. Enfin on l'emploie parfois aussi comme engrais vert.

B. *La renouée de Tartarie* (*polygonum tataricum*), ou *sarrasin de Tartarie* ou *de Sibérie*, se distingue du précédent en ce que ses semences sont chagrinées sur les angles, et un peu plus volumineuses; ses fleurs, au lieu d'être disposées en corymbe, forment un épi lâche. Il est plus rustique, moins sensible aux gelées de printemps, moins difficile encore sur la nature et sur la richesse du sol, plus fourrageux enfin et plus nutritif; il est également annuel. On le cultive exactement comme le sarrasin ordinaire, seulement on peut le semer dès le mois d'avril.

C. *Le sarrasin de Siébold* (*polygonum fagopyrum Sieboldi*) est cultivé comme fourrage dans tout l'empire japonais. Il a été importé en Europe par M. Van Siébold. Il est très-traçant; en Allemagne, il commence à pousser au commencement d'avril, et sa tige s'élève déjà à un mètre dès le 15 mai. Le foin qu'il fournit est aussi nutritif que le foin de trèfle rouge. (Heuzé, *Plantes fourragères*, p. 541.) Cette espèce est vivace.

D. *Le sarrasin vivace* (*polygonum cymosum*) a des tiges très-développées, garnies de feuilles très-larges. Chaque pied produit un grand nombre de tiges formant une touffe très-forte. Je ne connais pas de plante fourragère plus vigoureuse que cette polygonée. Elle périt l'hiver quand elle végète sur des terres froides et humides (Heuzé, *ut supra*).

CHAPITRE IX

FAMILLE DES CUCURBITACÉES.

Cette famille renferme des plantes dicotylédones diclines.

Elle a pour caractères distinctifs : calice à cinq divisions ; pétales au nombre de cinq, alternes, libres ou soudées en une corolle monopétale insérée sur l'enveloppe

Fig. 53.

Plante cucurbitacée (melon avec vrilles simples).

extérieure ; étamines au nombre de cinq, alternant avec les pétales. Ovaire adhérent, renfermant une, trois ou cinq loges dans chacune desquelles les ovules sont insérés vers le bas et ascendants ou accolés contre les parois externes des loges; fruit ordinairement charnu; graines revêtues d'un test membraneux ou écailleux, quelquefois durci en noyau; embryon droit, à cotylédons foliacés et veinés ou un peu charnus; radicule courte tournée vers le point d'attache.

§ Genre citrouille ou courge.

Le genre *courge* ou *citrouille* (*cucurbita*) a pour traits génériques : fleurs monoïques, corolle campanulée; pétales soudés entre eux et avec le calice; les fleurs mâles à cinq

Fig. 54.

Fleur femelle (melon).

Fig. 55.

Coupe longitudinale de l'ovaire (melon).

étamines triadelphes; les fleurs femelles à calice obové-clavé, à anthères le plus souvent stériles, à trois stigmates; graines elliptiques, comprimées et bordées; tiges annuelles, fistuleuses, grimpantes, couvertes de poils courts et raides, fleurs axillaires et le plus souvent solitaires.

A. Le pépon, potiron, courge ou *citrouille cultivée* (*cucurbita pepo*), annuel, a les tiges fistuleuses, rampantes, armées de poils très-forts, munies de vrilles très-longues; les feuilles également velues, larges, pédonculées, cordiformes, obtuses ou digitées, selon les variétés; les fleurs grandes, ordinairement jaunes, monoïques à corolle cam-

Fig. 56.
Fleur mâle (melon).

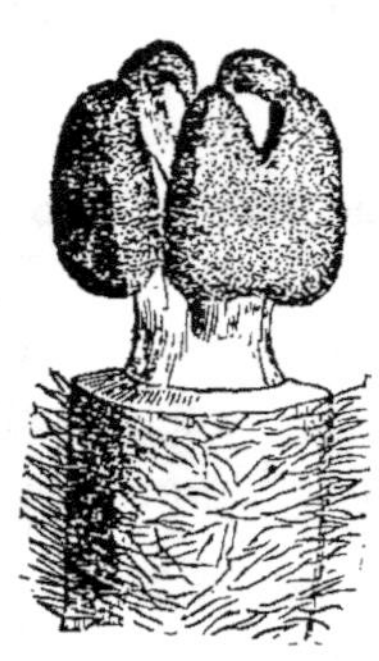

Fig. 57.
Pistil (melon).

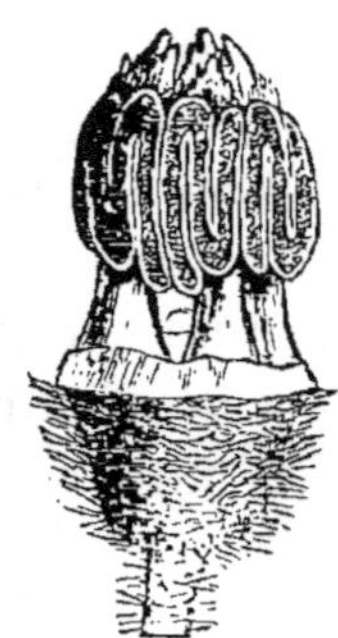

Fig. 58.
Étamines (melon).

panulée, étalée et réfléchie, les unes fertiles, les autres stériles; fruits dits *peponide*, c'est-à-dire un grand nombre de loges éparses dans la pulpe et renfermant chacune une graine soudée à la paroi interne; la partie centrale de ce fruit n'offre qu'une cavité irrégulière, formée par le déchirement du parenchyme qui l'occupait avant le développement complet du péricarpe. Cette plante est originaire de l'Inde, et ne saurait mûrir, en France, au nord de la région de la vigne et du maïs. On en connaît un grand nombre de variétés, parmi lesquelles nous ne citerons que celles qui sont cultivées en grand pour le bétail:

1° *La citrouille de Touraine* ou *palourde* a, comme toute la race des citrouilles, le fond de la corolle rétréci en entonnoir; au lieu que le limbe soit renversé extérieurement, le fruit très-ferme, oblong et sans côtes ou à côtes peu saillantes, les tiges très-longues et comme grimpantes; en particulier, elle a les feuilles très-grandes, lobées très-profondément et presque digitées, d'un vert foncé avec quelques taches blanches aux angles des nervures quand elles sont jaunes; les fruits oblongs, à écorce vert pâle jaspé de rouge ou de blanc; la chair rosée, un peu jaunâtre; les graines larges, très-aplaties, un peu rudes au toucher, à bourrelet très-prononcé sur leurs bords. C'est une variété très-féconde et très-cultivée en France. (Heuzé , *Plantes fourr.*, p. 205.)

2° *La courge à la moelle* a, comme toute la race des courges ou potirons, des tiges traînantes ou ascendantes très-vigoureuses; des feuilles cordiformes se soutenant sur leurs pétioles droits; des fleurs jaunes évasées par le renversement du limbe; des fruits plus ou moins gros, mais sphériques et à côtes régulières, plus ou moins apparentes; celle-ci, en particulier, a, d'après M. Heuzé, les fruits longs de 0^m,30 sur 0^m,10 de diamètre, à côtes arrondies, à écorce jaune brillant; à chair blanc jaunâtre et très-épaisse; les graines sont petites, allongées et sans bourrelets; les feuilles rudes, profondément lobées et portées par des tiges très-coureuses. C'est une variété très-fertile , chaque pied pouvant produire de quatre à six fruits.

3° *La courge des Patagons* a les fruits presque cylindriques, longs de 0^m,45 sur 0^m,18 de diamètre, marqués de côtes très-irrégulières et saillantes, à écorce vert noirâtre d'un beau luisant; les graines moyennes et d'un blanc jaunâtre; la chair d'un jaune pâle. (Heuzé, *ut supra.*)

4° *La courge de l'Ohio* a les fruits ovales, longs de 0^m,32 sur 0^m,25 dans leur plus grand diamètre, à côtes peu prononcées ; à écorce jaune orangé saumoné ; à chair jaune orange foncé ; à graine grosse et très-blanche ; les feuilles entières, fermes et compactes ; les tiges coureuses. C'est une variété excellente et très-répandue en Amérique ; elle mérite d'être cultivée. (Heuzé, *ut supra*.)

5° *La courge pleine de Naples* a les fruits longs de 0^m,50 et déprimés vers leur partie médiane, où ils ont 0^m,12 de diamètre ; leur écorce unie est vert foncé ; la chair remplit tout le fruit et est de couleur jaune vif ; les graines sont d'un blanc sale et recouvertes sur leurs bords par une sorte de duvet ; les tiges sont coureuses et portent des feuilles petites, glabres, unies, avec des taches blanches le long des nervures. (Heuzé, *ibid*.)

Cette culture, qu'on ne trouve guère en France que dans le Maine, l'Anjou et la Touraine, la Bourgogne et la Franche-Comté, est très-étendue en Espagne, en Italie, en Hongrie, etc. Elle ne réussit plus dans le nord de la France au delà de la limite du maïs, parce qu'il lui faut, pour mûrir, 3,200° de chaleur pour la citrouille et 4,000° pour la courge ou potiron ; dans la Bourgogne et la Franche-Comté, on réunit dans le même champ le maïs et la courge ; dans la Touraine, l'Anjou et le Maine, on cultive la citrouille seule. A l'automne, leurs fruits sont sensibles à la gelée qui fait descendre le thermomètre à — 5°C. ; au printemps, les gelées blanches tardives peuvent aussi détruire les feuilles et la plante quand on les a mises trop tôt en place.

« La courge aime un terrain léger, dans lequel ses « racines délicates, mais peu allongées, trouvent de la fa-« cilité à s'établir. Si on la cultive dans des terres fortes, « il faut lui préparer un sol artificiel dans des poquets où

« on fera le semis. Les travaux préparatoires nous pa-
« raissent devoir être un labour de 0^m,16 de profondeur
« fait avant l'hiver, s'il est possible, ou autrement au
« printemps, avant l'époque du semis. On herse et on en-
« raye à 1 ou 2 mètres en tout sens, suivant le dévelop-
« pement que prennent les plantes dans le pays où on les
« cultive. Mais supposons qu'on sème à 1^m,60, espace-
« ment qui nous paraît le plus convenable pour nos cli-
« mats; à chaque point d'intersection des enrayures on
« ouvre, à la houe, un poquet dans lequel on place 2^k,370
« de fumier composé dosant 80 p. 100 d'azote, ou son
« équivalent en tourteaux ou engrais pulvérulent, et, dans
« ce cas, préalablement humecté. On recouvre l'engrais
« de 0^m,01 de terre meuble sur laquelle on place trois se-
« mences de courge, espacées de 0^m,03, pour ne pas
« ébranler les plantes lors de l'éclaircissement; ces se-
« mences ont trempé pendant vingt-quatre heures dans
« l'eau tiède. Les graines de l'année, des cucurbitacées,
« sortent mieux; mais on les accuse de produire des
« plantes qui se mettent plus difficilement à fruits. Elles
« conservent fort longtemps leurs facultés germinatives.
« On recouvre les graines de terre meuble de façon
« qu'elles ne soient pas enterrées de plus de 0^m,05 à 0^m,06.
« Si la terre était sujette à faire croûte, il faudrait em-
« ployer du sable ou du terreau... A mesure que la tige
« s'élève, les feuilles naissent successivement, et une
« branche latérale se développe à leur aisselle. Il en naît
« ainsi jusqu'à quatre des quatre premières feuilles cauli-
« naires. On pince le jet vertical, on attend ensuite qu'il
« se soit formé des fruits atteignant la grosseur d'un œuf,
« et dès lors on retranche toute la végétation excédante, à
« deux nœuds au-dessus du fruit, en ayant soin de visiter

« la plantation de temps en temps, pour supprimer toutes
« les nouvelles pousses. Un ou deux beaux fruits par plante
« suffisent pour assurer une pleine récolte. » (De Gasparin, *Cours complet d'agric.*, t. IV, p. 186-187.)

Jusqu'au moment où la plante recouvre tout le terrain
de ses feuilles, il faut avoir soin, par des sarclages, de
détruire toutes les herbes adventices. On reconnaît la maturité des fruits au son creux qu'ils rendent quand on les
frappe et au desséchement des feuilles ; on les détache
alors de la tige en laissant tout le pédoncule adhérent, et
on les laisse ressuyer quelques jours dans le champ ou sur
une aire. Le transport du champ à la ferme doit se faire
avec précaution, pour ne pas froisser et meurtrir les
fruits, ce qui serait contraire à leur conservation.

On évalue de 30 à 50,000 kilos de fruits le rendement
d'un hectare de citrouilles ; il peut doubler cependant, et
même dépasser 100,000 kilos. Ce rendement de 30 à
50,000 kilos représente de 6 à 10,000 kilos de foin ; le
rendement de 100,000 kilos équivaudrait donc à 20,000 kilos de foin. Peu de récoltes fourragères donnent un semblable produit avec aussi peu de frais et de main-d'œuvre ;
il est singulier que cette culture ne se multiplie pas plus
généralement dans le centre et le sud-ouest de la France.

Pour donner les citrouilles au bétail, on les coupe à la
serpe ou à la hachette, ensuite au coupe-racines, après
avoir eu soin d'enlever les semences, qui peuvent déterminer, dans certains cas, l'avortement. La meilleure pratique, pour les animaux d'engrais, consiste à leur donner
la citrouille cuite dans des buvées ou des soupes. Ce fruit
convient très-bien aux vaches laitières et aux moutons.

SECTION DEUXIÈME

PLANTES-RACINES

CHAPITRE PREMIER

PLANTES DE LA FAMILLE DES CHÉNOPODÉES OU ARROCHES.

La famille des *chénopodées* ou *arroches* ne renferme que des plantes dicotylédones, apétales et pérygines. Elle se caractérise par un calice monosépale, découpé en plusieurs parties ; une corolle nulle ; des étamines en nombre défini, attachées au calice; un style; un ou plusieurs stigmates; des graines renfermées dans un péricarpe, ou dans le calice qui s'accroît alors; des feuilles non engaînantes ; un embryon circulaire.

Fig. 59.

Fleur mâle d'une chénopodée (épinard des jardins).

Elle renferme la soude, l'épinard, l'arroche, la bette, la betterave, etc.

§ 1. Genre bette.

Ce genre (*beta*) a pour traits génériques : des fleurs hermaphrodites; un calice quinquéfide; des graines uniformes recouvertes par le calice qui s'endurcit et ressemble à une capsule; cinq étamines; deux ou trois styles très-courts.

La bette-rave (beta rapa) ou betterave est une plante

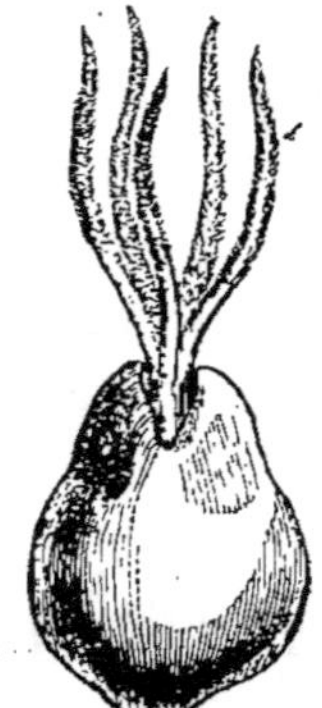

Fig. 60.

Fleur femelle d'une chénopodée (épinard des jardins).

Fig. 61.

Pistil d'une chénopodée (épinard des jardins).

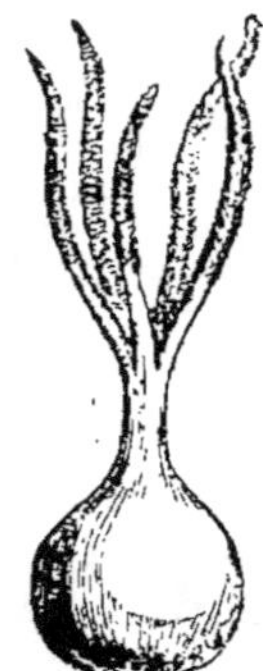

Fig. 62.

Coupe longitudinale du pistil d'une chénopodée (épinard des jardins).

annuelle que la culture a faite bisannuelle; elle est originaire de l'Europe méridionale, et se reconnaît à ses larges feuilles très-luisantes, d'un beau vert, souvent colorées de diverses teintes, rouge surtout; à ses racines plus ou moins pivotantes, obconiques, globuliformes, à chair de couleur blanc, rosé, jaunâtre, suivant les variétés.

La betterave est-elle une espèce particulière améliorée par la culture *(beta rapa)*? ou est-elle une variété culturale de la bette commune *(beta vulgaris)* ou poirée? C'est ce qu'on ignore, et ce qu'il ne serait pas moins utile que curieux de savoir. Mais ce qu'on sait bien, c'est que cette plante était très-anciennement connue. Théophraste, qui écrivait vers l'an 350 av. J.-C., parle de la bette rouge et de la bette blanche. Dans les capitulaires de Charlemagne, nous trouvons les bettes au nombre des plantes dont il ordonne la culture dans ses jardins. Olivier de Serres, dans son *Théostre d'agriculture*, publié en 1600, en parle comme d'une plante importée depuis peu d'Italie, et dit

Fig. 63.
Racine de betterave-globe.

que c'est une sorte de pastenade avec laquelle on peut fabriquer du sirop ; c'est de la betterave rouge grosse, en effet, introduite d'Italie en France vers 1550, qu'entendait parler le patriarche de l'agriculture ; c'était sans doute, avec la grosse blanche, la seule qu'on connût alors.

La betterave ne fut guère cultivée que dans les jardins

15.

et pour l'alimentation de l'homme, jusqu'en 1782, époque à laquelle le chimiste prussien Ch. Achard, avec l'aide du baron Koppi, tenta de fabriquer le sucre de betterave découvert en 1745 par un autre chimiste prussien, Margraff. Ce n'est que vers 1810 que l'installation pratique des sucreries fut à peu près terminée; le blocus continental de 1812 favorisa le développement de cette industrie, et l'empereur Napoléon Ier seconda les efforts des particuliers en établissant une sucrerie impériale à Rambouillet, en attachant de nombreux élèves aux cinq grandes fabriques alors en activité, et en provoquant dans toute la France la création de sucreries indigènes. C'était, il ne faut pas l'oublier, M. Benjamin Delessert, qui, en 1801, avait fondé à Passy une raffinerie de sucre colonial et qui, en janvier 1812, annonça au chimiste Chaptal la solution pratique et économique du problème. Mais l'industrie des sucres indigènes ne devint vraiment manufacturière qu'après 1830, grâce aux inventions et perfectionnements d'appareils et de procédés de MM. Cellier Blumenthal, Laporte, Mathieu de Dombasle, Dubrunfaut, Ch. Derosne, François Cail, etc.

La fabrication du sucre de betteraves s'est depuis longtemps à peu près exclusivement cantonnée dans le nord; il n'en est pas de même des distilleries de betteraves qui se sont, depuis une quinzaine d'années, répandues sur toute la surface de la France. L'alcool de betteraves paraît avoir été, sinon découvert, du moins indiqué pour la première fois en 1817, par M. Lenormand; mais ce n'est que depuis vingt ans environ (1845) que, grâce aux travaux de M. Dubrunfaut, il a pu devenir l'objet d'une industrie à la fois manufacturière et agricole; divers systèmes de distillation se sont produits, parmi lesquels nous nous bornerons à citer ceux de MM. Champonnois, Leplay, Kessler, Renard, etc.

Voici en résumé la situation actuelle de la culture industrielle de la betterave :

Pour la fabrication du sucre.

84,000 hectares fournissant 397 usines qui produisent 144,788,890 kilog.

Pour la distillation.

20,000 hectares fournissant 900 distilleries qui produisent 400,000 hectol. d'alcool.

Pour le bétail.

7.000 hectares exclusivement consacrés à son alimentation.

———————

Ensemble. 111,000 hectares consacrés à la culture de cette plante.

La fabrication du sucre indigène, qui ne produisait en 1828 que 2,780,000 kilos, s'était élevée en 1838 jusqu'à 39,200,000 kilos ; en 1847, à 64,300,000 kilos ; en 1850, à 76,200,000 kilos ; en 1855, à 92,200,000 kilos ; en 1857, à 151,500,000 kilos, pour redescendre à 132,000,000 kilos en 1858, à 126,500,000 en 1859, à 105,071,261 kilos en 1863, et remonter à 144,788,900 kilos en 1864.

Le nombre des fabriques qui n'était que de 58 en 1828, de 232 en 1836, s'élevait à 578 en 1839, pour redescendre à 385 en 1844, à 366 en 1863, et remonter à 397 en 1864.

Le nombre d'hectares consacré à la culture de la betterave, qui n'était que de 75 en 1800, de 740 en 1837, s'élevait déjà à 57,663 en 1840, et était arrivé, en 1860 à 111,360 hectares.

Ce qui fait de ces deux industries des industries agricoles, c'est qu'elles laissent des résidus (pulpes) précieux pour la nourriture et surtout l'engraissement du bétail; tel est l'un des principaux motifs qui ont déterminé leur développement depuis une quarantaine d'années.

En effet, les 104,000 hectares cultivés pour les usines représentent, à un rendement de 25,000 kilos par hectare, un chiffre de 2,600,000,000 kilos, lesquels fournissent environ 1,300,000,000 kilos de pulpe, représentant 400,000,000 kilos de foin, le quarantième environ du produit de nos prairies naturelles.

Ajoutons que près de 900 distilleries, travaillant un milliard de kilos de betteraves, en extrayent, par année, environ 400,000 hectolitres d'alcool, valant plus de 20,000,000 francs; que les fabriques de sucre produisent 108,585,000 francs; et nous arrivons ainsi à un total en sucre, alcool et pulpes, de 141,500,000 francs. Bien peu de cultures, en France, présentent une importance semblable, si nous en exceptons les céréales, les prairies et la vigne.

La betterave réussit à peu près sous tous les climats de l'Europe, mais elle redoute le froid et la sécheresse. Atteinte, au printemps ou à l'automne, jeune ou mûre, par une température au-dessous de la formation de la glace, elle entre en décomposition; aussi ne faut-il la semer qu'après les derniers froids du renouveau, et la mettre en silos ou en magasins avant les premières gelées de l'hiver; les porte-graines doivent être conservés au dedans pendant la mauvaise saison, et plantés seulement, l'année suivante, quand on n'a plus de froids à redouter.

M. de Gasparin a observé que sa graine germe et entre en végétation quand la température s'élève à $+7°$ C., en avril. De cette époque au 20 septembre, la plante n'avait atteint qu'un poids moyen de $0^k,750$; au 25 octobre, celui de $1^k,250$, soit ensemble 3 kilos. Pendant ce laps de temps, de près de sept mois, la température totale ayant été de $5.017°$ C. (1), il avait fallu à la plante, pour s'accroître de 1 kilo, $1.464°$ de chaleur. Nous avons dit qu'elle souffrait de la sécheresse du printemps, qui peut la tuer pendant la première période de sa vie, mais qui, en été, n'a guère pour résultat que de suspendre sa végétation, à laquelle les premières pluies d'automne donnent un tel essor, qu'en un mois la plante triple, et parfois quadruple le poids de sa racine.

Pour bien comprendre la culture de cette plante, il ne nous sera pas inutile d'étudier son organisation anatomique; c'est ce que nous allons faire d'après un remarquable travail de M. Decaisne (*Comptes rendus* de l'Acad. des sciences, t. VIII, 1837, p. 46.)

Les racines souterraines, ainsi que les racines adventices des rameaux, apparaissent d'abord sous forme d'une petite masse pulpeuse, arrondie, indépendante des tissus environnants, mais placée sur un des côtés du faisceau vasculaire central de la racine principale. Plus tard, ce petit globule devient conique et présente, dans son intérieur, un autre petit cône d'un tissu allongé et plus fin. Plus tard encore, la masse entière perce les tissus qui l'environnent et se présente au-dessous sous forme de mamelon. C'est à cette époque qu'on voit, sur les côtés du petit corps central, s'opérer la formation du tissu vasculaire; il commence par deux vaisseaux qui ne se mettent que

---

(1) On appelle température totale, ne l'oublions pas, la moitié de la somme du minimum et du maximum observé au soleil.

plus tard en connexion avec le faisceau vasculaire central de la racine mère.

Par suite de la végétation s'organisent de nouveaux faisceaux vasculaires qui, généralement, se disposent par zones concentriques assez régulières. Mais, souvent aussi, ces cercles concentriques font place à une disposition générale en spirale qui semble un indice de plus de la correspondance des faisceaux avec les feuilles qui se développent. Dans les progrès de l'organisation des faisceaux vasculaires, ce sont les utricules allongées qui apparaissent les premières ; les vaisseaux se montrent ensuite. Aussi les zones les plus externes de la racine, qui sont aussi les plus nouvellement formées, sont-elles dépourvues de vaisseaux. Il n'est pas rare de rencontrer des vaisseaux isolés au milieu du tissu cellulaire; dans ce cas, ils ne sont point accompagnés d'utricules allongées.

Les tubes vasculaires ne contiennent pas de matières sucrées ; les utricules en contiennent plus ou moins à l'état liquide ; celles qui environnent les vaisseaux sont plus petites, plus serrées, et renferment le liquide le plus sucré; elles sont toutes d'une transparence parfaite et ne renferment ni fécule ni sels cristallisés.

Ainsi la racine de la betterave porte à son milieu le prolongement d'une moelle en forme de cône renversé, laquelle s'accroît graduellement et extérieurement par la superposition de zones concentriques dont chacune correspond à un tour de spires des feuilles qui partent du collet : chaque racine a conséquemment autant de cercles concentriques que sa tige aérienne a de tours de spires de feuilles. M. de Gasparin a observé, dans ses cultures, d'avril à octobre, sept cercles concentriques, sept tours de spires, chacun de sept feuilles, avec une somme de

3,618° C. de chaleur; c'était environ 100° par mérithalle.

M. Péligot, de son côté, a constaté que, pendant tout le temps qui précède la maturité de la betterave, le développement de ses parties constituantes est simultané, de sorte que, sous le même poids, la même racine contient, pendant ce temps, les mêmes proportions d'eau, de sucre, de ligneux, etc. A l'époque de la maturité de la racine, il y a diminution dans la proportion de l'eau et, par conséquent, augmentation de matière sucrée, proportionnellement au poids; mais toutes les parties de la même plante continuent à fournir à peu près la même quantité de sucre à l'analyse chimique. Seulement M. Payen a reconnu que généralement, dans la partie hors de terre, il y a à peu près autant de sucre que dans la partie en terre, quelquefois même davantage; mais, d'un autre côté, il s'y trouve toujours plus de matières étrangères, azotées et autres; de sorte qu'en définitive la partie hors de terre donne moins de sucre et plus de mélasse (1). Tel est le motif qui, pour les sucreries et distilleries, fait préférer les variétés dont le collet se trouve au niveau du sol.

M. Leplay, l'un des chimistes qui se sont le plus occupés de la culture et de la distillation des betteraves, a fait, de 1850 à 1852, d'intéressantes expériences desquelles il ressort :

1° Que, suivant la nature du sol, il peut y avoir, pour le cultivateur-distillateur ou sucrier, avantage à obtenir de petites ou grosses racines;

2° Que les sols calcaires sont, dans tous les cas, les plus favorables à la production du sucre et de l'alcool;

(1) Société imp. et centr. d'agr. Séance du 7 février 1855. *Ann. de l'Agric. franc.*, v^e sér., t. V, p. 382.

3° Que, dans les sols calcaires, les betteraves éprouvent une décroissance régulière de richesse saccharine correspondant à l'augmentation de leur poids;

4° Que, dans les sols argileux, les variations sont énormes et ne paraissent soumises à aucune loi de proportion. Tous les sols ne conviennent pas également à cette plante; le but qu'on veut atteindre, alcool et sucre, ou racines pour l'alimentation des bestiaux, lá variété que l'on cultive, etc., apportent de grandes difficultés dans le choix, la fécondation et les travaux du sol. Cependant, et en choisissant les variétés convenables, on peut dire que la betterave réussit dans tous les terrains, excepté dans les sables purs et la craie, c'est-à-dire là où, par suite de la sécheresse, la plante serait exposée à de trop fréquents arrêts de végétation. En général, elle préfère les sols de consistance moyenne, assez profonds, frais et riches; ceux calcaires, nous l'avons vu, paraissent convenir tout spécialement à la production de racines d'un poids moyen, mais très-riches en sucre et en alcool.

Si la betterave aime un sol riche, elle n'aime pas également tous les engrais, qui tous, en effet, ne favorisent pas au même degré la production du sucre. Nous en trouvons une preuve encore, dans les expériences de M. le Dr Grouven (traduites par M. Sanrey), dont nous reproduisons une partie : elles ont eu lieu sur un sol argilo-siliceux divisé en lots d'une surface de 14 centiares :

ENGRAIS EMPLOYÉS.	EAU p. 100 (betteraves).	MATIÈRES sèches p. 100 (betteraves).	DENSITÉ du jus.	SUCRE p. 100 (betteraves)
Sans engrais. . . .	80	20	1,0674	12,4
Fumier de cheval, 140 kilos.	90,50	19,50	1,0700	13,0
Fumier de vaches, 120 kilos.	78,50	21,50	1,0745	14,0
Fumier de vaches, 60 kilos; nitrate de soude du Chili, 0ᵏ,572.	78,20	21,80	1,0774	14,7
Fumier de vaches, 60 kilos; potasse, 0ᵏ,562.	90,20	19,80	1,0679	12,5
Guano, 1ᵏ,250, enfoui sous la semence	78,30	21,70	1,0777	14,7
Tourteau de colza, 2ᵏ,625, partie enfoui, partie semé...	76,60	23,40	1,0766	14,5
Guano, 1ᵏ,250, moitié enfoui sous la semence, moit. poud.	78,40	21,60	1,0624	11,3
Poudre d'os, 1ᵏ,875, deux tiers enfoui, un tiers poudré. .	78,80	21,20	1,0727	13,6
Poudre d'os, 1ᵏ,875; potasse, 0ᵏ,562, sous la semence. .	77,90	22,10	1,0800	15,3

On voit que, dans le même sol, avec la même variété de plantes, mais avec des engrais différents, on a pu faire varier la proportion de sucre entre les deux extrêmes 11,3 p. 100 et 15,3 p. 100, c'est-à-dire de 4 p. 100. Nous verrons tout à l'heure que la nature chimique et physique du sol et le climat peuvent amener, dans la même variété, des différences plus sensibles encore.

« Si la courte graisse (engrais flamand) est rarement
« employée directement pour la betterave, » dit M. Léon
Lerolle, dans un excellent article sur cette culture, auquel nous ferons de nombreux emprunts, « au moins
« l'est-elle quelquefois pour la récolte précédente (450 hec-
« tolitres pour le tabac). Le fumier de moutons paraît
« tout à fait contraire à la betterave; elle donne après un
« parcage un produit considérable; mais on n'en peut
« extraire que du mauvais sucre, et les fabricants font
« presque toujours une clause de leurs compromis qui
« défend aux cultivateurs, qui sèment des betteraves pour
« eux, de les mettre sur un parcage. Dans les fabriques
« de sucre, on mélange toujours le fumier des moutons
« avec celui des autres animaux de la ferme, et, de cette
« manière, il ne peut exercer, aussi complétement du
« moins, son action pernicieuse. » M. de Gasparin recommande d'employer des engrais riches en matières ligneuses (carbonées, les fumiers), et estime qu'en moyenne
il faut 100 kilos de fumier de ferme mélangé (soit 0,40 d'a-
zote) pour produire 100 kilos de betteraves; mais la plante
ne prélève que 0,33 de l'engrais (soit 0,133 d'azote); en
outre, une récolte de 40,000 kilos rend au sol, par ses
feuilles et ses radicelles, d'après les expériences de
M. Payen, $30^k,29$ d'azote, équivalant à 7,572 kilos de fumier.

Supposons une terre renfermant 150 kilos d'azote; nous
y ajoutons, par une fumure de 37,480 kilos, $149^k,92$ d'a-
zote, qui doivent produire 40,000 kilos de racines, lesquelles ont enlevé au sol $49^k,97$ d'azote; la betterave lui
rendant, à la récolte, par ses feuilles et ses débris,
$30^k,29$ d'azote, le sol renferme encore $280^k,24$ d'azote.
D'un autre côté, la récolte de betteraves qui n'a pris dans

le sol que 49^k,97 d'azote en représente (à 0,22 p. 100)
88 kilos. On voit donc que, si la betterave exige une forte
avance d'engrais, elle n'en enlève que le tiers à peine et
qu'elle introduit dans l'alimentation une quantité d'azote
plus élevée que celle qu'elle a prélevée dans le sol. Ce
n'est donc pas une plante très-épuisante dans les bonnes
terres et quand elle est bien cultivée.

La betterave a fourni à la culture un grand nombre de
variétés, différentes par la forme de leurs racines, la couleur de leur chair, celle de leur collet et de leur pellicule
extérieure. Nous les classerons comme suit, en décrivant
les principales seulement :

A. Blanches (à chair blanche) : 1° *Disette ou champêtre*, racine à moitié hors de terre, longue, à peau
rouge, à chair blanche veinée de rose, très-productive
pour le bétail, mais peu sucrée. 2° *Disette corne de vache*,
racine sortant de terre aux deux tiers, longue, recourbée, à chair blanc verdâtre veinée de rose, à peau rouge.
3° *Disette blanche à collet vert, hors de terre, ou de Puil-
boreau*, racine à moitié hors de terre, très-grosse, allongée, à chair blanche, à peau blanche et à collet vert.
4° *Silésie blanche ou à sucre*, racine sortant très-peu de
terre, longue, cylindrique, amincie au collet, à chair et
à peau blanche. 5° *Silésie à collet vert*. 6° *Silésie à collet
rose*. 7° *Disette camuse*. 8° *Disette écorce ou crapaudine*.
9° *Blanche de Magdebourg ou de Breslau*, racine de faible
volume, presque globuleuse vers le collet, très-effilée
vers le pivot, à chair et à peau blanches, très-sucrée.
10° *Blanche de Saxe*. 11° *Blanche impériale*, race créée
par M. Knauer, mais non encore fixée, très-sucrée.
12° *Silésie blanche améliorée de M. Vilmorin*, créée par
sélection, très-sucrée, à caractères encore variables.

13° *Globe blanche*, presque sphérique, au tiers hors de terre, à peau et à chair blanches, assez sucrée. 14° *Blanche plate de Vienne*.

B. Rouges (à chair rouge). 15° *Grosse rouge*, racine longue, assez régulière, hors de terre aux deux tiers; peau et chair rouge foncé, pétiole des feuilles rouge. 16° *Disette rouge géante*, racine à moitié hors de terre, longue, à peau et à chair rouges, très-productive, peu sucrée. 17° *Rouge de Bassano*, racine moyenne garnie de beaucoup de radicules, au quart hors de terre, à chair et à peau rouge sanguin. 18° *Rouge plate de Bassano*. 19° *Rouge ronde*, analogue de la blanche de Magdebourg, mais à chair et à peau rouges. 20° *Rouge lisse*. 21° *Rouge naine*. 22° *Rouge globe*, analogue de la globe blanche, mais à peau rouge et collet violet, à chair rosée veinée de rouge.

C. Jaunes (à chair jaune). 23° *Grosse jaune*, racine cylindrique, garnie de beaucoup de radicules, sortant de terre au tiers, peau jaune orange, chair jaune pâle veinée de blanc, pétioles et nervures des feuilles jaunes. 24° *Jaune d'Allemagne*, racine cylindrique, volumineuse, longue, sortant de terre au tiers, peau jaune, collet brun verdâtre, chair blanche veinée de jaune, pétioles et nervures verts. 25° *Jaune des Barres*, racines arrondies, régulières, sortant de terre au quart, peau jaune orangé, chair blanche veinée de jaune, pétioles et nervures verts. 26° *Jaune globe*, analogue du globe blanc, mais à peau jaune orangé, collet brun verdâtre, chair blanche légèrement veinée de jaune. 27° *Jaune globe aplatie*.

Il reste encore une foule de variétés allemandes, anglaises, américaines, plus ou moins apocryphes, non encore expérimentées et que nous croyons devoir négliger. Quant à celles qui sortent beaucoup de terre, et aux variétés dites *globes*, elles conviennent plus spécialement aux sols qui manquent de profondeur, quoiqu'elles réussissent également bien sur les terrains défoncés. Celles le plus ordinairement cultivées pour le bétail sont les variétés de disettes, la silésie commune et le globe jaune. Pour le sucre ou l'alcool, on préfère les silésies impériale, Vilmorin, de Magdebourg et la globe jaune.

Les deux tableaux suivants nous édifieront d'ailleurs sur leurs propriétés sucrées et sur leurs rendements. Le premier est dû à MM. Beaudement, Riche, Pierre et Lecorbeiller; le second est le relevé de la moyenne des essais comparatifs de M. Vilmorin pendant les trois années 1859, 1860 et 1861.

VARIÉTÉS.	EAU.	SUCRE.	AZOTE.	CHIMISTES.
				MM.
Disette ordinaire.	82,814	12,503	0,178	Beaudement.
» »	86,750	7,350	»	Lecorbeiller.
» »	»	6,665	0,210	Riche-Pierre.
Disette blanche. .	78,694	16,764	0,244	Beaudement.
» »	»	5,909	0,200	Riche-Pierre.
Blanche de Silésie.	81,600	13,549	0,185	Beaudement.
» »	»	13,610	»	Riche.
Jaune grosse. . .	80,512	14,951	0,265	Beaudement.
» »	»	9,156	0,250	Riche-Pierre.
Globe jaune. . . .	79,318	15,519	0,267	Beaudement.
» »	»	9,179	0,230	Riche-Pierre.
Globe rouge . . .	80,048	13,918	0,416	Beaudement.
» »	»	8,677	0,250	Riche-Pierre.

EXPÉRIENCES DE M. VILMORIN SUR LES BETTERAVES

(Annuaire des essais. — 1861.)

VARIÉTÉS.	NOMBRE des racines.	POIDS des racines.	POIDS moyen des racines.	PRODUIT par hectare.
		k.	k.	k.
Jaune globe aplatie	57	96,500	1,693	67,000
Globe blanche.	58	83,500	1,440	57,985
Champêtre rouge géante.	52	80,350	1,559	56,145
Disette hors de terre. . .	65	78,500	1,212	54,558
Disette corne de vache. .	60	77,500	1,281	53,817
Disette blanche.	63	75,000	1,190	52,083
Jaune des Barres.	55	69,166	1,227	48,032
Jaune globe.	56	69,000	1,221	47,915
Rouge plate de Bassano .	65	68,850	1,114	47.810
Disette camuse. . . . . ,	59	67,700	1,133	46,770
Rouge globe.	59	68,750	1,197	45,743
Blanche à sucre, collet vert et rose.	58	63,800	1,091	44,305
Jaune d'Allemagne. . . .	58	63,566	1,300	44,142
Rouge grosse	63	63,000	1,480	43,750
Blanche de Magdebourg. .	63	53,000	0,841	36,800
Blanche de Saxe.	62	49,000	0,790	34,025
Blanche améliorée Vilmorin.	58	48,000	0,827	33,330
Blanche impériale	60	47,800	0,775	33,193
Rouge lisse.	64	47,133	0,733	32,732
Rouge ronde	61	42,900	0,700	29,792
Écorce ou crapaudine . .	55	36,850	0,725	25,590
Blanche plate de Vienne.	30	17,000	0,566	23,610
Blanche à sucre, collet vert	59	33,200	0,563	23,055

Il résulte de ces renseignements que les six principales variétés cultivées pourraient être classées ainsi qu'il suit quant à leurs qualités alcooliques ou sucrées, nutritives et productives :

SUCRE.	AZOTE.	RENDEMENT.
1° Blanche de Silésie.	1° Globe rouge.	1° Disette ordinaire.
2° Globe jaune.	2° Jaune grosse.	2° Disette blanche.
3° Jaune grosse.	3° Globe jaune.	3° Globe jaune.
4° Disette blanche.	4° Disette blanche.	4° Globe rouge.
5° Globe rouge.	5° Disette ordinaire.	5° Jaune grosse.
6° Disette ordinaire.	6° Blanche de Silésie.	6° Blanche de Silésie.

Et que, eu égard à l'ensemble de ces qualités, on peut les ranger dans l'ordre suivant : 1° globe jaune; 2° disette blanche, globe rouge, jaune grosse; 3° disette ordinaire; 4° blanche de Silésie. On pourra donc choisir en connaissance de cause pour la fabrication du sucre ou de l'alcool, pour la nourriture du bétail, et dans les cas indéterminés, mais toujours en tenant compte de la nature du sol qui fait varier, comme l'engrais, la teneur en sucre et en azote et la grosseur des racines. Dans les expériences citées plus haut, M. Leplay résume ainsi l'influence du sol et du poids des racines.

POIDS DES RACINES.	SOLS CALCAIRES.	ARGILO-SILICEUX.	ARGILEUX.	SILICEUX.
Au-dessous de 1 kil.	100	92	92	»
De 1 à 2 kil........	100	93	86	76
De 2 à 3 kil.	100	85	78	87
De 3 à 4 kil........	100	81	74	78
De 4 à 5 kil........	100	85	68	»
De 5 à 7 kil........	100	79	85	»
De 7 à 9 kil........	100	60	62	»

Les betteraves occupent presque toujours la place d'une jachère et sont presque toujours aussi placées entre deux céréales. Malheureusement on a été trop souvent amené, par ses qualités mêmes, à en abuser comme de toutes les bonnes choses. « Quels sont les assolements les plus pro-« fitables pour la culture de la betterave à sucre?» se demande M. Lerolle, dans l'article que nous avons déjà cité. « Par malheur les fabricants n'ont pas toujours des « idées·saines de culture, et ils abusent quelquefois de la « richesse de leurs terres pour leur faire produire pendant « plus de dix ans de suite cette même racine, de telle « sorte qu'à la fin, fatiguées de nourrir toujours la même « plante, non-seulement elles ne donnent plus que de ché- « tives récoltes de froment, mais encore le produit des « betteraves va sans cesse en diminuant, en dépit de « coûteuses fumures; on pense, et peut-être à tort cepen- « dant, que c'est à cette culture forcée de betteraves que « les environs de Valenciennes doivent la maladie nou- « velle qui jette en ce moment tant d'inquiétude dans la « sucrerie indigène. Je dois dire ici qu'un fabricant de la « contrée, me montrant une pièce de terre ensemencée en « betteraves, m'assura que, depuis quinze ans qu'il avait « ce champ, il y avait pris au moins douze récoltes de « betteraves, au moyen de boues de fabriques et de ré- « sidus de défécation; il n'y eut jamais indice de maladie, « quoique les produits allassent en diminuant. C'est à « cause de la position de la pièce, toute proche de l'usine, « qu'il continua pendant si longtemps cette culture rui- « neuse.

« Beaucoup de fermiers récoltent trois ou quatre bette- « raves de suite, en fumant tous les deux ans, et leurs « produits sont encore assez considérables; mais ces ra- « cines obtenues à force de fumier et de fertilité naturelle « du sol deviennent à la fin coûteuses et funestes pour les « récoltes suivantes. Dans une terre féconde et un peu « forte, on peut aisément faire deux récoltes consécu- « tives de betteraves, mais on devrait s'arrêter là, dans « la crainte de nuire au sol.

« Dans les sucreries qui tiennent à produire elles-
« mêmes le plus de betteraves possible, chez MM. Decrom-
« becque, de Lens, et Bazin, du Mesnil-Saint-Firmin, par
« exemple, on trouve souvent la rotation suivante : 1° bet-
« teraves fumées ; 2° blé. A la ferme-école de Guizancourt,
« dont la culture peut servir de modèle à la contrée entière
« où elle est située, on suit les deux assolements suivants :
« 1° betteraves fumées ; 2° blé ; 3° colza avec parcage ou
« tourteaux ; ou bien : 1° betteraves fumées ; 2° blé ;
« 3° trèfle ; 4° blé.

« Dans plusieurs petites fermes des environs de Lille,
« la betterave à sucre cesse d'être la tête de l'assolement ;
« c'est le tabac qui la précède qui reçoit directement la
« fumure, et la manière dont celle-ci est appliquée est
« assez remarquable. Par le labour d'hiver on enfouit par
« hectare soixante-dix-huit voitures à deux chevaux de
« fumier de ferme ; au printemps, au premier labour on
« enterre 3,000 kilos de tourteaux de colza pulvérisé et
« semé à la main, puis 3,000 kilos encore au second
« labour, et 4,000 kilos au dernier. On ajoute à la fin
« 225 tonnes de 2 hectolitres chacune de courte-graisse
« de la ville. Après cette énorme fumure, on obtient les
« récoltes suivantes: 1° tabac ; 2° betteraves à sucre ;
« 3° froment ; 4° trèfle, et 5° avoine. »

On suit encore, aux environs de Lille, l'assolement :
1° tabac fumé ; 2° colza, puis navets ; 3° blé ; 4° trèfle avec
courte-graisse après la première coupe ; 5° froment.
M. Crespel-Delisse faisait : 1° betteraves fumées ; 2° betteraves avec compost ou tourteaux ; 3° blé avec cendres
pyriteuses ; 4° trèfle plâtré ; 5° blé avec cendres. Dans
l'Oise, auprès de Clermont, M. Hette, directeur de la
ferme agricole et industrielle de Bresle, loue pour y culti-

ver des betteraves, à raison de 150 à 180 francs l'hectare, des terres qui, pour la culture ordinaire, ne se louent que 120 francs.

On sème les betteraves, dans le centre de la France, du 15 mars au 30 avril; dans le Sud, du 1er au 30 mars; dans le Nord, du 1er avril au 15 mai. Les semis trop hâtifs, outre qu'ils sont exposés à la gelée, donnent des plantes dont une grande partie montent en fleur dès la première année; ceux trop tardifs souffrent beaucoup de la sécheresse de l'été. On sème de deux façons, en lignes et sur places, à la volée et en pépinière, pour transplanter. Le premier procédé est le plus usité, parce qu'il est le plus simple et le plus économique, et que la transplantation ne réussit ni sous tous les climats ni dans tous les sols. Le second convient au système de culture intensif, sous les climats un peu humides de l'Ouest et du Nord, parce qu'il permet de retirer une récolte du sol avant d'y planter les betteraves.

Pour semer en place, on rayonne le sol au moyen d'un cordeau tendu et d'une serfouette, ou mieux, à l'aide d'un rayonneur à cheval; la distance entre les lignes doit être de $0^m,40$ à $0^m,50$ pour les betteraves à sucre, et de $0^m,55$ à $0^m,65$ pour les betteraves fourragères; les rayons auront $0^m,05$ de profondeur; des femmes placent les graines dans ces rayons, à raison de 3 à 5 graines par poquets distants de $0^m,25$ à $0^m,35$ les uns des autres, suivant la variété de betteraves qu'on cultive; un homme les suit, recouvrant la graine au râteau. Trois hommes et six femmes peuvent ensemencer ainsi un hectare par jour. Ailleurs, on sème au semoir à brouette ou encore au semoir à cheval. Quand on sème sur billons, on trace au cordeau ou au rayonneur une ligne sur le sommet de chaque billon et on y fait

déposer et recouvrir les semences en poquets, à la main.
Quelques cultivateurs y font promener à bras une brouette
dont la roue armée de chevilles indique sur le sol la distance régulière à laquelle doivent être espacés les poquets.
Dans les semis en lignes et à plat, on sème souvent d'une
manière continue, de façon à avoir 25 à 30 graines par
mètre en lignes continues; on emploie 5 à 6 kilos de semences; en poquets, $2^k,500$ à $3^k,500$; au semoir à brouette,
3 à 4 kilos, et au semoir à cheval 4 à 5 kilos. La graine
doit être recouverte de $0^m,015$ à $0^m,025$, et pour cela on
emploie, soit une palette en fer, soit le râteau à main, soit
une herse renversée, puis on donne un coup de rouleau
pour bien appuyer la graine, écraser les petites mottes et
conserver de la fraicheur.

La graine de betteraves pèse de 25 à 28 kilos l'hectolitre et peut se conserver cinq à six ans et même davantage, sans perdre sa faculté germinative.

On sème en pépinière quand les terres qu'on veut cultiver en betteraves sont trop fortes, se battent aux pluies
de printemps, et forment à la surface une croûte qui empêche la jeune plante de lever, inconvénients qui n'exis-
tent pas dans le terrain de la pépinière qu'on choisira; ou
encore quand on fait succéder la betterave à une céréale
fauchée en vert, ou à un fourrage, comme le trèfle incarnat, les vesces d'hiver, etc. La pépinière doit être en terrain riche et frais, bien nettoyé et bien ameubli; on l'abri-
tera autant que possible des vents du nord et de l'est par
des paillassons, des claies, ou au moins des fossés élevés,
à défaut d'abris naturels, de murs ou de rideaux d'arbres;
on sème en mars, soit en lignes distantes de $0^m,10$ à $0^m,12$,
soit à la volée, à raison de 30 à 35 kilos par hectare. On
recouvre au râteau, et on paille, afin de pouvoir arroser

sans battre le sol; on sarcle et on éclaircit selon les besoins. Un hectare de pépinière suffit en moyenne pour fournir à la transplantation de 10 hectares.

Pendant ce temps, on a pu préparer le sol; ameublissement profond, fumure abondante en engrais bien décomposés et facilement assimilables, nettoyage complet du sol, voilà le but; voici comment on l'atteint dans le Nord :
« A Guizancourt, la terre destinée aux betteraves est pré-
« parée de la manière suivante : l'hiver, elle reçoit un
« gros labour qui enterre le fumier à la dose de 45,000 ki-
« los environ par hectare; derrière la charrue Brabant,
« on fait souvent passer la charrue sous-sol, afin d'ameu-
« blir celui-ci, et de permettre à la betterave de piquer
« plus profondément. Au printemps, on donne des bino-
« tages croisés, au nombre de deux ou trois, et quelque-
« fois plus sur les terres tenaces, jusqu'à ce que la surface
« soit bien pulvérisée; chacun d'eux est rabattu par deux
« hersages à arrière-dents, en long et en travers, suivis
« d'un coup de rouleau s'il est nécessaire, et d'un hersage
« à pleines dents; puis on donne un labour de $0^m,18$ à
« $0^m,20$ de profondeur; on fait passer le rouleau de bois
« dans le sens du labour, on herse à pleines dents, et l'on
« termine par un coup de rouleau-hérisson, également à
« pleines dents.

« Le rouleau-hérisson est un excellent instrument pour
« l'ameublissement des terres : il se compose de trois rou-
« leaux de bois fixés à un grand châssis que l'on peut
« charger de pierres à volonté. Les rouleaux ont chacun
« $0^m,20$ de diamètre et $1^m,80$ à 2 mètres de longueur. Ils
« sont munis de six rangées de dents recourbées, en fer,
« au nombre de quatorze à seize par rangée, qui peuvent
« travailler, soit en avant pour ameublir le sol à la ma-

« nière d'une herse ordinaire, soit en arrière pour tasser
« le sol et écroûter sa surface, de même que le rouléau
« Croskill. » (L. Lerolle, *ut supra*.)

Dans les terres qui manquent de profondeur, on ne met
le fumier que sur l'avant-dernière façon de printemps, et
on l'enterre à la charrue ou au butteur, en formant des
billons sur le sommet desquels on sème ou on repique.
Nous avons employé ce système à Martinvast, et nous en
avons été fort satisfait. M. Decrombecque dans le Nord,
M. Bodin en Bretagne, M. Giot dans la Brie, se félicitent
aussi de son adoption.

On transplante de la mi-mai à la mi-juin, lorsque la racine des plants a atteint la grosseur d'un tuyau de plume
d'oie, dans sa partie moyenne, et celle du petit doigt à
son collet. On a dû arroser copieusement, la veille au soir,
la partie de la pépinière qui devait être arrachée le lendemain, afin que les racines ne se rompent pas et que l'arrachage soit plus facile; cet arrachage, d'ailleurs, ne doit
avoir lieu qu'au fur et à mesure de la transplantation; il se
fait à la main ou à la petite fourche à deux dents, ou encore
à la bèche; on porte à mesure le plant à l'ombre, où on
retranche à l'ongle ou au couteau une partie des pivots
trop longs et où on rogne les feuilles à la distance de
$0^m,06$ à $0^m,08$ du collet; cette opération s'appelle l'habil-
lage. Le plan est réuni en bottes et porté sur le champ pour
y être repiqué. Souvent, on trempe les racines dans une
bouillie composée d'eau, de purin, de bousés de vaches, de
noir animal, de cendre ou de suie, dans le double but de
les abriter contre le soleil, de leur fournir de la fraîcheur
et de faciliter ainsi leur reprise.

Le sol ayant été rayonné à la distance voulue, des
femmes (une pour chaque planteur) déposent le plant sur

16.

la ligne; l'homme muni du plantoir simple ou double met les plants en place, en ayant soin de ne pas replier les racines, de ne pas enterrer le collet, et de bien appuyer le sol avec le pied après la mise en place. D'après M. Heuzé, un ouvrier arrache et plante, aidé d'une femme, 1,800 à 2,000 plants par jour, et on paye à tâche, pour la plantation, 1 fr. par 1,000 plants. Si donc on plante les lignes à $0^m,65$ et à $0^m,27$ dans les lignes, on aura 57,000 plants par hectare, et la plantation reviendra à 57 fr.

Fig. 64.

Plantoirs simples et doubles pour les betteraves, le colza, etc.

Si on plante les lignes à $0^m,60$ et à $0^m,31$ dans les lignes, on aura 52,500 plants par hectare, et on payera 52 fr. 50 c.; enfin, si on plante à $0^m,50$ entre les allées et à $0^m,30$ dans les lignes, on obtiendra 66,000 plants par hectare, et on payera 66 fr. Le mieux est de choisir pour la transplantation un temps couvert et qui menace de pluie. L'arrosage est souvent peu coûteux et peut assurer une récolte que des sécheresses prolongées rendraient problématique; on peut employer un tonneau à purin et des arrosoirs, et donner un litre par plant; ce seraient donc environ 55,000 litres, ou 55 mètres cubes, ou 55 voyages d'un tonneau contenant 1,000 litres; lorsqu'on se trouve peu éloigné d'un cours d'eau, on voit que cette opération peut être pratiquée à peu de frais.

Il y a une douzaine d'années, on a beaucoup parlé d'une méthode particulière dite méthode Kœchlin : elle consistait à semer la betterave sur couches, en pépinière, en

janvier, à repiquer vers la mi-avril, et à espacer les
plants à 1 mètre entre les allées et à 0^m,50 sur les lignes.
On obtenait ainsi des betteraves énormes et un produit de
2 à 300,000 kilos par hectare. Ce système a été essayé à
Mettray, à Pont, à Orange, etc., par MM. Minangoin,
Millet, Aug. de Gasparin; M. Kœchlin a obtenu 340,000 kilos; M. Aug. de Gasparin, 110,000 kilos par hectare. Ce
système a sa place marquée dans le Midi, et dans la petite culture; mais il exige une mise de fonds trop élevée,
un mobilier trop considérable pour la culture en grand.

En 1854, M. le D^r Le Docte a proposé le système de culture en quinconce au moyen de toute une série d'instruments nouveaux : rayonneur-sarcloir, semoir-plantoir,
houe à main circulaire, etc. On espaçait les poquets de
0^m,38 à 0^m,39 d'un côté, sur 0^m,48 de l'autre; on dépo-
sait de 5 à 7 graines par poquet, pour n'en laisser qu'un
plant plus tard, et on employait de 7 à 9 kilos de semence
par hectare. M. Dailly a obtenu, par ce système, une augmentation de produit de 14,000 kilos par hectare sur le
semis en lignes ordinaires; M. le baron Peers, en Belgique,
a constaté exactement la même différence, et calculé que
les 1,000 kilos de racines lui revenaient, par la méthode
ordinaire, à 11 fr. 37 c., et par le système Le Docte, à
7 fr. 75 c. (*Ann. de l'Agric. franç.*, v^e série, 1854, t. IV,
p. 532.)

La graine de betteraves est formée d'un fruit à cinq
loges; chaque fruit peut donc donner naissance à cinq
plantes; aussi faut-il se garder de semer trop épais, dans la
crainte d'obtenir des germes étiolés. Quelques cultivateurs
font tremper la graine, avant de la semer, pendant trois à
quatre jours, dans de l'eau additionnée de purin, ou pendant quatre à cinq heures, dans de l'eau vinaigrée, dans

le but de hâter la germination qui, sans cela, n'a lieu qu'après dix à vingt jours, suivant que le temps est chaud ou froid, sec ou humide. «Aussitôt après l'ensemencement,» reprend M. Lerolle, « on passe le rouleau ordinaire, ou « mieux le rouleau-hérisson à arrière-dents, afin de ne « pas ramener les semences sur le sol. Après la levée, « lorsque les lignes sont dessinées assez nettement par les « feuilles cotylédonnaires, on roule de nouveau pour em- « pêcher le sol de se trop dessécher, pour le fermer, comme « disent les cultivateurs du pays, et aussi pour rendre « plus facile le sarclage à la rasette. On répète encore ces « roulages quelques jours après, une et même deux fois, « car le succès des semis, sur les terres de la nature de « celles de Guizancourt au moins, paraît dépendre de ces « roulages répétés et faits en temps opportun.

« Les sarclages se font, dans le nord de la France, à la « rasette flamande ; le premier se donne à la fin de mai « ou au commencement de juin, dès que les lignes sont « visiblement tracées par l'entier développement des « feuilles cotylédonnaires, ou, au plus, lorsque les deux « feuilles primordiales commencent à s'allonger. Les sar- « cleuses sont disposées en bandes dirigées par un chef ; « chacune d'elles travaille deux lignes à la fois, en faisant « sur les parties déjà sarclées le moins de pas possible ; « elles enfoncent peu la rasette, de manière à écroûter « seulement le sol et à couper peu profondément les ra- « cines des mauvaises herbes sans déranger celles des bet- « teraves dont elles évitent de trop approcher les lignes.

« Le second sarclage est celui qui demande le plus d'at- « tention ; c'est par celui-là que l'ouvrière démarie, qu'elle « met les betteraves en place, c'est-à-dire qu'elle les « éclaircit d'une manière convenable. On le donne quinze

« jours ou trois semaines après le premier, lorsque les
« feuilles ont atteint 0^m,03 à 0^m,05 de longueur. Les sar-
« cleuses travaillent alors sur les côtés de la ligne ; elles
« avancent toujours sur la partie déjà faite, détruisant les
« plants superflus, et ne laissant que les plus beaux espa-
« cés entre eux de 0^m,50 sur la même ligne ; elles donnent
« du labour en enfonçant la rasette de toute la longueur
« de son fer, et elles épluchent à la main les mauvaises
« herbes qui entourent le jeune plant.

« Le troisième suit le précédent à trente jours environ ;
« on le donne en juillet ou août, avant que les feuilles
« aient entièrement couvert le sol. Ces sarcleuses pren-
« nent les lignes en long comme au premier sarclage,
« lorsque la terre est assez propre ; au contraire, elles les
« prennent en travers comme au second, mais en mar-
« chant toujours devant elles au lieu de s'avancer sur le
« côté, si le sol est encore couvert d'herbes. Cette fois aussi
« elles binent profondément, ramassent à la main les
« mauvaises herbes, le mouron surtout, qu'elles rassem-
« blent en petits monts entre les lignes.

« On donne le plus généralement trois sarclages ; ce-
« pendant, lorsque la terre est très-propre, on peut n'en
« donner que deux, en démariant au premier sarclage ; on
« en donne, au contraire, quatre ou cinq, lorsque la terre
« est très-sale. Au troisième sarclage, M. Demesmay, de
« Templeuve, fait butter ses betteraves en rassemblant la
« terre à leur collet au moyen de la rasette.

« Lorsqu'on fait ce travail à façon, on paye par hectare
« 7 fr. 50 c. à 10 fr. 50 c. par hectare pour le premier sar-
« clage ; 16 fr. 50 c. à 18 fr. pour le second ; 12 fr. à 13 fr.
« 50 c. pour le troisième, et 36 à 42 fr. pour les trois
« sarclages réunis. »

Dans les pays où la main-d'œuvre est rare, les sarclages se donnent partie à la houe à cheval, et partie à la houe à main. Il y a un grand nombre de houes ou de bineuses

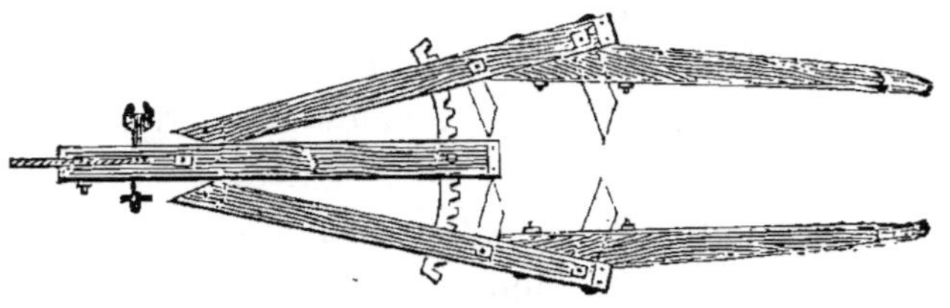

Fig. 65.
Houe à cheval de Roville, perfectionnée (vue de dessus).

à cheval. Celle le plus généralement employée est la houe à cheval, houe Dombasle ou de Roville, qui porte quatre

Fig. 66.
Houe à cheval de Roville, perfectionnée (vue de profil).

ou six socs verticaux coudés vers le bas et un soc horizontal de forme triangulaire; ou encore la houe de Hohenheim, qui est armée de trois socs triangulaires, le premier horizontal et à deux ailes plates, les deux postérieurs recourbés et en forme de soc à une aile, disposition imitée dans la houe Converset. L'un des principaux avantages de la houe Dombasle, c'est que les couteaux peuvent être éloignés ou rapprochés suivant l'écartement des lignes, à la volonté de celui qui dirige l'instrument; on peut donc

approcher le plant partout, quelque irréguliers que soient
les rangs, sans jamais endommager les plantes. Quand on
a planté en quinconce, la houe peut donner le sarclage

Fig. 67.
Houe à cheval de Hohenheim (vue de profil).

complet; lorsqu'on a semé en lignes seulement, il faut,
après la houe, faire passer des ouvriers armés de binettes

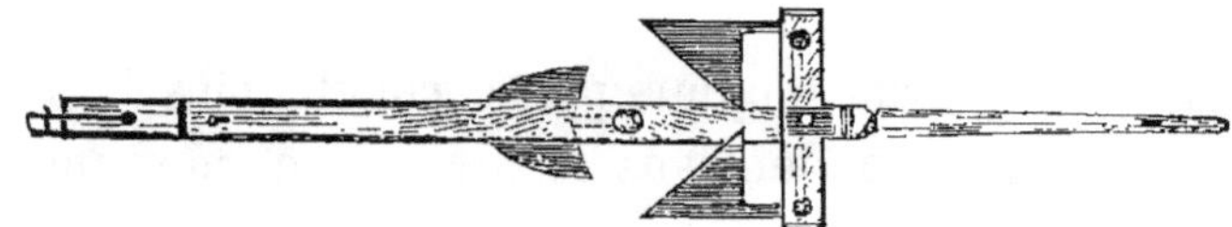
Fig. 68.
Houe à cheval de Hohenheim (vue de dessus).

ou de houes à main pour détruire l'herbe qui est restée
entre les plants sur la ligne même.

Les houes et bineuses anglaises (Smith, Garett, etc.)
sont bien plus compliquées et d'un prix fort élevé. Elles
consistent, en général, dans un châssis en fer monté sur
deux roues, et qui porte des socs nombreux et divers de
formes, mis en mouvement par la marche même de l'instrument; on dispose ces petits socs suivant l'écartement
des lignes et on choisit ceux de forme le mieux appropriée
au genre de façon qu'on désire donner.

La houe peut donc, en partie, remplacer le bras des sarcleurs, mais seulement pour l'espace compris entre les lignes; le binage dans la ligne, le démariage, etc., doivent toujours se faire à la main.

On a souvent recommandé le buttage des betteraves, afin d'empêcher le collet sortant de terre de verdir et de perdre une certaine proportion de sucre; en effet, le collet

Fig. 69.
Butteur de Roville (vue de profil).

des racines renferme toujours plus d'eau et moins de sucre que la partie moyenne, dans la proportion moyenne de

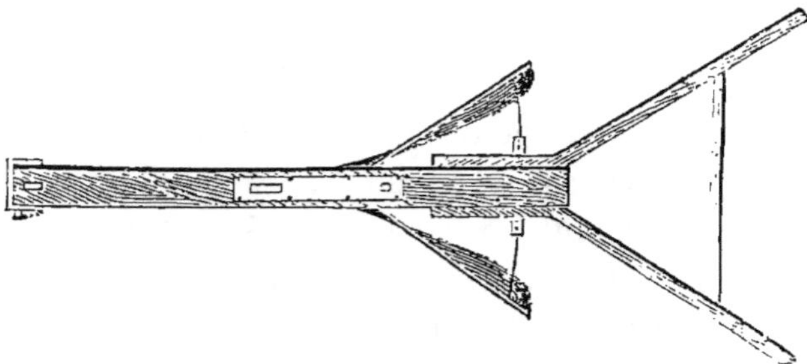

Fig. 70.
Butteur de Roville (vue de dessus).

2 à 12; la partie supérieure de la betterave, comparée à sa portion inférieure, présente elle-même une différence

en moins de 1,16 p. 100 de sucre, en moyenne, selon
M. Payen. Ce buttage s'obtient avec la charrue à deux
versoirs, dit butteur, dont les ailes, presque planes, peuvent s'écarter à volonté, et dont le soc en fer de lance
ouvre la terre que les ailes remontent ensuite, en formant
deux moitiés de billons ; le butteur s'attelle d'un seul cheval dans les terres légères, ou de deux chevaux placés en
flèche ou l'un devant l'autre, dans les terres fortes. On
obtient le même résultat, mais moins parfait et avec le
double de temps, d'une araire simple, ou d'une charrue à
un seul versoir. Un butteur peut façonner, avec un homme
et un cheval, un hectare et demi de betteraves par journée
de dix heures.

La betterave a, comme toutes les plantes, plusieurs ennemis dans le règne animal : M. Armand Bazin a signalé
en 1839 les ravages d'un petit coléoptère, l'*atomaria
linealis* (1), qui, en juin, juillet et août, ronge les jeunes
feuilles de la plante qu'il parvient souvent à détruire, et
attaque parfois même sa racine. Les moyens employés
avec le plus de succès contre lui par M. Bazin sont : 1° les
semis épais; 2° l'alternance des récoltes; 3° le plombage
du sol par le rouleau; 4° les fumures abondantes qui ac-
tivent la végétation. Un autre coléoptère, le *cryptophagus
flavicornis*, a été signalé par M. Blanchard, mais il paraît
peu redoutable. Il n'en est pas de même d'un troisième
coléoptère du genre charançon (*curculio*), un *cleonus* indéterminé, dont M. Arthur Sanrey a décrit les ravages
parmi les betteraves de l'Ukraine (Russie méridionale),
et l'invasion en Bohême et en Allemagne, depuis dix-huit

____

(1) Voir *Guide pratique d'entomologie agricole*, p. 57. *Biblioth.
des profess. indust. et agric.* Eug. Lacroix.

17

ans. Il a 15 millimètres de longueur; il est d'un gris cendré; sa tête est terminée par un bec ou rostre en forme de
trompe, qui lui a valu le nom vulgaire d'éléphant. Dans
les temps d'humidité, il devient d'un noir mat; deux ély-
tres très-cornées, et portant quelques mouchetures protu-
bérantes, recouvrent une paire d'ailes membraneuses qui
lui permettent de voler, mais d'une manière peu régulière
et toujours parabolique. Il apparaît au printemps, au nombre d'un million environ par hectare, et se nourrit exclusivement des feuilles de betteraves, en choisissant les plus
jeunes et les plus tendres d'abord; chaque femelle pond
une soixantaine d'œufs dans la terre, et périt en juin, juillet
ou août.

Parmi les diptères, M. Blanchard a signalé l'*hylemia
coarcata*, qui ronge aussi les feuilles; parmi les lépidop-
tères, M. Heuzé a signalé, à Grignon, les dégâts de la larve
de la *noctua gamma* dont il avait déjà, dix ans auparavant, fait connaître les ravages dans les cultures de
M. Forbin-Janson (Bouches-du-Rhône). M. Pommier a
reconnu cependant que la noctuelle n'attaquait que les
betteraves endommagées déjà par le ver blanc ou larve du
hanneton (1).

Mais ce n'est pas tout, et la betterave a été, dans ces
dernières années, atteinte encore de plusieurs maladies
dont les causes et les moyens préservatifs sont à peu près
inconnus. « Une affection assez commune dans quelques
« parties de la France, disait M. Bailly de Merlieux,
« en 1842, quoique inconnue dans le Nord, est désignée
« sous le nom de *pied-chaud;* M. de Dombasle l'attribue

____

(1) Voir *Guide pratique d'entomologie agricole*, p. 47 à 50. *Biblioth.
des profess. indust. et agric.* Eug. Lacroix.

« aux froids qui surviennent dans les premiers temps de
« la croissance et aussi à la mauvaise qualité du terrain.
« Le premier symptôme de cette maladie, qui se développe
« toujours avant que les plants aient acquis six feuilles,
« est la cessation absolue de la croissance ; cependant les
« feuilles ne paraissent pas souffrir, mais si l'on examine
« la racine, on la trouve, dans le quart, la moitié, les
« trois quarts, ou même la totalité de sa longueur, flétrie,
« brune et desséchée, sans chevelu, ni apparence de vita-
« lité. Les plants attaqués de la sorte périssent souvent :
« mais souvent aussi, après huit ou quinze jours de cette
« situation, quelques journées chaudes ou une pluie douce
« font apparaître à l'extrémité des racines quelques points
« blancs, signes certains de guérison. On ne connaît pas
« de remède à cette maladie.

« Il existe encore une autre affection qui se reconnaît,
« à l'époque des récoltes, par un trou plus ou moins pro-
« fond, plus ou moins grand, qui se trouve sous le collet
« des betteraves et qui forme une sorte de plaie qu'on
« pourrait considérer comme le résultat d'une consomp-
« tion produite par des insectes ou des larves ; la cause
« de cette lésion est mal connue. Du reste, elle ne fait pas
« périr les racines ; mais, lors de leur manipulation, on les
« trouve d'un travail plus difficile et n'offrant qu'un jus
« d'une qualité inférieure. » (*Mais. rust. du XIX*e *siècle*,
t. II, p. 44.)

Depuis 1846 s'est déclarée, sur plusieurs points de la
France, une maladie qui n'est pas sans quelques rapports
avec celle appelée *pied-chaud*. Les prodromes sont une diminution dans le produit. M. Payen l'a étudiée pour la
première fois en 1846, dans le département du Nord, aux
environs de Lille ; elle s'est manifestée dans la Vienne,

en 1849, chez M. Moll; en 1850, à Verrières, dans le Gatinais, chez M. Vilmorin; en 1851 et 1852, aux environs de Valenciennes, arrondissement dans lequel, d'après M. Payen, elle a diminué de plus de vingt millions de kilogrammes la production des betteraves.

M. Payen, qui a fait de cette maladie une étude sérieuse et approfondie, remarque qu'il y a une distinction à établir entre les deux altérations qui envahissent la betterave. Il y a d'abord l'altération qui attaque de prime abord l'extrémité des racines, le bout du pivot, pour se propager plus ou moins, en remontant autour des faisceaux vasculaires jusque dans le corps de la betterave, tandis que la partie supérieure et la tête restent saines : c'est l'altération qui paraît dépendre du défaut de perméabilité et d'aération du sol. Elle paraît être la moins grave.

L'autre présente à peu près les caractères de l'affection des pommes de terre : l'altération commence par les feuilles, se propage par la tête, et n'envahit que graduellement et de haut en bas les tissus du corps de la betterave. Voici en quels termes M. Lerolle la décrit d'après nature dans son mémoire, auquel nous avons déjà fait tant d'emprunts : « Les feuilles les plus extérieures s'étalent sur le sol; elles « sont d'une coloration vert foncé; leur croissance s'arrête; dans la longueur de leur pétiole se forment des « taches noires qui semblent être les premiers symptômes « de la maladie; ces taches forment bientôt une bande qui « s'étend jnsqu'au collet de la betterave, et présente en « travers de nombreuses fissures blanchâtres. Alors les « feuilles du centre de la rosette noircissent, se crispent « et disparaissent, tandis qu'il s'élève à leur place une « nouvelle foliation que l'on compare assez communément « à des feuilles d'oseille. Sur la racine elle-même se for-

« ment des taches semblables à des meurtrissures, qui
« décomposent les tissus, les colorent, et s'enfoncent plus
« ou moins profondément dans l'intérieur de la racine.
« Quand on les ouvre, elles sont marquées de zones bien
« tranchées, de même, du reste que la plupart des bette-
« raves de qualité inférieure venant sur des terres de bois
« nouvellement défrichées. Ces betteraves se conservent
« difficilement et sont très-mauvaises à travailler, quand
« bien même on en retranche soigneusement les parties
« altérées; elles laissent dans le jus, disent les fabricants
« de sucre, un principe très-nuisible de fermentation, et
« il faut les associer à d'autres racines bien saines. On les
« reconnait facilement, dans le champ, à leur feuillage
« couché circulairement sur le sol, à la coloration noire
« du centre de la rosette des feuilles, et enfin à cette nou-
« velle pousse de feuilles étiolées qui partent du collet de
« la plante. »

En 1851, c'est la première altération, et en 1852, la
seconde, qui atteignirent les cultures de M. Moll; c'est la
première seule qui apparut en 1846 aux environs de Lille,
et la seconde qui envahit, en 1851-1852, l'arrondissement
de Valenciennes.

Au congrès scientifique de Valenciennes, M. Dumas
émit l'opinion que cette altération pouvait être due à l'in-
suffisance des bases alcalines dans les terres où sévit la
maladie. MM. Boussingault et Payen ne partagent pas cet
avis, par la raison que l'analyse chimique a constaté, dans
les terres mêmes où les betteraves sont atteintes de la
maladie, une proportion de potasse et de soude plus que
suffisante à vingt récoltes consécutives de betteraves, en
supposant qu'on n'y ajoutât aucun engrais.

M. Payen assigne deux causes principales à ces altérations : la première, la plus générale, moins complète peut-être, l'influence des pluies, c'est-à-dire des circonstances météorologiques. On sait, en effet, qu'il est constaté que la pluie remplace plus d'air qu'elle n'en peut introduire dans un sol à fond imperméable. L'excès d'eau stagnante dans le sous-sol a pu occasionner une sorte d'asphyxie des spongioles. La seconde serait le défaut d'aération du sol provenant du tassement et de la fermentation. Le défaut d'aération peut exister en dehors des influences météorologiques : ainsi il peut provenir du tassement qui rend les terres très-compactes, aussi bien que de la fermentation des matières organiques, qui absorbe l'oxygène libre et y substitue de l'acide carbonique, de sorte que le mélange gazeux se trouve alors composé surtout d'acide carbonique et d'azote; par conséquent, il est irrespirable ou délétère pour les racines des plantes. Or, c'est justement au moment où les racines arrivent à cette couche imperméable que les betteraves, serrées jusque-là, commencent à s'altérer, et toujours l'altération prend son origine du pivot et des racines inférieures pour remonter graduellement dans le corps de la betterave. M. Payen a pu constater, dans les environs de Valenciennes, que, dans les mêmes terres où les betteraves semées en place étaient en proie à des altérations graves, toutes les betteraves repiquées se sont trouvées exemptes du mal. Or la seule différence observée entre ces betteraves saines et ces betteraves attaquées, c'est que ces dernières étaient en rapport, par leurs pivots, avec le terrain privé d'air respirable, — tandis que les autres, ayant perdu leurs pivots cassés à l'arrachage, avaient été alimentées par des racines latérales restées dans la couche de terre aérée.

La conséquence pratique de cette théorie séduisante,

c'était la nécessité de défoncements, d'ameublissement, de drainage du sol. A-t-on, depuis lors, suivi plus exactement ces conseils? Nous l'ignorons; mais en tous cas, si la maladie est devenue moins fréquente, la diminution du rendement a persisté. Nous pensons pouvoir en conclure que l'affection était due surtout, comme celle des pommes de terre, à des circonstances parfaitement inconnues et peut-être météorologiques, mais principalement à l'effrittement du sol par l'abus du retour trop rapproché des betteraves sur le même terrain. Un des motifs de disparition de la maladie pourrait bien résider dans l'emploi, devenu presque général dans le Nord, des composts de terre, de débris, de résidus de sucrerie et de distillation sur les terres, ou encore, comme à Masny, d'irrigation avec les eaux de ces usines; on rendait ainsi, au sol, une partie des principes qu'on lui avait enlevés.

Depuis 1844, nous avions été à même d'observer la maladie, en Sologne, sur la belle ferme de Huppemeau, cultivée par M. Ménard, lauréat de la prime d'honneur du Loir-et-Cher. Dans toutes les terres qu'il avait marnées, les betteraves étaient atteintes, et nous avons pu voir, à plusieurs reprises, sur l'emplacement d'anciens fossés avec talus, abattus depuis le marnage, et traversant diagonalement des champs de betteraves malades, des plantes parfaitement saines et vigoureuses. Ce même fait s'est reproduit dans la plupart des fermes de la Sologne, et n'a pas encore, que nous sachions, reçu d'explication scientifique.

M. Boussingault a trouvé que la racine de betteraves champêtres et d'Alsace contenait 1,66 p. 100 d'azote à l'état sec et 0,195 à l'état normal, et les feuilles 4,50 p. 100 à l'état sec 0,40 à l'état normal. M. Boitel, d'un autre côté, a constaté, à Versailles, que 1,000 kilos de racines correspondaient, en moyenne, à 230 kilos de feuilles; il en résulte qu'un produit moyen de 40,000 kilos par hectare représenterait, pour les racines, 78 kilos d'azote, et, pour les feuilles, 36^k,80, soit, ensemble, 114^k,80. Il y a donc, dans les feuilles, une ressource précieuse à utiliser. Mais comme, au moment de l'arrachage, le bétail de la ferme ne saurait, en général, consommer ce produit si abondant et qui se conserve si peu, on a dû chercher à en tirer parti avant l'arrachage, et étudier l'influence de l'effeuillaison sur le produit en racines.

Des expériences ont été faites par Pabst, Schwerz, Yvart, Langenthal, etc.; à Hohenheim, on a trouvé que l'effeuillage diminuait la récolte de 13 p. 100; Schwerz, de 7 p. 100 quand on effeuillait une fois et de 36 p. 100 quand on effeuillait deux fois; Langenthal, de 33 p. 100. On a dit que l'enlèvement des feuilles diminuait les moyens de nutrition de la plante et, par conséquent, de développement des racines; qu'il accroissait le volume du collet et augmentait le déchet; qu'enfin il produisait des cicatrices et une déperdition de séve.

Mais voici que M. le professeur Schacht, de Bonn, en 1860, est arrivé à des conclusions toutes différentes, quant au développement des racines du moins; il a constaté par des chiffres, en effet, que le poids des betteraves n'est pas diminué par l'effeuillage; il déduisit de ses recherches anatomiques que les feuilles complétement développées ne concourent plus à la végétation de la racine, et que l'augmentation en poids et en volume de celle-ci doit être attribuée à l'action des jeunes feuilles qui se développent par le point central, appelé vulgairement cœur; que, durant la période de croissance des feuilles, la nourriture que

celles-ci prennent sert à la fois à leur propre développement et à celui des parties de la racine avec lesquelles
elles sont en rapport; que, lorsque la végétation des
feuilles faiblit ou s'arrête, leur influence sur l'augmenta·
tion en poids et en volume de la racine est nulle.

Il n'en est pas de même quant à la formation du sucre;
elle est notablement arrêtée par l'effeuillage. Il paraîtrait
même que le point du ciel vers lequel est tourné l'endroit
effeuillé a une influence sur la saccharification; car les
betteraves effeuillées du côté sud étaient plus riches en
sucre que celles qu'on avait effeuillées du côté nord. On
peut donc tirer cette deuxième conclusion, que les feuilles
complétement développées, mais encore vertes, sont indispensables à la formation du sucre dans les racines.

L'époque où il existera le plus grand nombre de feuilles
complétement développées, mais encore vertes, sera donc
l'époque pendant laquelle la formation du sucre sera la
plus active, ce qui correspond entièrement aux recherches de Brettschneider, d'après lesquelles ce travail particulier aurait lieu pendant le mois de septembre. (Ch. Bar-
bier, *Encycl. prat. de l'agricult.*, t. IX, p. 91-93.) On
comprend que ces conclusions et ces expériences ont besoin d'être vérifiées; jusque-là, il est prudent de ne commencer l'effeuillage qu'à la fin de septembre au plus tôt,
de le borner aux feuilles dont le pétiole est brisé, à celles
les plus extérieures au collet, et qui commencent à jaunir.
M. de Gasparin rapporte qu'en ne cueillant qu'une feuille
par plante, une femme en récolte 182 kilos dans une journée de dix heures.

Dans une partie de l'Allemagne, on conserve les feuilles
en silos pour l'hiver : au commencement de l'arrachage,
on recueille les feuilles et les collets et on les met en silos

par couches alternatives puissamment tassées et saupoudrées de sel. On recouvre les tas de $0^m,30$ au moins d'une terre forte et bien battue, en donnant au silo une forme conique ou prismatique, afin que la pluie n'y trouve aucun accès; on l'entoure à quelque distance de sa base d'une rigole qui devra emmener les eaux; on le visite souvent de manière à pouvoir boucher les fissures qui s'y formeront pendant l'affaissement des premiers jours. On rapporte que cette nourriture verte, après avoir subi une fermentation lente et douce, se conserve ensuite fort longtemps durant l'hiver et donne au bétail un aliment très-recherché. Nous avouons qu'un essai fait à Dampierre d'après ces indications n'a nullement réussi. Dans d'autres parties de l'Allemagne, et notamment à Hohenheim, c'est dans des cuves en ciment, et sous l'influence d'une pression, que se font ces conserves de fourrages verts mélangés.

La récolte des betteraves a lieu de la mi-septembre à la fin d'octobre, suivant le climat, les saisons et l'emploi auquel on les destine, selon aussi la nature du sol et la culture qui doit leur succéder. Dans le Nord, où les gelées sont précoces, où les semailles de blé doivent être faites de bonne heure, on arrache à la fin de septembre ou au commencement d'octobre. Dans les sols argileux, où le piétinement gâte la terre, où les charrois deviendraient difficiles et coûteux, on arrache plus tôt que dans les terres légères. D'un autre côté, il est désirable que les racines soient arrachées par le beau temps, ressuyées et nettes de terre, et mises en silos sans avoir reçu la pluie; leur conservation en est d'autant plus assurée.

On arrache à la main les variétés qui, sortant beaucoup de terre, comme la disette, tiennent peu dans le sol et donnent une prise facile; on arrache au louchet ou à la

bêche, parfois à la charrue, les variétés qui sortent peu
de terre ou qui ont végété dans un sol argileux et qu'on
récolte par la sécheresse.

Voici comment s'opère l'arrachage dans le Nord, toujours d'après le mémoire si pratique de M. Lerolle : « Ce
« n'est qu'à la fin de septembre, et surtout dans tout le
« courant d'octobre, lorsque le champ présente dans son
« ensemble une teinte jaune bien prononcée, que l'on
« opère l'arrachage des racines. Les betteraves à sucre ne
« s'accroissant pas hors de terre, on ne peut, comme les
« disettes, les arracher en les tirant immédiatement par
« leurs feuilles; il faut, au préalable, les détacher cha-
« cune de la terre qui les étreint. Pour cela, un homme
« enfonce le louchet (sorte de bêche étroite dont la lame
« est en bois, et le tranchant seul en acier) près de la
« betterave, soulève un peu la terre en pesant sur la poi-
« gnée du louchet avec la main droite, tandis que de l'au-
« tre il l'arrache par les feuilles, la secoue deux ou trois
« fois sur le manche, et la jette de côté; puis il retire son
« louchet, et procède de la même manière à l'arrachage
« de chacune d'elles. Le déplanteur s'avance de quelques
« rangées dans la pièce, et à mesure qu'il arrache les bet-
« teraves, il les jette de manière à en former une circon-
« férence, ou plutôt un rectangle de 2 à 4 mètres de côté;
« les feuilles sont toutes dirigées en dehors; il en laisse
« quelques-unes au milieu pour déplanter en dernier et
« pouvoir se guider. De l'un des points de ce rectangle,
« un homme ou une femme, à genou sur le sol, décollette
« la racine avec une vieille serpette, ou mieux un coupoir
« mince fait avec une vieille lame de faux, et de forme
« rectangulaire, ayant environ $0^m,25$ de longueur et $0^m,10$
« de largeur. La coupeuse décollette la betterave par un

« coup donné le plus près possible des feuilles, et donne
« de nouveau un, deux ou trois autres coups plus faibles
« autour de la tête, pour couper toutes les naissances des
« pétioles des feuilles; elle continue ainsi en suivant
« toute la ligne, laissant les feuilles sur cette ligne, mais
« jetant, à mesure qu'elles sont décolletées, les racines
« au centre. Enfin, lorsque ce travail est terminé, elle
« recouvre le mont de racines avec toutes les feuilles
« qui l'entourent. On paye aux déplanteurs 30 fr. par hec-
« tare pour faire les précédentes opérations.

« Dans les environs de Lille on décollette les bettera-
« ves au louchet, et voici comment on opère : deux hom-
« mes, suivant chacun une ligne, enfoncent leur louchet
« près de chaque betterave, en faisant une pesée, de ma-
« nière à la soulever un peu; une femme suit ces deux
« hommes, arrache les betteraves une à une, et les cou-
« che ensuite sur le sol; alors une autre femme arrive le
« long de ces lignes, et coupe le collet des betteraves avec
« un louchet tranchant. Cette méthode est plus expédi-
« tive et bien moins parfaite; aussi, pour ne pas perdre
« la partie du collet qui reste au bouquet de feuilles, on
« en fait des bottes liées avec de la paille de seigle, et on
« ramasse de suite ces collets avec leur feuillage, on
« les met en monts sur le champ, pour les rentrer de
« suite à la ferme et les donner au bétail. »

Nous ferons remarquer ici que le décollettage est une
opération délicate, d'où dépend en grande partie la conservation des betteraves, et qu'on abandonne trop souvent
à la négligence ou à la paresse des ouvriers. Il est, d'un
côté, important de ne rien conserver de substances aussi
fermentescibles que les feuilles; d'un autre côté, il faut
laisser le collet dans toute son intégrité; la betterave ne

se conserve qu'à la condition de conserver le germe de la
vie à l'état latent; le collet c'est sa tête; si on le coupe,
on n'a plus qu'une matière inerte, dénuée de toute force
vitale pour réagir contre les causes nombreuses de destruction. Quand les racines doivent être conservées un
certain temps en silos ou en celliers, il faut donc nettoyer
soigneusement le collet tout en le respectant, enlever
toutes les feuilles, pétioles, pousses, vertes ou sèches,
faire tomber la terre plus ou moins humide qui remplit
les interstices des radicules, et ne mettre en silos que par
un temps sec, plutôt froid que chaud.

Ceci dit, nous continuons avec M. Lerolle : « Pour le
« service de la sucrerie, ce sont ordinairement des tom-
« bereaux conduits par trois bœufs, attelés au collier, qui
« transportent les betteraves. On conduit alors sur le
« champ les bêtes bovines que l'on destine à l'engraisse-
« ment, pour consommer les parties les plus grosses des
« collets et des feuilles; puis le troupeau de moutons,
« pour manger les parties les moins grossières; et le reste
« est éparpillé, aussi également que possible, au fourchet,
« pour être enterré ensuite à la charrue.

« Les betteraves que l'on destine à être fabriquées de
« suite sont conservées en gros tas recouverts de paille;
« celles qui ne doivent rester que jusqu'aux premières
« gelées sont mises en silos au-dessus de terre et couvertes
« de paille de colza et de terre prise sur le champ même;
« mais celles que l'on doit garder plus longtemps sont en-
« tassées dans des silos creusés en terre, de $0^m,80$ de pro-
« fondeur et autant de largeur. Dans le champ où ils doi-
« vent être établis, on creuse deux de ces fosses d'une
« longueur indéterminée, et espacées entre elles de $2^m,50$;
« c'est dans cette partie mitoyenne que l'on rejette la terre

« provenant de ces fosses; les silos qui viennent ensuite
« sont à une distance de six mètres, afin que les chariots
« puissent les aborder tous. On paye, pour creuser ces
« silos, 0 fr. 05 le mètre linéaire; 0 fr. 06 pour les recou-
« vrir de terre sur une épaisseur de $0^m,20$; 0 fr. 20 pour
« découvrir les silos, en ôter les betteraves et les jeter
« dans le tombereau, avec l'aide toutefois du bannier; et
« enfin, 0 fr. 02 à 0 fr. 03 pour les reboucher. De place en
« place, on laisse une ouverture pour aérer les silos et
« empêcher l'échauffement des racines; il faut cependant
« avoir soin de reboucher ces ouvertures dès que la gelée
« se fait sentir.

« Dans beaucoup de sucreries, on fait des silos isolés,
« afin que, si la fermentation venait à s'établir dans une
« partie, elle ne puisse pas gâter une grande quantité de
« betteraves; ils sont alors disposés dans tout le champ;
« la mise en silos est plus prompte, mais le champ ne
« peut être labouré avant l'entier enlèvement des bette-
« raves. M. Decrombecque met ensemble les feuilles et
« les racines, et il assure qu'avec cette méthode les bette-
« raves s'altèrent moins, que, la végétation continuant
« très-lentement, la fermentation est moins à craindre.
« Ce n'est qu'en dessilottant, c'est-à-dire pendant tout le
« courant de l'hiver, que l'on décollette les betteraves.
« J'en ai vu chez lui, à la fin de décembre, dont les
« feuilles étaient encore bien vertes, et dont les racines
« ne présentaient aucun signe d'altération. »

Nous ajouterons qu'on donne ordinairement aux silos de
racines une forme prismatique; on choisit, dans le champ,
l'emplacement le plus sec; on enlève, à l'endroit que doit occuper le silo, de $0^m,20$ à $0^m,30$ de la terre végétale qu'on
jette de côté, pour l'employer à recouvrir ensuite; on place

soigneusement les racines, à la main, de façon à donner aux tas une forme régulière ; si le temps est beau, on laisse sécher pendant un ou deux jours avant de couvrir, en abritant seulement de quelques feuilles ou d'un peu de

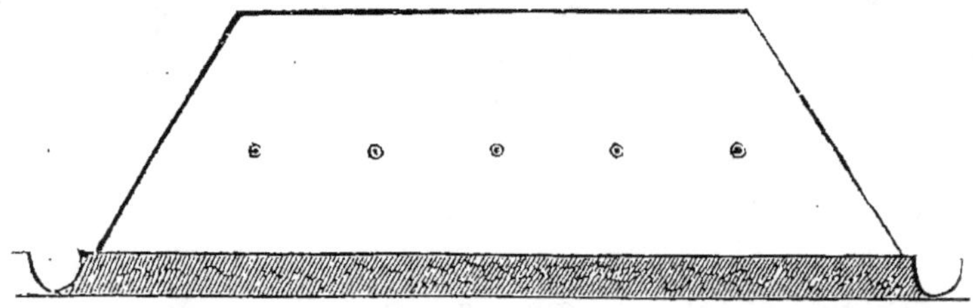

Fig. 71.
Silo vu en longueur.

paille pour intercepter les rayons directs du soleil. Il s'agit ensuite de recouvrir, en prenant la terre autour du silo et formant une rigole dont le fond doit être plus bas que la

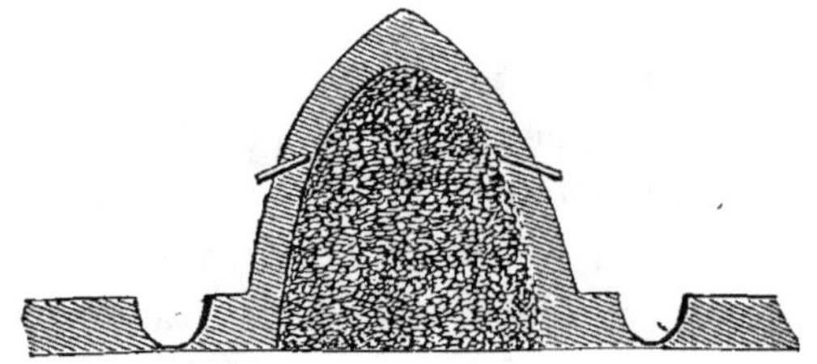

Fig. 72.
Coupe en travers d'un silo de betterave.

sole du silo ; on couvre ainsi les tas de $0^m,30$ à $0^m,45$ d'épaisseur de terre sur les côtés, et de $0^m,50$ au sommet, on place de mètre en mètre, sur les côtés, des tuyaux de drainage de $0^m,10$ de diamètre, inclinés extérieurement vers la terre, et qui servent à aérer le silo ; quand les gelées arrivent, on bouche ces drains avec de la paille et on les débouche tous les deux ou trois jours dans le milieu de la journée. La terre qui forme la couverture des tas doit être bien battue à la bêche ou au louchet, et on a eu soin de donner écoulement à la rigole qui enceint les silos. Les drains, mis en place quand on dessilotte, peuvent servir durant de longues années. L'essentiel est de soustraire les racines à l'humidité et au froid, et de les aérer pour empêcher la fermentation. Il faut visiter les silos de temps en temps afin de vérifier l'état de conservation, et ne pas hésiter à ouvrir et trier ceux dans lesquels l'affaissement du tas annonce un commencement de putréfaction.

Les silos en plein champ, quoique plus coûteux peut-être, doivent être préférés au mode de conservation dans les caves, celliers ou magasins ; la température s'y conserve moins élevée et plus égale ; l'inspection et le triage sont plus faciles, les chances d'avaries moins nombreuses, et les remèdes à y apporter plus prompts et plus économiques.

M. Schattenmann, en 1853, a proposé un moyen de conservation en celliers, peut-être un peu coûteux, mais qui offre beaucoup de sécurité. Voici comment il procède : Lors de la récolte, il rentre les betteraves avec toutes les feuilles qu'il fait couper ; lorsque les racines sont bien sèches, il les place en celliers en tas de toutes dimensions ; il dépose sur le sol une faible couche de cendres de lignites, de cendres de houille ou de tourbe, ou enfin de sable sec, et lorsqu'il y a une couche de un mètre de hauteur, il la couvre à la pelle de cendres ou de sable jusqu'à ce que tous les interstices soient remplis ; puis nouvelles couches de betteraves de un mètre, pareillement recouvertes de cendres ou de sable, jusqu'à ce que le tas soit complétement formé ; il le recouvre ensuite d'une couche de cendres ou de sable capable de garantir les racines contre l'influence de l'air, de la lumière et du froid. Les betteraves se conservent ainsi parfaitement saines jusqu'en juin et juillet.

En 1856, M. Gaspard fit connaître une autre méthode qui ne diffère guère de la précédente que par l'emploi, au lieu de cendres ou de sable, d'un mélange de 60 parties de cendres de houille, de coke ou de bois ; 30 parties de poussier de charbon de bois ; 9 de chaux en poudre, et 1 de fleur de soufre. Ce mélange absorbe fortement l'humidité du sol, de l'atmosphère et des racines.

Enfin, en 1851, M. Félix Midy avait proposé un nouveau mode de disposition des silos, basé à peu près sur l'expérience, citée plus haut, de M. Decrombecque. Il conserve les feuilles et le collet, et range les racines en tas circulaires, sans les débarrasser de la terre qui les enveloppe, les feuilles en dehors. En même temps qu'ils sont circulaires, ces tas ont, en hauteur, la forme conique, et ne présentent au soleil et à la pluie qu'un cône de feuillage impénétrable. « L'évaporation continuant après l'arrachage à la surface des feuilles, les radicules, dit-il, puiseront d'abord dans la terre qui adhère aux racines toute l'humidité qu'elle retient ; puis, cette terre étant complétement desséchée, l'évaporation par les feuilles aura lieu aux dépens de l'eau surabondante que contient la betterave ; il s'opérera donc dans celle-ci une véritable concentration de jus, sans dépense de combustible et sans formation de mélasse ; en un mot, chaque betterave agira comme un appareil d'évaporation dans le vide : mais les feuilles n'agiront pas seulement comme appareil d'évaporation, elles absorberont l'acide carbonique de l'air et accroîtront la quantité de sucre que contient la betterave. Lorsque les feuilles se dessécheront, après avoir évaporé toute l'eau superflue que contient la betterave, celle-ci aura perdu la majeure partie de son poids; on pourra alors la transporter sans inconvénient dans les silos, en retranchant les feuilles sèches désormais inutiles. »

Nous ignorons ce que la pratique peut avoir confirmé de cette théorie, en bien des points discutable, mais nous trouvons ces manipulations un peu longues et coûteuses, outre qu'elles supposent un temps assez long pendant lequel les racines se trouvent exposées à l'air, au soleil, à la gelée et à la pluie, sans autre abri que leurs feuilles.

La betterave, pendant sa conservation, soit en silos, soit en celliers, perd une partie notable de son poids par l'évaporation de son eau végétative d'abord, et ensuite par la dessiccation et la chute de la terre qui la recouvrait au moment de l'ensilage.

M. Londet a pesé des betteraves arrachées avec soin, afin de conserver toute la terre qui y adhérait; les racines furent mises en silos, puis pesées de nouveau, quand la terre desséchée était tombée au fond du tas. Les pesées donnèrent les résultats suivants :

	1ʳᵉ PESÉE.	2ᵉ PESÉE.	TERRE PERDUE.	PERTE P. 100.
1º Globes jaunes..	220 kil.	205 kil.	15 kil.	6,86
2º Jaunes grosses .	721 »	671 »	50 »	6,93
3º Silésie à sucre .	544 »	494 »	50 »	9,19

Les sucreries, dans leurs marchés à livrer avec les cultivateurs, insèrent une clause qui limite la tare de déchet qu'ils entendent supporter entre le poids des betteraves pesées à l'arrivée à l'usine et le poids des racines après lavage. Nous avons trouvé, plus haut, un déchet moyen de 7,66 p. 100; des betteraves venues en terre silico-argileuse, récoltées par le beau temps et suffisamment secouées et ressuyées, ne donnent en déchet au lavage que 3 à 3,50 p. 100; dans des terres argilo-siliceuses,

que 3,50 à 4,50 p. 100. Ces chiffres varient, en outre, suivant la variété et la grosseur des racines.

Pendant les six mois d'ensilage environ, les betteraves
perdent en somme de 10 à 15 p. 100 de leur poids, dont
4 p. 100 en terre et 6 à 11 p. 100 par évaporation; il en
résulte que leur teneur relative en sucre augmente dans la
proportion de 5 à 6 p. 100 jusqu'en janvier ou février,
point de la maturité, pour décroître progressivement ensuite. C'est donc un indice que l'extraction du sucre ou
de l'alcool, pour être économique, c'est-à-dire pour avoir
moins de matière à traiter et obtenir un rendement plus
élevé, devrait s'accomplir du 15 novembre au 15 février
environ, suivant les conseils de MM. Pelouze, Payen,
Riche, etc.

Le rendement des betteraves varie selon les sols, la
température, la variété cultivée, la richesse et la préparation du sol, l'espacement des plantes, la pesanteur spéci-
fique des racines, etc. On peut l'évaluer en moyenne de
25 à 30,000 kilos par hectare; ce chiffre s'élève parfois à
75,000 ou 80,000 kilos; par la méthode Kœcklin, on a
obtenu, nous l'avons dit, jusqu'à 340,000 kilos par hectare. Le mètre cube pèse, en moyenne, de 550 à 600 kilos,
et le poids s'élève en raison directe du faible volume des
racines.

On estime en moyenne qu'il faut 350 kilos de betteraves pour remplacer, dans la ration, 100 kilos de foin.
Mais nous avons vu plus haut que les variétés présentent
des différences notables et qui font varier ce chiffre, dans
la pratique, de 300 à 400 kilos pour 100 kilos de foin.
Quant aux feuilles, on est d'accord pour estimer que leur
valeur nutritive, comparée à celle du foin, est dans le
rapport de 6 à 1, c'est-à-dire qu'il faut 600 kilos de

feuilles pour remplacer dans la ration 100 kilos de foin.

La betterave ne doit être donnée aux animaux qu'après avoir passé par le coupe-racines qui les divise en tranches plates et minces, en disques pour le bétail à cornes, et en petits morceaux cubiques pour les moutons. Il est bien entendu qu'avant d'être jetées dans les coupe-racines, elles ont dû subir un lavage qui entraîne la terre et les petites pierres qui ébrécheraient les lames de l'instrument et pourraient casser les dents du bétail. On ne coupe à l'avance que la quantité nécessaire à chaque repas, parce que les tranches noircissent, sèchent et perdent une partie notable de leur valeur. Par le coupage, les racines augmentent de 20 à 25 p. 100 en volume, d'après les expériences de MM. Boitel et Londet; un hectolitre ras de racines coupées pèse, en moyenne, 50 kilos.

On donne les betteraves aux bœufs à l'engrais, aux bœufs de travail, aux vaches laitières, aux brebis et moutons, et, dans certains pays, même aux chevaux. Elles ne doivent cependant entrer dans la ration que pour une proportion de un cinquième à un tiers au plus (de l'équivalent total en foin), parce que, très-aqueuses, rafraîchissantes et laxatives, elles distendent et relâchent les intestins, occasionnent des diarrhées, la pourriture ou cachexie, et parfois des météorisations. Il faut être plus circonspect encore dans l'emploi des feuilles, surtout lorsqu'elles sont mouillées de pluie ou de rosée.

Les résidus de betteraves fabriquées sont de plusieurs sortes : les uns sont pressés et les autres humides. La pulpe pressée convient aux animaux adultes à l'engrais; il en faut 300 kilos pour remplacer 100 kilos de foin. La pulpe macérée, qui contient environ 75 p. 100 d'eau, convient aux vaches laitières, aux bœufs de travail et aux bêtes d'engrais, à la condition de la donner en petite quantité à ces derniers. On doit se garder d'employer les unes et les autres dans l'élevage du bétail de toute espèce (1).

Les porte-graines ont dû être choisis, sur le champ, au moment de l'arrachage, décolletés avec soin, et mis dans des silos distincts ; on les trie parmi les racines qui réunissent le mieux les caractères de la variété qu'on cultive, de grosseur moyenne, de forme régulière, dépourvues de chevelu, et parfaitement saines. On les plante en mars ou avril, dans un terrain profond, un peu frais, moyennement riche, en ayant soin d'isoler par un espace considérable les différentes variétés, s'il y a lieu, afin de n'avoir pas d'hybridation. On espace les porte-graines en tous sens, de 0^m,80 à 1 mètre ; on donne les sarclages et les binages nécessaires, et, lors de la montée en tiges, on donne à chaque plante un tuteur, sur lequel on attache les branches qui se développent. La maturité arrive de la mi-septembre à la mi-octobre, suivant le sol, la saison et le climat ; on coupe les tiges, on les lie en faisceaux qu'on suspend dans un grenier aéré, et on bat pendant l'hiver, sur une truie ou un tonneau, ou encore au fléau, mais avec précautions. Un are, ou 100 mètres carrés, planté de 100 porte-graines, peut fournir, en moyenne, de 20 à 25 kilos de graine pesant 25 à 26 kilos l'hectolitre. Nous avons dit que cette semence peut conserver pendant cinq à six ans et plus ses facultés germinatives ; il est prudent cependant de n'employer que celle de la récolte précédente ou celle âgée de deux ans au plus ; mais nous ne saurions trop conseiller à chaque cultivateur de produire lui-même la graine dont il a besoin.

(1) Voir *Économie du bétail*, par A. Gobin, t. Ier, p. 352.

CHAPITRE II

FAMILLE DES OMBELLIFÈRES

(Voir pour les caractères, ci-dessus, chapitre IV, page 235.)

§ 1. Genre daucus.

Ce genre est caractérisé par des pétales inégaux ; un involucre et des involucelles pinnatifides ; un fruit ovoïde, hérissé de poils rudes ; des pédoncules rapprochés après la maturité des graines.

A. *La carotte commune (daucus carota)* est bisannuelle ; elle a pour traits distinctifs des tiges et feuilles hérissées de petits poils assez rudes ; les feuilles sont composées et finement découpées ; les fleurs petites, nombreuses, sont blanches, sauf un fleuron central un peu plus développé et de couleur pourpre ; le fruit, d'un jaune verdâtre, présente cinq petites dents hérissées.

Cette plante, indigène en France à l'état sauvage, est le résultat d'une amélioration bien ancienne par la culture, car elle était cultivée dans les jardins des Grecs, des Romains et des Gaulois. M. Vilmorin, de 1832 à 1839, a repris, dans un but scientifique, cette œuvre d'amélioration, et dès la quatrième génération il avait obtenu des carottes jaunes et blanches d'abord, puis des carottes rouges sensiblement comparables à nos variétés améliorées.

Ce n'est que vers le milieu du siècle dernier que la carotte est entrée, comme fourrage, dans la grande culture, recommandée en Angleterre par Billing, Gardner, Ray, Cope, Arthur Young, etc.; en France, par Rozier, Yvart, Tessier, Vilmorin, etc. On a depuis lors obtenu ou introduit des variétés plus rustiques et plus productives que celles cultivées dans les jardins. Nous citerons :

1° *La carotte rouge longue de Flandre*, à peau et chair rouge, qui croît en terre, a une racine longue, de forme régulière; très-sucrée et très-nourrissante. Elle vient bien dans les sols argileux.

2° *La carotte rouge pâle de Flandre*, à peau et chair rouge jaunâtre, qui croît en terre avec un collet volumineux, a une racine un peu tortueuse et garnie de radicelles. Elle est assez hâtive, se conserve bien, et donne de bons rendements dans les terres silico-argileuses.

3° *La carotte jaune longue* ou *jaune d'Achicourt*, à peau et chair d'un jaune pâle, a une racine très-longue, avec un collet sortant assez de terre et coloré en vert, assez régulière de forme; elle est assez hâtive, se conserve bien et rend abondamment dans les terres riches.

4° *La carotte blanche des Vosges*, à peau et chair blanche, a une racine courte, conique. Elle convient aux terres peu profondes et légères; Mathieu de Dombasle la cultivait presque exclusivement. Elle craint peu la gelée, parce que son collet est fort enfoncé au-dessous de la surface du sol, et sa racine, quoique courte, atteint un très-fort diamètre, même dans les mauvais sols. Elle produit très-peu de feuilles.

5° *La carotte blanche de Breteuil*, à peau et chair blanche, à collet vert, est un peu plus allongée et moins grosse que la précédente; elle donne plus de feuilles, mais est moins rustique et moins productive.

6° *La carotte blanche à collet vert* a été importée de

Belgique en 1825 par M. Vilmorin père; elle a la peau blanche dans la partie inférieure et verte en remontant vers le collet, et la chair blanche; elle croît au tiers hors de terre, est ronde et très-allongée, de forme assez irrégulière; elle fournit beaucoup de feuilles, mais se conserve moins bien que les autres variétés. On ne doit la cultiver que sur les terrains riches, frais et profonds.

7° *La carotte rouge à collet vert*, à peau rouge dans la partie enterrée, verte dans celle hors de terre, a la chair rouge; sa racine arrondie est très-allongée; elle croît au tiers hors de terre environ, et donne peu de feuilles; elle est très-sucrée, très-nourrissante et se conserve bien, mais elle donne moins de produit que les variétés d'Achicourt, des Vosges et blanche à collet vert. Elle est très-répandue en Belgique et en Angleterre; elle se contente de sols peu profonds, mais abondamment fumés.

En Angleterre, on préfère le turneps à la carotte, comme étant d'une culture moins coûteuse, à cause surtout des sarclages, et Robert Billing lui-même, après l'avoir prônée, l'abandonna complétement. Il n'en est pas de même en France, où le turneps n'est jamais que d'une réussite très-douteuse, à cause de la sécheresse plus grande du climat. Elle a pour nous l'avantage de donner une racine d'excellente qualité et de facile conservation, enfin de former une excellente préparation pour les récoltes suivantes.

Toutes les variétés n'ont pas la même composition chimique; les diverses proportions élémentaires organiques et inorganiques varient, en outre, selon la nature du sol, la température de l'année, la grosseur des racines, etc. D'après les analyses de MM. Payen et Lecorbeiller, la carotte renferme en moyenne 86.32 p. 100 d'eau, et 13.68 p. 100 de matières sèches.

	EAU		DENSITÉ	MAT. SÈCHE
	D'après	D'après	D'après	D'après
	M. Payen.	M. Lecorbeiller.	M. Lecorbeiller.	M. Payen.
Carotte rouge longue.	85,07	85,70	1,025	14,93
— rouge pâle de Flandre........	86,22	88 —	1,002	13,78
Blanche à collet vert.	87,15	87 —	1,015	12,85
Blanche des Vosges.	85,59	86,50	1,024	14,41
Jaune d'Achicourt..	»	86 —	1,017	14 —

Johnston et Drapier y ont trouvé de 9 à 12 p. 100 de sucre cristallisable; M. Boussingault a dosé 0.30 p. 100 d'azote dans les racines fraîches et 0.85 dans les feuilles vertes. Hermbstaedt, enfin, a donné de la racine verte l'analyse suivante :

Eau......	80,00
Mucilage saccharin	6,00
Mucilage gommeux	1,75
Albumine............................	1,10
Huile essentielle......................	0,35
Substance analogue à la manne........,....	1,50
Fibre végétale, avec amidon et albumine..	9,00

99,70

Sa composition explique pourquoi elle est plus nutritive que la betterave, et aussi pourquoi elle est bien plus recherchée des animaux. Elle contient environ 9.40 p. 100 de principes respiratoires et 6.60 p. 100 de principes azotés; son huile essentielle est légèrement excitante et corrige en partie l'excès d'eau qu'elle renferme. Son sucre n'est que très-difficilement cristallisable, de sorte qu'elle est restée exclusivement plante fourragère, et que sa culture s'est beaucoup moins répandue que celle de la betterave.

Ce sont les sols silico-argileux qui semblent le mieux lui convenir; elle réussit bien cependant sur tous ceux qui sont profonds, riches, frais sans être humides; dans

18

les terres silico ou argilo-calcaires, dans celles argilo-calcaires ameublies et défoncées, dans les terres tour-beuses, etc. On la cultive beaucoup dans les marais du val d'Yèvre, où elle donne un produit moyen de 25 à 30,000 kilos par hectare. Il n'y a guère que les sols peu profonds et ceux très-pierreux qui lui soient antipathi-ques; nous n'avons pas besoin d'y ajouter ceux qui sont humides.

Comme la carotte est longtemps à lever (de 20 à 30 jours) et que la jeune plante est très-délicate, il est essentiel de ne la placer que dans une terre bien nette de mauvaises herbes; on ne peut, en effet, donner le premier sarclage que quand la plante est devenue bien reconnaissable et ne court plus risque d'être déracinée avec les herbes.

Voici le mode de préparation que nous avons vu em-ployer par le général Dumoncel, à Martinvast, où la cul-ture se faisait sur billons fumés : aussitôt la moisson ter-minée, on faisait dépouiller le chaume par le bétail, puis on donnait un labour de déchaumage de $0^m,05$ de profon-deur; à la fin d'octobre, on donnait un deuxième labour de $0^m,16$, puis, à la fin de novembre, un troisième labour de $0^m,25$ à $0^m,28$, pour enterrer une demi-fumure. On lais-sait passer l'hiver ainsi, se gardant bien de herser. Au commencement de mars, on hersait et on épandait une demi-fumure de fumier frais qu'on enterrait de suite par un quatrième labour de $0^m,20$ à $0^m,25$ de profondeur. Il ne restait plus qu'à herser et à billonner avec une charrue à deux versoirs. La première demi-fumure s'était en partie décomposée par une lente fermentation sans évaporation notable; le fumier frais, enfoui plus profondément, devait fournir à l'alimentation des racines à mesure de leurs be-soins.

Dans la préparation du sol pour cette plante, comme
pour toutes les plantes racines, il est important que le sol
soit bien ameubli dans toute sa profondeur; lorsque la
couche arable manque de fond, il est bon de recourir à la
disposition en billons sur lesquels on sème, ainsi que nous
venons de le voir, à Martinvast. Il n'est pas moins urgent,
nous l'avons dit, de nettoyer le sol par une demi-jachère,
aussitôt après la moisson.

La carotte, occupant la place d'une jachère, succède ordinairement à une céréale (orge ou avoine); elle réussit
très-bien après des betteraves ou après elle-même, à la
condition de n'en pas abuser. D'après Antoine de Roville,
elle serait antipathique, comme précédent, au colza ou à
l'orge; nous comprenons que l'orge qui lui succéderait
pourrait être exposée à la verse, mais nous n'avons jamais eu occasion de vérifier ce fait pour le colza. C'est
ordinairement une céréale qu'on place après la carotte, et
dans laquelle le trèfle et la luzerne réussissent à merveille; elle forme, d'ailleurs, une excellente préparation
pour toutes les cultures.

M. de Gasparin estime qu'il faut 100 kilos de fumier
(soit 0,40 d'azote) pour produire $26^k,600$ de racines de
carottes représentant 0,0798 d'azote; Crüd pense que cette
quantité de fumier doit donner 134 kilos de racines
(0,402 d'azote); M. Heuzé, enfin, porte le rendement de
100 kilos de fumier à 165 kilos de racines (0,495 d'azote).
Si le premier chiffre, basé sur une expérience assez incomplète d'A. Young, nous semble trop faible, les deux derniers sont bien évidemment exagérés, puisqu'ils font produire au fumier plus d'azote qu'il n'en renferme. Nous
croyons pouvoir adopter le rapport de 100 de fumier pour
75 de racines (0,225) d'azote.

Supposons une terre renfermant 150 kilos d'azote ; nous y ajoutons, par une fumure de 26,666 kilos de fumier, 106^k,664 d'azote, qui doivent produire 20,000 kilos de racines, lesquelles ont enlevé au sol 139^k,976 d'azote. La carotte lui rendant, à la récolte, par ses feuilles, si on les enfouit, 59^k,976 d'azote, le sol renferme encore 236^k,640, représentant, moins les 150 kilos de vieille force, 21,660 kilos de fumier. Ainsi, la récolte de racines, qui représente 80 kilos d'azote, n'aurait enlevé au sol que 20 kilos d'azote ou 5,006 kilos de fumier. Si on enlève les feuilles du champ pour les faire consommer au bétail, il ne restera plus dans le sol que 116^k,988 d'azote, et il se sera appauvri de 33^k,312 d'azote ; il aurait fallu dans ce cas, pour entretenir sa fécondité, donner une fumure de 35,024 kilos représentant 139^k,976 d'azote. Dans l'expérience précitée d'Arthur Young, la carotte avait pris à l'engrais 0,40 ; nous croyons pouvoir porter, en moyenne, ce chiffre à 0,50 ; il en résulte que, dans l'assolement, pour obtenir, sur une terre de 150 kilos d'azote un produit de 20,000 kilos de racines et 7,056 de feuilles pour fourrage, il faudrait fumer à raison de 70,042 kilos par hectare ; la moitié environ du fumier se répartira entre les plantes qui achèvent la rotation.

M. de Gasparin recommande, pour la carotte comme pour la betterave, d'employer des engrais peu décomposés : « Par la masse de carbone que la carotte extrait du « sol, on peut juger, dit-il, qu'elle tend à l'effriter, et « qu'il faut lui donner des engrais pailleux. L'avance « d'engrais qu'elle exige est moins considérable que celle « qui a lieu pour la betterave dont les racines moins « étendues n'occupent pas si bien le terrain. » M. de Dombasle était d'un avis contraire et repoussait les engrais pailleux, parce qu'ils contiennent ordinairement une grande quantité de mauvaises semences qui augmentent considérablement les frais de sarclage. Il faut donc s'entendre, et admettre que les fumiers ont été traités avec tous les soins nécessaires.

On sème les carottes en mars et avril dans le centre et le nord de la France; dans le Midi, on ne sème qu'en juillet, sans quoi elles montent en graine dès cette même année. Les semis se font en lignes presque toujours quand on cultive la carotte en culture spéciale; à la volée, quand on en fait une récolte dérobée. Voici le mode de préparation et de semis employé par M. de Gasparin. «On prépare le sol par une culture profonde avant ou pendant l'hiver, on herse la terre au printemps, et on lui donne deux coups de scarificateurs; le fumier étendu sur le terrain est enterré par un labour moyen qui met la terre à plat; on herse, on roule, on enraye de petits sillons à 0^m,50 les uns des autres, on sème à la main ou au semoir à roulettes, le long de ces sillons, de manière à répandre une graine tous les 0^m,04.» On peut semer en lignes à la main; des femmes, qui ont attaché à leur ceinture un petit sac contenant la graine, la laissent tomber de leur main, en courant, courbées sur les sillons qu'a dû tracer le rayonneur; c'est un travail extrêmement fatigant et par

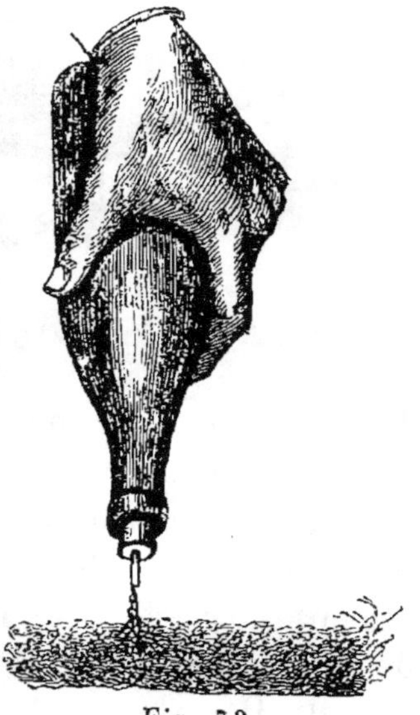

Fig. 73.
Bouteille servant de semoir
à carottes.

18.

lequel on n'obtient pas toujours toute la régularité désirable. On peut semer encore à la bouteille : c'est une bouteille de verre blanc dans laquelle on dépose la graine qui s'en échappe par un petit tuyau de plume d'oie, ou par un tube de tôle ou de zinc dont le diamètre est calculé suivant la dose qu'on veut répandre par mètre, à une allure d'homme ordinaire. On emploie souvent encore le semoir à brouette et à cuillers de Dombasle, ou le semoir à brouette et à brosses, du même; chacun d'eux ne sème qu'une ligne à la fois, mais ils sont légers, solides et d'un prix fort modique, et peuvent servir pour les betteraves, les fèves, le maïs, le blé, etc., aussi bien que pour les petites graines.

Fig. 74.

Semoir à brouette et à brosses de M. de Dombasle (vue de profil).

Un autre semoir à brouette et à cuillers, employé en Angleterre pour les turneps, nous paraît devoir être recommandé aussi pour les carottes; il peut semer trois lignes à la fois, est très-léger et d'un prix très-faible. Parmi les semoirs à cheval, nous nous contenterons de citer ceux de Hugues, de Crespel-Delisse, Jacquet-Robillard, Claës, Garrett, Hornsby, Smith, Hamoir et de Grignon. Presque tous sont en même temps disposés pour répandre les engrais pulvérulents, et recouvrir séparément la semence et l'engrais.

Qu'on sème à la main, au semoir à bras ou au semoir à cheval, les lignes doivent être espacées de 0^m,45 à 0^m,55, afin de pouvoir donner les sarclages, en grande partie, à

Fig. 75.
Semoir à brouette et à cuillers de M. de Dombasle (coupe en profil).

la houe à cheval; il ne reste plus à sarcler à la main que la ligne elle-même. On emploie, pour semer à la main, de

Fig. 76.
Semoir anglais à turneps et carottes.

4 à 5 kilos de graines par hectare; et au semoir, de 2^k,500 à 3^k,500. Cette graine a dû subir auparavant une prépa-

ration destinée à rompre les aspérités qui peuvent agglomérer les semences en petits paquets et l'empêchent de couler régulièrement dans la main ou dans le semoir. Elle consiste à la froisser dans les mains, au-dessus d'un large drap, et à la vanner ensuite. Crüd et Yvart ont conseillé de faire tremper la graine dans l'eau pour qu'elle soit mieux disposée à germer au moment du semis; mais ce trempage doit être peu prolongé (douze heures environ) et précéder de peu le semis qui ne doit avoir lieu, dans ce cas, qu'en terre fraîche et chaude, sans quoi le germe se dessécherait et la récolte serait complétement manquée. Comme toutes les graines fines, la carotte veut être peu enterrée; le recouvrement se fait à la main, à la binette, au râteau, ou avec une herse légère; il est prudent de donner ensuite un léger roulage qui pulvérise la surface du sol, comprime la terre autour des semences et renferme la fraîcheur dans le sol.

La graine, avons-nous dit, germe après vingt à trente jours, et déjà le terrain est couvert d'herbes plus précoces; cependant, pour donner le premier sarclage, il faut attendre que la jeune plante ait pris deux feuilles au moins et 0^m,03 de hauteur, afin qu'on la puisse bien distinguer et que l'arrachement des herbes ne la déracine pas. Dans les terres disposées à plat et un peu sales, ce premier sarclage doit presque toujours être fait en entier à la main; quand le sol a été disposé en billons, les lignes occupant le sommet, on peut sarcler sans crainte, entre deux, à la houe à cheval. Le premier binage s'exécute par des femmes, qui, à genoux sur le sol, sarclent les lignes, puis passent la binette à main entre les rangs; il a lieu en juin et revient à 25 ou 30 fr. par hectare. Un mois après environ, c'est-à-dire en juillet, on éclaircit, c'est-à-dire qu'on arrache les plantes les plus faibles, de façon à espacer les plus fortes de 0^m,12 à 0^m,15, ce qui donne par hectare de 120 à 130,000 plantes. Les produits de cet éclaircissage, qui s'élèvent de 10 à 15,000 kilos de fourrage, sont une précieuse ressource pour les vaches laitières et les porcs. Lorsqu'il y a des vides dans le champ, on les regarnit de betteraves ou de rutabagas, qu'on a dû semer en pépinière pour cet objet, et qu'on repique en donnant le premier binage. Le second binage a lieu quinze jours environ après l'éclaircissage, c'est-à-dire, dans la dernière quinzaine de juillet. Les carottes alors ont pris assez de développement pour étouffer les mauvaises herbes, et il suffirait, en cas de besoin, de faire passer la houe à cheval entre les lignes, dans les premiers jours d'août.

« On peut aussi, dit M. de Gasparin, semer à la volée, en employant 5 kilos de graines par hectare et en enterrant les graines à la herse. Quand les plantes sont sorties, on trace les allées au moyen de l'extirpateur garni de ses pieds espacés convenablement, de manière à laisser entre eux un intervalle intact de 0^m,15 de largeur. Il faut ensuite sarcler à la main cette bande, pour n'y laisser que le nombre de plantes nécessaire. » Cette méthode est des plus coûteuses et des moins productives, parce que les frais de sarclage sont énormes et que les racines n'ont pas l'espace indispensable à leur entier développement.

On cultive encore, dans les terrains riches, dans la Flandre française, les Vosges, la Franche-Comté, la Belgique, les carottes en récolte dérobée. On les sème alors au printemps, sur une céréale d'hiver, des fèves, du lin, des pavots, etc., au moyen d'un fort hersage et d'un roulage ; après la récolte de la plante protectrice, on donne un nouveau hersage et on fait ramasser et enlever le chaume ; quinze jours ou trois semaines plus tard, on donne un binage qu'on fait suivre d'un hersage dans le sens des lignes. Pour ce semis à la volée, il faut employer 6 à 7 kilos de semences, la plante étant exposée à de nombreuses chances de destruction. Nous ferons observer avec Mathieu de Dombasle que, si le sol n'est que médiocrement riche, le produit des racines sera bien chétif, et que s'il est très-fertile, la carotte sera à peu près inévitablement étouffée. Dans tous les cas, en prévision de cette culture dérobée, la céréale ou la plante industrielle auront dû être semées un peu clair.

La carotte se récolte à la fin d'octobre ou au commencement de novembre, avant que la température moyenne soit descendue au-dessous de $+ 9°$ C.; en effet, quoique moins sensible à la gelée que la betterave, elle redoute pourtant les froids qui pénètrent dans le sol, et sa conservation s'en ressentirait. Quelques cultivateurs commencent par faire faucher les feuilles sur pied, afin de les donner au fur et à mesure au bétail; cette pratique permet, il est vrai, de mieux et plus complétement utiliser cette excellente ressource fourragère, mais elle attaque trop souvent le collet des plantes et nuit à leur conservation par les raisons que nous avons indiquées en traitant de la betterave; on doit préférer la récolte à la faucille, avec laquelle on coupe plus loin du collet.

L'arrachage se fait à la fourche de fer à trois dents ou à la bêche, de la même manière que pour la betterave. L'arrachage à la charrue coûte au moins aussi cher et laisse dans le sol une notable partie des racines qui se trouvent coupées ou enterrées. Le décolletage et l'ensilage se pratiquent également d'après les mêmes règles que pour la betterave.

Le produit moyen peut être évalué à 20,000 kilos par hectare en culture principale et à 8 ou 10,000 kilos en récolte dérobée. Dans les bonnes terres, ce produit peut s'élever à un chiffre bien plus considérable. Ainsi Schwerz a obtenu 34,650 kilos, Thaer 35,585 kilos, Schubart 49,060 kilos, de Dombasle 50,875 kilos, etc. Nous avons vu, à Martinvast, suivant le mode de culture décrit plus haut, une récolte de 56,100 kilos, etc. M. Bella, à Grignon, a obtenu jusqu'à 62,535 kilos. En culture dérobée, on obtient dans les Flandres belges jusqu'à 12,500 kilos par hectare.

Enfin, nous empruntons à l'*Annuaire des Essais* de M. Vilmorin le tableau comparatif suivant des expériences faites en 1860 et 1862 sur les diverses variétés de carottes :

VARIÉTÉS CULTIVÉES.	NOMBRE des racines.	POIDS des racines.	POIDS moyen des racines.	PRODUIT par hectare.
		k.	k.	k.
Blanche à collet vert.	275	40,525	0,338	62,808
Rouge pâle de Flandre. . .	262	30 —	0,236	60,012
Sauvage améliorée blanche.	51	13,500	0,265	56,250
Rouge courte.	235	18,500	0,159	41,230
Blanche des Vosges	59	24 —	0,407	50,000
Blanche de Breteuil	94	24 —	0,255	50,000
Jaune courte	40	12 —	0,300	50,000
Rouge longue.	86	18,750	0,230	42,685
Rouge longue d'Altringham.	90	22 —	0,244	45,830
Sauvage améliorée rouge. .	50	11 —	0,220	45,830
Rouge demi-longue pointue.	110	21,500	0,195	44,790
Rouge longue à collet vert.	82	21 —	0,256	46,748
Rouge très-courte.	94	20 —	0,213	41,665
Rouge demi-longue obtuse.	78	18,500	0,237	38,540
Jaune longue.	95	16,500	0,179	38,115
Violette.	72	15,500	0,215	32,290

Le mètre cube de carottes pèse, comme celui de bette-raves, de 550 à 600 kilos; comme elles, elles augmentent de volume quand elles sont coupées en tranches, et l'hec-tolitre ne pèse alors que 46 kilos en moyenne.

Le produit en feuilles est à celui en racines dans le rapport moyen de 35 à 100; ainsi, un rendement de 20,000 kilos par hectare correspond à 7,000 kilos de feuilles; Schwerz, avec un produit de 34,650 kilos de ra-cines, obtenait 12,000 kilos de fanes. A Grignon, cepen-dant, on n'obtient, d'après M. Heuzé, que 20 kilos de feuilles pour 100 de racines.

Les carottes, nous l'avons dit en commençant, con-viennent fort bien à tous les animaux, chevaux, bêtes à cornes et à laine, porcs et même volailles; cependant, elles amollissent un peu les chevaux de trait et ne doivent leur être données que de temps en temps comme rafraî-chissement hygiénique. Les feuilles sont très-nourrissantes et peuvent favoriser les ravages du sang de rate là où il règne, et déterminer des apoplexies chez les porcs; il en est de même du produit des éclaircissages, qu'on doit réser-ver surtout pour les vaches laitières. Les racines se con-servent moins bien et moins longtemps, en général, que celles de la betterave; c'est par la carotte qu'il faut com-mencer l'alimentation d'hiver.

On choisit et on conserve les porte-graines, on les plante ainsi que nous l'avons dit pour les betteraves. On récolte en août et on égrène en froissant à la main les têtes séchées au soleil. Un are planté de porte-graines espacés à 0^m,50 en tous sens donne en moyenne 4 à 5 kilos de semences, qui pèsent 25 kilos l'hectolitre.

On estime en moyenne qu'il faut 275 kilos de carottes pour remplacer dans la ration 100 kilos de foin; il ne faut

que 250 kilos de feuilles pour égaler en valeur nutritive
la même quantité de foin, et 230 kilos seulement d'éclaircissage, feuilles et racines. On coupe la carotte comme la
betterave pour la donner au bétail, après l'avoir lavée.
Rarement on lui fait subir la cuisson.

Nous croyons que cette culture n'a pas reçu assez de
développements dans le centre et le nord de la France, et
qu'elle devrait plus souvent alterner avec la betterave sur
les jachères, afin de diminuer les chances d'effrittement
du sol, et parce qu'elle fournit pour les chevaux et les
brebis nourrices un aliment que la betterave ne pourra jamais remplacer. Si sa culture est plus coûteuse et moins
abondante que celle de la plante à sucre, elle n'en produit
pas moins, par hectare, une somme égale de substances
nutritives.

§ 2. Genre panais.

Le genre *panais* (*pastinaca*) a pour caractères : absence
d'involucre et d'involucelles ; fleurs jaunes ; graines planes,
elliptiques, ailées, à trois nervures sur l'un des côtés.

Le panais cultivé (*pastinaca sativa*) se reconnaît à sa
tige cannelée, haute de 1 mètre à 1^m,30 ; à ses feuilles
velues, composées de folioles lobées, incisées et dentées,
à ses ombelles larges, formées de 10 à 20 rayons, à ses
fleurs à calice de cinq pétales soudées en tube, à corolles
à cinq pétales libres, et à sa racine fusiforme. Il est
bisannuel.

Cette plante, indigène en France, est cultivée de temps
immémorial sur le littoral du Finistère en France, dans
les îles de Jersey et Guernesey en Angleterre, et dans le
pays de Waës en Belgique. Le coûteux défoncement à bras
qu'il exige a empêché sa culture de se propager dans les

contrées de riche culture où la main-d'œuvre est rare et chère, et où il peut être remplacé par la carotte.

On en connaît deux variétés : le *panais rond ou sucré*, exclusivement cultivé dans les jardins comme légume ; le *panais long*, le seul cultivé en grand. Le premier descend moins profondément en terre et est plus facile à arracher et à nettoyer ; le second est plus pivotant, plus difficile à extraire du sol, mais plus productif, et les façons de préparation et d'arrachage qu'il exige profitent aux plantes qui lui succèdent et à l'amélioration du sol. Le panais ne contient en moyenne que 78.40 p. 100 d'eau, et 21.60 de matières sèches ; il a fourni à M. Caillat jusqu'à 12 p. 100 de sucre ; enfin, il renferme une résine particulière qui paraît douée de propriétés légèrement excitantes et est très-aromatique.

Il exige un terrain frais, un climat humide, un sol profondément remué, perméable et assez riche dans toute sa profondeur, schisteux ou granitique, mais non calcaire ; l'humidité stagnante lui est entièrement contraire. On défonce le sol à bras ou à la charrue suivie du palarâtre, avant l'hiver. On défonce à bras dans la petite culture, à la bêche et à une profondeur de 0^m,60 à 0^m,70. Dans la grande culture, on laboure avec une charrue qui ouvre une raie de 0^m,20 à 0^m,25 et qui est suivie de dix-huit à vingt hommes ; ceux-ci, armés de la bêche courbe, défoncent cette raie à 0^m,20 à 0^m,25 environ, ramenant à la surface la terre du fond. Quand tout le champ a été palarâtré, on herse au printemps, on fume soit avec du fumier de ferme, soit avec des engrais de mer (frey, merl, trèz, goëmon ou varech).

On sème de la fin de janvier à la mi-mars, et surtout à cette dernière époque. La graine perdant promptement sa faculté germinative, il ne faut semer que celle qu'on a récoltée soi-même, l'année précédente. On la mélange de sable ou de cendres, et on la répand à la volée, à la dose de 3 à 5 kilos par hectare. Quelquefois aussi on sème en lignes, et il ne faut alors que 2 à 3 kilos de graine. On enterre soit au râteau à mains, soit à la herse et au rouleau.

Quand le temps est favorable, la graine lève en dix à douze jours. « Les cotylédons du panais, dit M. Delaporte, « dans un excellent article sur cette culture, sont épigés, « c'est-à-dire qu'ils paraissent hors de terre après la ger- « mination et deviennent foliacés. Ils sont lancéolés, li- « néaires, faiblement spatulés, à sommet arrondi; ils « constituent ce que l'on nomme dans toutes les plantes « à cotylédons épigés les feuilles séminales. Ils ressem- « blent assez à ceux de la carotte, mais ceux-ci sont plus « déliés, plus rapprochés et insensiblement spatulés. En- « suite, la feuille primordiale, celle qui paraît au milieu « des feuilles séminales et se montre au milieu d'elles, « apparaît unique dans le panais et double dans la carotte, « avec des formes caractéristiques. » (*Rec. encycl. d'agric.*, 1851, p. 349.)

Six semaines ou deux mois après le semis, quand la plante a pris trois feuilles, on donne un premier sarclage pendant lequel on éclaircit en espaçant les plantes à $0^m,15$ à $0^m,18$ les unes des autres. Vers la fin de juin, on donne un binage un peu profond qui sert en même temps de sarclage, et ameublit la terre autour des racines. Tels sont les seuls soins d'entretien jusqu'à la récolte.

Celle-ci s'opère au fur et à mesure des besoins de la consommation, d'octobre en mars, le panais ne redoutant point la gelée; on arrache à la bêche, ou mieux à la four-

che plate à deux dents. Quant aux feuilles, on les coupe sur place à la fin de l'automne, en prenant soin de ne pas attaquer le collet de la plante. Le produit moyen est évalué dans le Finistère à 40,000 kilos par hectare; à Jersey à 50,000 kilos; dans le pays de Waës à 45,000 kilos. On obtient en outre de 10 à 12,000 kilos de feuilles ayant à peu près la même valeur nutritive que le trèfle vert. Dans le Léonnais, on estime que 180 kilos de racines de panais peuvent remplacer 100 kilos de foin. Il convient à tous les animaux et surtout à ceux de travail, y compris les chevaux, et d'engrais; il produit un lait, un beurre, une viande et un suif excellents. « Quelquefois, dit M. Dela-
« porte, le panais est cultivé dans un assolement de qua-
« tre ans, mais sa réussite est plus certaine avec une
« rotation de six ans. Dans une grande partie des assole-
« ments du pays, surtout en dehors du littoral, cette ra-
« cine est placée sans fumure, après une, deux ou trois
« récoltes de céréales, mais elle a le bénéfice du *palardtre*.
« Ainsi, dans l'assolement des terres fortes du canton de
« Lesneven, elle vient après sarrasin, froment et avoine.
« Sur le territoire de Saint-Pol-de-Léon, elle vient sur un
« froment avec demi-fumure. A Roscoff, on le cultive,
« soit après des choux-fleurs, soit après de l'orge fumée.
« Dans les terres légères de Plourin, il vient après avoine
« non fumée, précédée de sarrasin cendré et de seigle
« fumé; dans les terres fortes de la même localité, on le
« fait après avoine non fumée, précédée d'orge fumée, de
« froment non fumé et de sarrasin cendré, etc., etc. Ce-
« pendant, avant l'introduction des autres racines dans
« l'arrondissement de Morlaix, le panais y était fumé, et
« venait sur une avoine non fumée. Actuellement, les
« fermiers avancés modifient ces dispositions d'assole-

« ment et font de leurs racines sarclées une tête d'asso-
« lement fumée qui forme une excellente préparation
« pour les cultures suivantes ; on leur fait succéder géné-
« ralement une céréale. » (*Ut suprà.*)

On a abusé du panais en Bretagne, on le voit, comme on
a abusé du trèfle, de la luzerne, du sainfoin partout ; et
l'effrittement du sol, manifesté par une diminution du
produit, a ramené les cultivateurs à des pratiques plus ra-
tionnelles. On s'explique facilement, par ces faits, l'enthousiasme momentané qui accueillit en France et en
Angleterre le système de Beatson et de Tull, mais aussi la
réaction qui ne tarde jamais bien longtemps à ramener les
droits du bon sens.

§ 3. Genre arracacha.

Ce genre, voisin du genre ciguë (*cicuta, seu conium*), est
caractérisé par : son limbe calicinal inapparent, ses pétales lancéolés ou ovales, entiers, acuminés, infléchis ;
ses styles finalement recourbés ; son péricarpe comprimé
bilatéralement, son méricarpe à cinq côtes égales non crénelées, ses côtes latérales marginantes. Ses graines adhérentes, sub-semi-cylindriques, canaliculées antérieure-
ment ; ses racines tubéreuses ; ses feuilles pennées ou
bipennées, les inférieures pétiolées, les supérieures sessiles sur leur gaîne ; ombelles terminales pédonculées.

*L'arracacha comestible (arracacha esculenta sive mos-
chata, arracacha conium sive moschatum)* ou musquée, se
distingue par ses fleurs à involucres nuls ou oligophylles ;
ses involucelles triphylles ; ses fleurs polygames ; les mar-
ginales hermaphrodites, les autres mâles ou neutres. Ce
genre, propre à l'Amérique méridionale, ne renferme que

deux espèces : l'*arracacha xanthoriza* ou *esculenta*, et le *conium arracacha*, souvent confondues ensemble.

Nous ne saurions donner sur cette plante, un instant très-prônée vers 1840, des renseignements plus complets que les suivants, empruntés au *Dictionnaire d'agriculture* de de Morogues et Vivien : « Cette plante, originaire de « Santa-Fé et de Caraccas (Amérique méridionale), fut « importée en Angleterre en 1822 par le baron Shack, qui « l'avait tirée de l'île de la Trinité, et en France, en 1828, « par M. Soulange-Bodin.

« Il y en a deux variétés : 1° l'*arracacha esculenta* de « de Candolle, *arracacha conium* de Hooker, ou *arracacha* « *xanthoriza* de Bancroft ; 2° l'*arracacha moschata* de de « Candolle, ou *conium moschatum* de Kunth. Les racines « de cette plante forment des tubérosités oblongues qui « acquièrent des dimensions considérables. Quelques- « unes sont aussi fortes qu'une forte corne de vache. La « couleur en est blanche, jaune ou pourpre, mais toutes « ces variétés sont de même qualité pour la saveur. Elle « exige un terrain noir, meuble et profond, afin que les « racines puissent prendre un grand développement. « Après trois ou quatre mois de végétation, elles sont « assez grosses pour l'usage de la cuisine, mais si on les « laisse plus longtemps en terre, elles acquièrent une « grosseur énorme sans rien perdre de leur saveur. On a « observé que l'arracacha, même dans son pays natal, « produit très-rarement des graines mûres. Les pays tem- « pérés sont ceux qui conviennent le mieux à sa culture. « Elle réussit à merveille dans les localités élevées, et « par conséquent assez froides de la Colombie, où la tem- « pérature moyenne est de $+ 15°$ C. Dans les lieux trop « chauds elle pousse trop en tiges, et ses racines devien-

« nent dures et sans saveur. On la multiplie au moyen de
« ses racines; chaque racine est couverte de tubercules
« en pointe aiguë. Celles que l'on destine à la propagation
« se séparent et se divisent de telle manière que la base
« de chaque bourgeon ait une portion charnue de 0ᵐ.05.4
« à 0ᵐ.08.1 de long qui y reste attachée. On plante les
« boutures à 0ᵐ.48, à 0ᵐ.54 entre elles, en les inclinant
« légèrement vers le sol. Quand elles sont poussées, on
« les marche et on les foule comme les patates. Lorsque
« les fleurs commencent à se former, on doit avoir soin
« de les cueillir, afin que toute la végétation soit concen-
« trée dans les racines. A Santa-Fé, où la température
« moyenne est de 23° 3/10 C., les racines acquièrent leur
« perfection en six mois; lorsqu'on expose les racines en
« plein air sur le terrain, cette opération se fait en trois
« jours au plus. Il paraît qu'à la Jamaïque, où elle croît
« très-bien, on la cultive dans des terrains maigres, tels
« que les montagnes de Saint-André, où il ne tombe que
« peu de pluie. Pour transporter avec sûreté les racines
« de cette plante, il faut les placer dans du charbon de
« bois réduit en poudre très-sèche. M. Gillet de Laumont
« a remarqué que, pendant la coction, les tubercules ab-
« sorbaient moitié plus d'eau que la pomme de terre, et
« qu'à volume égal la fécule qu'on en obtient pèse un
« huitième de plus que celle de la pomme de terre. »

Cette plante a été rappelée au souvenir des agriculteurs,
en 1845, par un rapport de M. Goudot, à la Société centrale d'agriculture; ce cultivateur aurait obtenu un produit de 45,000 kilos de ces racines par hectare. Il faut bien
nous attendre à la voir prôner de nouveau quelque jour.

On a essayé à diverses reprises, aux environs de Paris
et de Marseille, d'acclimater l'arracacha; la Société impé-

riale d'acclimatation de Paris tente encore en ce moment sa culture; mais il est présumable qu'elle ne conviendra qu'à notre colonie algérienne, ou tout au plus au midi de la France.

§ 4. Genre cerfeuil.

Le genre *cerfeuil* (*scandix*) est reconnaissable à l'absence de l'involucre, aux pétales extérieurs plus grands que ceux intérieurs de l'ombelle, à son fruit finement strié, hérissé de quelques poils courts, et surmonté d'une longue pointe subulée.

Le *cerfeuil bulbeux* (*scandix bulbosa, vel chærophyllum bulbosum*), annuel, remarquable par le développement que la culture a apporté à ses racines charnues, est, d'après Gmelin, cultivé en Russie depuis plusieurs siècles comme plante alimentaire (Thouin). M. le docteur Sacc, professeur de chimie à Neufchâtel (Suisse), a le premier signalé cette plante à l'attention des cultivateurs et horticulteurs français, en 1856; la même année, M. Jacques, ancien jardinier du château de Neuilly, tentait le premier sa culture, et M. Payen faisait connaître sa composition, qu'il vérifiait encore en 1862, et que voici :

	1856	1862
Eau.	63,618	60,50
Fécule, dextrine et substances congénères.	28,634	28,10
Sucre de canne.	1,200	5,11
Albumine et autres substances azotées ...	1,500	2,60
Cellulose.		1,40
Pectine, pectose et acide pectique.	} 1,610	0,70
Substances grasses.	0,100	0,35
Matières minérales	1,560	1,24
Azote, 0,40 Totaux	100 »	100 »

Cette analyse démontre, d'après le savant chimiste, que

de toutes les plantes tuberculeuses de nos cultures la racine charnue du cerfeuil bulbeux est la plus riche en substances alimentaires.

En 1857 M. Vivet, au château de Coubert, essayait aussi cette culture, et présentait en janvier de l'année suivante, à la Société impériale et centrale d'agriculture, des racines d'un volume assez notable et du poids de 125 à 135 grammes, poids que, d'après M. Pépin, cette plante n'atteint pas en Allemagne. Enfin, en 1859 et 1860, M. Vilmorin étudia cette plante comparativement avec elle-même et avec la pomme de terre marjolin :

1° Les graines récoltées sur les ombelles supérieures et semées en rayons, sur 4 mètres carrés, ont donné, en racines de forme assez régulière, dont la plus grosse pesait 44 grammes, 5 kil. 500, soit. . . 13.750 kil. par hectare.

2° Les graines récoltées sur les ombelles inférieures et semées en rayons, sur 5 mètres carrés, ont donné, en racines très-fourchues, dont la plus grosse pesait 45 grammes, 6 kilos 300, soit. . . . . . 12.600 kil. par hectare.

3° Les graines des ombelles inférieures et supérieures mêlées, semées en rayons sur 6 mètres carrés, ont donné en racines moins uniformes que dans la première expérience, dont la plus grosse pesait 56 grammes, 7 kilos 700, soit. . . . . 12.830 kil. par hectare.

4° Les graines des ombelles inférieures et supérieures mêlées, semées en rayons sur 12 mètres 96 carrés, ont donné en racines chevelues et d'une maturité incomplète, dont la plus grosse pesait 67 grammes, 7 kilos 800, soit. . . . . 6.020 kilos par hectare.

5° La pomme de terre marjolin, plantée sur 15 mètres carrés, a donné 15 kilos 280 de tubercules, soit 25.460 kil. par hectare.

19.

On cultive le cerfeuil bulbeux dans les jardins à peu près comme la carotte, en rayons ou en planches; on conserve les bulbes comme les racines de cette plante; c'est par ses bulbes que le cerfeuil se reproduit, non moins facilement que par ses graines; 18 à 20 grammes de semences suffisent pour 10 mètres carrés. A la fin de 1857, M. D. Zetter, l'un des membres du Comice agricole de Saint-Dié (Vosges), offrait cette semence au prix de 10 fr. les 35 grammes.

§ 5. Genre sium (chervis).

Le genre *chervis* (*sium*) se distingue par les feuilles pinnatiséquées à segments ovales ou oblongs; les fleurs blanches en ombelles nombreux et en rayons, à involucre formé d'un petit nombre de folioles, à calices à cinq dents, à corolles à pétales obovales; à fruits comprimés latéralement.

A. *Le chervis* (*sium sisarum*) se reconnaît à ses tiges droites, hautes de 0^m,70 à 0^m,80; à ses feuilles pennées, composées de trois à sept folioles; à son involucre caduc, à ses involucelles polyphylles; ses fleurs blanches et petites sont disposées en ombelles assez lâches et apparaissent en mai et juin. Ses graines sont d'un faible volume, convexes en dessous, plates en dessus, et recherchées pour aromatiser le pain, le fromage et l'eau-de-vie. Il porte les noms vulgaires de *chironis* ou *girolles*.

Le chervis est originaire de la haute Asie. On le cultive aussi en Chine sous le nom de *ninzi*, comme plante excitante et aromatique. Ses racines étaient autrefois recherchées dans l'alimentation de l'homme, pour les potages, ou afin de les manger frites, comme les salsifis et les scorsonères. Ses racines sont nombreuses et ressemblent un peu aux griffes d'asperges; ses tiges sont cannelées et remplies de moelle. Ses feuilles longues et larges sont portées sur un long pétiole et ressemblent à celles du panais. Depuis une vingtaine d'années, MM. Huzard, Lecomte-Delphin, etc., ont repris cette plante et tenté d'améliorer la grosseur et la saveur de ses racines; le dernier de ces propriétaires en a obtenu, en 1861, une seule racine allongée du poids de 111 grammes 30, et une seconde bifurquée près de son collet, en deux prolongements, pesant 115 grammes 60. M. Payen a trouvé que la composition de ces racines était la suivante :

Gomme, dextrine et mucilage........	8,814
Sucre cristallisable................	4,500
Fécule amylacée....................	4,060
Substances grasses	0,343
Substances azotées.................	2,983
Pectose et acide pectique...........	2,200
Cellulose..........................	2,110
Eau...............................	75,510
Matières minérales.................	2,480
Azote.... 0,459.... Total....... 100 »	

Le chervis renferme donc plus de substances azotées, mais moins de principes féculents, plus d'eau et de matières minérales que le cerfeuil bulbeux. Ses cendres contiennent environ 25 p. 100 de carbonate et de phosphate de chaux, et, en effet, c'est sur les terrains calcaires qu'on le rencontre de préférence et que sa culture paraît le mieux réussir.

On le sème, soit à l'automne, soit au printemps, dans un sol calcaire, frais et riche; on donne des sarclages et binages selon le besoin; on éclaircit en mai ou juin. Les racines se récoltent à l'automne et pendant tout l'hiver, car elles ne redoutent pas la gelée; les plantes qu'on laisse

en place donnent leurs semences en juillet et août de l'année suivante. Les vaches et les moutons recherchent volontiers les tiges et les feuilles de cette plante. Les graines
fournissent des racines beaucoup plus tendres et plus délicates que l'éclat des pieds. Les graines de deux ans pa-
aissent donner les meilleurs résultats.

CHAPITRE III

FAMILLE DES OXALIDÉES

Cette famille présente, les caractères suivants : plantes dycotylédonées, polypétales, hypogines ; calice à cinq foliolles ; cinq pétales alternes, dix étamines, pistil sessile ; fruit capsulaire à déhiscence loculicide et charnu ; graines striées ; racines bulbeuses ou tubéreuses ; feuilles alternes, sans stipules, composées d'une ou plusieurs paires de foliolles 'avec une impaire terminale ; fleurs solitaires ou en cimes ombelliformes.

§ 1. Genre oxalis.

Le genre *oxalis* (*oxalis*) a pour traits génériques : plantes caulescentes ou acaules à racine tubéreuse ; feuilles alternes, composées, bi, tri ou quadrifoliées ; fleurs en cimes bifides ou en ombelles pauciflores à calice persistant, à cinq divisions ; corolle à cinq pétales ; dix étamines ; ovaire à cinq loges et à cinq lobes profonds ; fruits en capsules à cinq carpelles n'adhérant entre eux que par leur bord axile sur lequel ils restent toujours fixés, et s'ouvrant par leur ligne médiane dorsale.

L'oxalis crénelée (*oxalis crenata*) ou *papita*, originaire du Pérou et du Chili, est une plante annuelle dans nos climats. Elle se distingue par : sa tige droite, feuillée ; ses feuilles à foliolles obovées ; ses fleurs jaunes striées de rouge, réunies au nombre de cinq à six sur un pédoncule plus long que les feuilles, et à pétales crénelés ; racine tuberculeuse renfermant 10 à 12 p. 100 de fécule.

Elle a été importée en France, en 1829, du Pérou, et très-vantée par différents publicistes en 1844 et 1845 comme succédanée de la pomme de terre. Mais on ne tarda pas à s'apercevoir que cette plante, très-sensible aux gelées blanches, était souvent détruite dès le mois de septembre, époque où ses tubercules commencent seulement à se former. Un seul horticulteur, M. Bellemain, avenue de la Motte-Piquet, à Paris, a persisté dans ces essais, et annoncé, en février 1864, à la Société impériale et centrale d'agriculture, que, depuis plusieurs années, sur des étendues de terrain de 15 à 20 ares, sa récolte en tubercules avait été, en moyenne, de 200 hectolitres à l'hectare, soit les deux tiers d'une bonne récolte de pommes de terre, et qu'il peut extraire des tiges 400 hectolitres par hectare d'un jus dont on peut faire une boisson saine et agréable susceptible de se conserver longtemps en tonneaux. Resterait à trouver un débouché pour les tubercules et pour la boisson, et à les faire accepter dans la consommation. Jusqu'ici elle n'a été cultivée que dans les jardins, et surtout comme objet de curiosité.

On trouve à l'état indigène, en France, l'oxalis oseille (*oxalis acetosella*), vulgairement *alleluia*, oseille à trois feuilles, etc., à racines traçantes et fibreuses; à tiges très-courtes; à feuilles trifoliées, d'un vert clair et légèrement velues; à fleurs blanches veinées de violet. On la trouve dans les terres de bruyères, dans les bois, sur les montagnes, où elle fleurit en mai et juin. On extrait de ses feuilles l'acide oxalique.

D'autres espèces, *oxalis corniculata, stricta, floribunda, multiflora, trapæloïdes*, sont employées pour l'ornement des jardins. Les deux premières ont les fleurs jaunes et sont indigènes en France.

CHAPITRE IV

FAMILLE DES SOLANÉES.

Cette famille ne renferme que des plantes dicotylédones, monopétales et hypogines: Elle est caractérisée par un calice à cinq divisions persistantes; une corolle monopétale à cinq divisions, plissées; quatre et plus souvent cinq étamines; un style; un stigmate; une capsule ou une baie

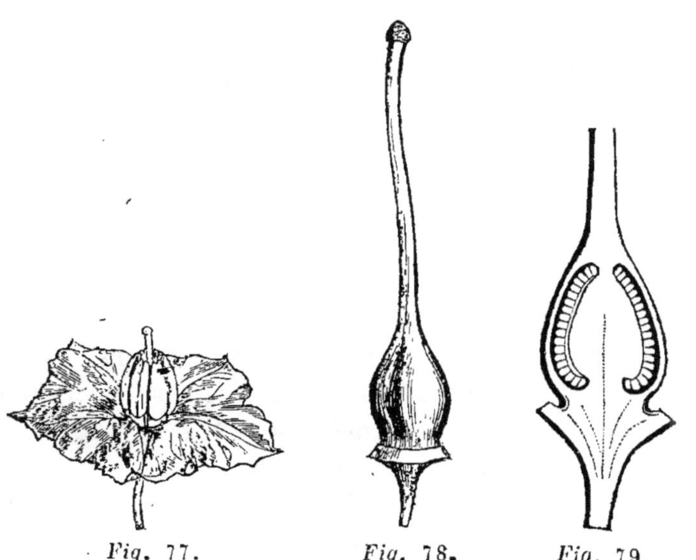

Fig. 77.
Fleur d'une solanée (tomate).

Fig. 78.
Pistil de la tomate.

Fig. 79.
Pistil coupé et grossi
longitudinalement
de la tomate.

supère, polysperme, à deux ou quatre loges; des feuilles alternes.

§ 1. Genre morelle.

Le genre *morelle* (*solanum*) est caractérisé par un fruit en baie et des anthères conniventes s'ouvrant au sommet par deux pores.

La morelle tubéreuse (*solanum tuberosum*), *pomme de terre*, parmentière, patraque, cartoufle, etc., est une plante

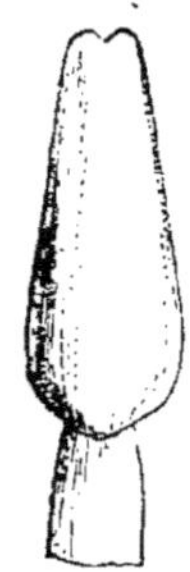

Fig. 80.
Étamine de la tomate.

Fig. 81.
Étamine de la tomate après l'ouverture
de l'anthère.

à tiges annuelles et à racines vivaces; elle est reconnaissable à ses tiges anguleuses, rameuses et velues, hautes de $0^m,40$ à $0^m,70$; à ses feuilles pubescentes, à nervures pennées et découpées en segments ovales d'inégale grandeur; à ses fleurs variant du blanc au violet tendre, disposées en corymbe sur des pédicelles articulés; à ses baies vertes d'abord, puis violettes à la maturité, remplies d'une pulpe juteuse dans laquelle sont enchâssées les graines; à ses racines traçantes, fibreuses, garnies de distance en distance de renflements plus ou moins volumineux et de couleur jaune, rose ou violette, suivant les variétés.

La pomme de terre est originaire de l'Amérique méridionale, de la région des Andes, et probablement même du Pérou; on l'a trouvée à l'état sauvage au Chili et à Buénos-Ayres. MM. de Schlechtendohl et Bouché ont démontré, en 1839, que la morelle tubéreuse trouvée à l'état sauvage au Mexique est une autre espèce à laquelle ils ont donné le nom de *solanum stoloniferum*. Elle était cultivée depuis un temps immémorial au Pérou et dans la Colombie, lorsqu'en 1492 les Espagnols découvrirent le nouveau continent. Le plus ancien qui en ait parlé est, d'après M. Heuzé, Zarata, trésorier du Pérou, en 1544.

On croit que le premier introducteur de cette plante en Europe fut John Hawckins, capitaine anglais, qui, en 1565, apporta de Santa-Fé en Irlande quelques tubercules qui y furent complétement délaissés. Quelques historiens, cependant, la font apporter d'Amérique en Espagne, dès 1553, par Ravins. En tous cas, elle paraît y avoir été aussi complétement négligée qu'en Irlande.

« Peu de temps après l'importation de Hawckins, un de ses compagnons de voyage, dit M. Maigne, le navigateur Francis Drake, prévoyant tous les services que cette plante pourrait rendre aux classes pauvres, entreprit de faire un nouvel essai. Il commença d'abord par acclimater la pomme de terre dans la Virginie, où elle réussit admirablement, et ce ne fut qu'après ce succès qu'il se décida à la faire connaître à son pays. En conséquence, en 1586, à son retour en Angleterre, il en confia plusieurs tubercules à son jardinier, avec ordre de prendre le plus grand soin des plantes qui en sortiraient. En même temps il en donna quelques autres au botaniste Gérard, à Londres, qui en envoya une partie à quelques-uns de ses amis, notamment au naturaliste français, Charles de l'Écluse (*Clusius*). » (*Dictionn. des invent. et découv.*, p. 524.) En même temps, celui-ci, paraît-il, d'après M. Heuzé, recevait aussi (1588) deux tubercules que le légat du pape avait apportés à Bruxelles et donnés à Philippe de Civry. D'après la description que donne Olivier de Serres en 1600, «de l'arbuste qu'on nomme cartoufle, venu de Suisse en Dauphiné depuis peu de temps, » on voit clairement, malgré quelques erreurs de détail, qu'il connaissait la pomme de terre. On la cultivait dans les jardins à la fin du seizième siècle; on la servait même sur les tables, et Louis XIII, en 1616, s'en fit servir comme nouveauté; puis on finit par l'oublier pendant près d'un siècle. Si bien que l'amiral Walter Raleigh est regardé comme son véritable importateur dans l'ancien monde. En 1623, en effet, il prit de nouveaux tubercules en Virginie et les rapporta en Irlande et en Angleterre, où elle se répandit assez rapidement; en 1684, sa culture était déjà très-répandue dans le comté de Lancastre et les comtés voisins; en 1692, Gaspard Bauhin en distribuait à plusieurs fermiers du Lyonnais et des Vosges; en 1702, le Flamand Antoine Verhulst en distribuait également aux cultivateurs des environs de Bruges; en 1717, elle pénétrait en Saxe; en 1740, elle se vendait déjà sur les marchés de la Belgique; en 1750, elle était répandue dans le plus grand nombre des provinces de la France.

Puis, soudain, après un siècle et demi de culture et de progrès, on répandit le bruit que ces tubercules étaient vénéneux; le progrès s'arrête à l'instant, et la plante précieuse retombe dans un oubli à peu près complet. Il ne fallut pas moins pour l'en tirer, pour vaincre les préjugés et la mettre à la mode, que le dévouement de Parmentier. Sur sa demande, Turgot obtint une déclaration de la Faculté de médecine réfutant l'accusation portée contre

la pomme de terre, d'engendrer la lèpre et d'occasionner
des fièvres de plusieurs natures. Puis il publie (1778) son
Examen chimique de la pomme de terre, obtient de
Louis XVI vingt-cinq hectares dans la plaine des Sablons,
auprès de Paris, les plante en-tubercules, les fait garder
par des sentinelles, avec l'ordre d'en laisser dérober le
plus possible; offre un bouquet de ces fleurs au roi, qui le
place à sa boutonnière; donne à toutes les sommités de la
science un grand repas exclusivement composé de pommes
de terre préparées de mille façons, potage, liqueurs, pâ-
tisserie, etc. L'année suivante, il répète son expérience
dans la plaine de Grenelle. Dès lors il avait gagné la
cause de la plante américaine à laquelle l'ingratitude, l'in-
différence et la routine ont refusé le nom de *parmentière*. En 1840, la culture des pommes de terre s'étendait
en France sur 921,970 hectares produisant 96,233,985 hectolitres de tubercules. Depuis 1844, époque de l'invasion
malheureuse de la maladie, ce produit et l'étendue qui lui
est consacrée ont bien diminué.

D'après M. Payen, la pomme de terre contient en
moyenne : 74 p. 100 d'eau; 20 p. 100 de fécule; 0,10 de
matières grasses; 1,07 de sucre, résine et huile essentielle; 1,50 d'albumine et de matières azotées; 0,12 d'as-
paragine; et 3,21 de sels organiques et inorganiques. Mais
cette composition varie selon la variété des pommes de
terre, la grosseur des tubercules, le sol qui les a produits, etc. La proportion de fécule peut varier de 12 à 25
p. 100.

On connait un grand nombre de variétés de pommes de
terre, la collection de la Société impériale et centrale, que
cultive M. Vilmorin, n'en compte pas moins de 221, et
tous les jours il s'en produit de nouvelles, soit par semis,

soit par hybridation. M. Vilmorin les range en douze classes suivantes :

1° Les grosses jaunes rondes.	7° Les rouges demi-longues.
2° Les petites jaunes rondes.	8° Les rouges longues lisses.
3° Les jaunes longues entaillées.	9° Les rouges longues entaillées.
4° Les jaunes longues lisses.	10° Les violettes rondes.
5° Les blanches rosées rondes.	11° Les violettes longues lisses.
6° Les rouges rondes.	12° Les violettes longues entaillées.

MM. Girardin et Dubreuil les divisent en : 1° Patraques, ou rondes; 2° parmentières, ou aplaties; 3° vitelottes ou cylindriques. Enfin, la pratique les distingue en : 1° hâtives; 2° tardives; 3° non coureuses, et 4° coureuses. Un grand nombre de ces variétés n'étant cultivées que dans les jardins, nous nous contenterons d'étudier celles qui sont plus particulièrement cultivées en grand.

A. *Jaunes rondes.* La schaw ou chave, à peau et chair jaunes, à fleurs lilas; renfermant 21.23 p. 100 de fécule; mûrissant du 1er au 15 août; assez productive, connue sous le nom de saint-jean.

La segonzac, à peau jaune verdâtre, à chair jaune; renfermant 15,97 p. 100 de fécule; mûrissant du 1er au 15 août; plus productive que la schaw et un peu plus délicate à la consommation.

La jeuxy, à peau et à chair jaunes; renfermant 19.17 p. 100 de fécule; mûrissant du 1er au 15 septembre, productive et très-bonne à manger; non coureuse.

La tardive d'Irlande, à peau et chair jaunes; renfermant 12.30 p. 100 de fécule, à fleurs lilas, mûrissant du 15 au 30 septembre, productive, donnant beaucoup de fleurs et de graines; se conserve très-bien.

La pomme de terre chardon, à chair et peau jaunes, poussant très-tard au printemps, mûrissant du 15 au

30 septembre, assez productive; de conservation assez facile.

La patraque jaune, à peau et chair jaunes, à fleurs blanches, renfermant 23.30 p. 100 de fécule, mûrissant du 15 au 30 août; assez productive.

B. *Rouges rondes.* La truffe d'août, à peau rouge et à chair blanc verdâtre, à fleurs blanches; mûrissant du 15 au 30 août; très-productive, mais peu délicate pour la consommation; renferme 18 p. 100 de fécule; fleurs blanches.

C. *Blanches rondes.* La patraque blanche ou grosse blanche, ou ox-noble, à peau blanc rosé et à chair blanc teinté de rose, renfermant 17.60 p. 100 de fécule; mûrissant du 1er au 15 octobre; très-coureuse; assez productive.

D. *Roses rondes.* La rohan, à peau et à chair rosées, renfermant 16.60 p. 100 de fécule, mûrissant du 1er au 15 octobre; très-productive; introduite d'Amérique en France, en 1830, par le prince de Rohan.

E. *Jaunes longues.* Le kidney, hâtif ou marjolin, à peau et chair jaunes, renfermant 12.10 p. 100 de fécule, mûrissant du 1er au 15 juillet; assez productive, d'une conservation facile.

La jaune de Hollande, ou cornichon jaune, à chair et peau jaunes, renfermant 14.53 p. 100 de fécule; à fleurs lilas violet; mûrissant du 15 au 30 août, assez productive, se conservant bien, très-délicate à manger.

F. *Rouges longues.* La rouge de Hollande, à peau rouge violacée et à chair blanche, à fleurs blanches et grandes, renfermant 24.68 p. 100 de fécule; mûrit du 15 au 30 août; assez productive, assez délicate.

La vitelotte ou cornichon rouge, à peau rose et à chair blanche, à fleurs blanches et grandes, renfermant 18.14

p. 100 de fécule; mûrit du 1er au 15 septembre ; assez productive, se conserve bien.

La pousse-debout, ou cueilleuse, à peau rose et à chair jaune, mûrissant du 1er au 15 septembre; très-productive, mais un peu grossière et exclusivement destinée au bétail; se conserve bien.

Nous citerons encore parmi les meilleures variétés : A, Régent; B, Printanière de Sarreguemines, Bienfaiteur, C, White-Pink, D, Forty-fold, rouge de la Bavière-Rhénane ou ognon; E, Fluke Kydney; F, Mangel-Wurzel, Yam, Rosalie ou rose de Conflans; G, violette : violette tardive, violette corne bleue ou de Constantinople, violette de Lenkuna ou de Chandernagor. Nous allons, d'ailleurs, avoir occasion de revenir sur ce sujet, en parlant du choix des variétés quant à la nature du sol.

Toutes les terres, excepté celles qui sont trop argileuses pour se laisser bien ameublir par les labours, peuvent, dit M. de Dombasle, être employées utilement à la culture des pommes de terre. Les sols argileux, les sables purs, les terrains humides ne lui conviennent point. C'est sur les terres silico-argileuses ou silico-calcaires qu'on obtient les tubercules de la meilleure qualité, sur celles argilo-siliceuses ou argilo-calcaires que le produit est le plus abondant. Les terres tourbeuses et celles de bruyères ne lui conviennent que médiocrement. Il faut distinguer cependant, quant à l'emploi que l'on veut faire de ce produit, alimentation de l'homme et production de la fécule ou de l'alcool.

Des expériences faites en 1840 par MM. Girardin et Dubreuil, il faut conclure que le choix des variétés se devra faire ainsi qu'il suit, tant pour l'alimentation que pour l'industrie :

A. *Terres siliceuses*. Pour l'alimentation : patraque jaune ox-noble, rose Rohan hâtive, vitelotte Pigry ; pour l'industrie : les mêmes, plus la vitelotte jaune imbriquée.

B. *Terres argileuses*. Pour l'alimentation : patraque jaune ox-noble, vitelotte Pigry, rose Rohân hâtive, vitelotte jaune imbriquée ; pour l'industrie : les mêmes, plus la patraque blanche et la vitelotte de l'Inde.

C. *Terres calcaires*. Pour l'alimentation : la patraque jaune Rohan hâtive, la vitelotte Pigry, la vitelotte rouge de l'Inde ; pour l'industrie : la patraque jaune Rohan hâtive, la vitelotte Pigry, la vitelotte rouge de l'Inde.

D. *Terres tourbeuses*. Pour l'alimentation : la patraque jaune ox-noble, la vitelotte Pigry, la jaune de Hollande ou cornichon jaune ; pour l'industrie, les mêmes.

Depuis l'invasion de la maladie, il s'est présenté une autre question, celle de la résistance qu'offraient au fléau les diverses variétés de pommes de terre et les chances de leur conservation pendant l'hiver. Il a été reconnu que les variétés très-hâtives (marjolin) ou très-tardives (chardon), c'est-à-dire qui végétaient avant ou après l'époque où se manifeste le *botrytis infestans*, en étaient presque toujours exemptes ; aussi a-t-on souvent employé avec succès la plantation automnale.

La manière dont végète la pomme de terre est un peu anormale parmi nos plantes cultivées et mérite d'être bien connue des cultivateurs. Voici comment M. de Gasparin en décrit les diverses phases : « La plante de la pomme de terre développée présente des tiges de deux espèces : les unes herbacées, annuelles, rameuses, naissant au-dessus du sol, portant des feuilles, des fleurs et des fruits ; les autres souterraines, blanches, se terminant par un groupe de bourgeons qui bientôt se tuméfient et constituent des tubercules. Ainsi une pomme de terre n'est rien-autre chose qu'un assemblage de bourgeons naissant à l'extrémité d'un rameau souterrain dont les feuilles restent à l'état rudimentaire. Ces bourgeons, séparés les uns des autres par la division des tubercules, servent de moyen habituel de multiplication. Chacun sait que la vitalité des êtres végétaux réside surtout à l'extrémité des tiges, des branches, des rameaux, c'est-à-dire dans les bourgeons qui contiennent les jeunes individus, et que c'est généralement par ces parties que commence la végétation printanière; cette règle se vérifie aussi dans les pommes de terre. Les bourgeons qui partent du sommet des tubercules, c'est-à-dire de la partie la plus éloignée de la tige, et par conséquent qui sont de plus récente formation, sont aussi ceux qui naissent les premiers, quinze et vingt jours quelquefois avant ceux de la base. Il arrive donc qu'on trouve sur une même touffe de pommes de terre provenant d'un tubercule entier des tiges qui poussent, fleurissent et meurent les unes après les autres, et plus tard des tubercules à tous les degrés de développement, selon qu'ils proviennent des premières ou des dernières pousses. Quelques cultivateurs, auxquels ce fait n'a pas échappé, obtiennent des pommes de terre hâtives en ne plantant que la moitié supérieure des tubercules.

« Ainsi, quand on place un tubercule dans le sol, chaque œil donne naissance à un ou plusieurs bourgeons qui, en se développant, deviennent les tiges de la plante. De la base des tiges partent de nombreuses racines fibreuses. Au-dessus des racines, mais dans le sol, apparaissent des branches axillaires, en quelque sorte écailleuses, produisant des rameaux également axillaires pénétrant dans le sol, et dont les bourgeons terminaux deviennent chacun

un tubercule. La tige primitive continue à s'élancer ver-
ticalement et fournit la tige aérienne, dont les bourgeons
terminaux se transforment en fleurs et en fruits. Quand
cette dernière production a eu lieu, la plante se flétrit,
jaunit et meurt. Les tubercules seuls restent vivants. »

Ainsi les tubercules de la pomme de terre ne sont
autre chose que des tiges renflées où s'emmagasine l'excès
de nutrition de la plante, excès destiné à nourrir la nouvelle plante dont ce tubercule renferme les germes; planter des tubercules de pommes de terre, c'est faire autant
de boutures. Pour obtenir un produit abondant, il faut
donc un sol meuble que les radicelles puissent pénétrer
en tous sens, et riche en engrais pouvant fournir à la production de la fécule, principe immédiat neutre formé de
43.55 p. 100 de carbone et de 56.45 p. 100 d'eau. 100 kilos
de tubercules à l'état normal renferment seulement 0.36
d'azote et sont accompagnés de 23 kilos de fanes contenant 0.13 d'azote; c'est ensemble $0^k,49$ d'azote par 100 kilos
de tubercules, mais les fanes restent d'ordinaire sur le sol
et y retournent avec le labour suivant.

M. de Gasparin admet que 100 kilos de fumier de ferme
(0,40 d'azote) produisent..... $66^k,666$ de tubercules.
Dans les cultures de Schwerz, cette
même quantité donnait....... $88^k,500$ —
Dans celles de Woght.......... $95^k,000$ —
La moyenne de cinq expériences
d'Arthur Young........... $31^k,850$ —
Ce serait une moyenne de.. $70^k,504$ —

C'est-à-dire que cette culture prendrait au fumier une
aliquote de 0.40 à 0.47. Mais comme il semble que les
plus fortes récoltes qu'on puisse obtenir soient de
25,000 kilos par hectare, il semble que les fumures les

plus élevées qu'on puisse donner économiquement soient celles nécessaires à produire ce rendement, c'est-à-dire 98,000 kilos sur un sol contenant déjà 57^k,87 d'azote, ou 36,000 kilos sur un sol renfermant 168 kilos d'azote. Ce fumier doit être frais, peu consommé, ou en d'autres termes riche en éléments carbonés. M. de Dombasle et M. de Gasparin pensaient que la pomme de terre, peu avide d'engrais azotés, exigeait surtout dans la terre la présence de substances d'une décomposition facile, riches en alcalis et qui fussent une source abondante d'acide carbonique. Le premier pensait même qu'aucun engrais ne pouvait remplacer le fumier pour la pomme de terre. Les expériences suivantes contredisent cette opinion trop absolue, bien qu'elles ne prouvent pas que le produit n'ait été obtenu aux dépens du sol, en portion plus ou moins complète :

NATURE DES ENGRAIS employés.	DOSE DES ENGRAIS employés.	AZOTE DU SOL avant LA FUMURE.	PRODUIT en RACINES (kil.)	EXPÉRIMENTATEURS.
Sans engrais	»	83^k,300	17,000	Fleming.
Guano	500 kil.	83^k,300	36,000	Id.
Cendres de bois. . .	45 hect.	83^k,300	19,000	Id.
Tourteau pulvérisé.	2,500 kil.	83^k,300	25,000	Id.
Os pulvérisés. . . .	40 hect.	83^k,300	24,000	Id.
Sans engrais	»	93^k,100	19,000	Hannam.
Sulfate de soude . .	250 kil.	93^k,100	20,000	Id.
Sulfate de chaux . .	625 kil.	93^k,100	20,000	Id.
Sulfate de soude et d'ammoniac.	250 kil.	93^k,100	25,000	Id.
Fumier de ferme. .	52,000 kil.	»	32,000	Fleming.
Sulfate d'ammoniac.	190 kil.	plus 52,900 k. fumier.	37,000	Id.
Nitrate de soude. . .	190 kil.	Id.	40,000	Id.
Nitrate de potasse .	190 kil.	Id.	47,000	Id.
Sulfate de soude. . .	250 kil.	Id.	32,000	Id.
Fumier de ferme. .	43,000 kil.	»	22,000	Id.
Nitrate de soude . .	190 kil.	plus 43,000 k. fumier.	31,000	Id.
Sulfate d'ammoniac.	190 kil.	Id.	34,000	Id.
Sulfate de soude. . .	250 kil.	Id.	22,000	Id.
Guano.	500 kil.	»	31,000	Lindley.

De ces expériences il semblerait résulter que les engrais minéraux alcalins, tels que les nitrates de soude et
de potasse, et les sulfates d'ammoniac et de chaux, ajoutés au fumier, augmenteraient le produit dans une notable
proportion. D'un autre côté, il résulte des expériences du
Dr Grouven que les engrais très-azotés augmentent, dans
les tubercules, l'amidon aux dépens de la dextrine, ac-
croissent la proportion des substances protéiques et
grasses; tandis que les engrais minéraux augmentent la
proportion de dextrine, celle des matières minérales et de
l'eau, et diminuent celle des matières protéiques et extrac-
tives, des substances grasses et de la cellulose.

La place des pommes de terre, dans l'assolement, est
celle d'une jachère; mais elle réussit bien sur les défrichements des prairies naturelles et artificielles, sur les
défrichements de landes écobuées; elle peut revenir deux
années de suite sur la même terre qu'on veut nettoyer et
ameublir, à la condition de fumer et de ne pas réci-
diver.

La préparation à donner au sol consiste à le défoncer et
à l'ameublir dans toute son épaisseur; aussi donne-t-on
un labour profond à la charrue suivie de la fouilleuse,
avant l'hiver; un second à la fin de janvier ou au commencement de février, suivi de hersages croisés, et un
troisième suivi de hersages et roulages à la fin de février
ou au commencement de mars, un peu avant le quatrième
labour, celui de la plantation.

En grande culture, on ne reproduit la pomme de terre
qu'au moyen de ses tubercules; dans la petite culture et
dans les sols riches, on se borne souvent à planter soit les
pelures, soit les yeux seuls ou les germes; les botanistes
emploient parfois la bouture des tiges pour multiplier des

variétés rares ou précieuses, ou encore le marcottage. Enfin on multiplie de graines.

On plante les tubercules entiers ou coupés : entiers, quand on a choisi ceux de moyenne grosseur, coupés, quand on n'en a que de gros. En général, il est préférable de planter les tubercules moyens triés parmi sa récolte. Quand on les coupe, il faut prendre ce soin un jour ou deux à l'avance et les diviser en deux au plus, afin d'abord que la plaie se cicatrise, et ensuite pour laisser à chaque fragment assez de matière nutritive pour favoriser sa végétation latente. Dans les expériences d'Anderson et de MM. Bergier et Villeroy, ce sont les grosses pommes de terre entières qui ont donné le plus fort rendement. Les fragments, en effet, sont bien plus exposés à la dessiccation par le sol, à la pourriture et aux ravages des insectes. Il ne faut pas attendre, pour planter, que les germes soient développés et saillants, parce qu'un grand nombre seraient cassés et que la plantation des tubercules ainsi éloignés serait fort aventurée. Elle se fait, en général, dans la grande culture, de février en mai, suivant la nature du sol, la variété hâtive ou tardive qu'on cultive, la saison sèche ou humide, etc.

On plante à la bêche ou à la houe et à la charrue ; le premier mode est à coup sûr le plus parfait, mais aussi le plus coûteux, et, grâce à la rareté et au renchérissement de la main-d'œuvre, il est à peu près relégué désormais dans la petite culture. Pour planter à la charrue, le fumier a dû être enterré par le précédent labour, ou épandu sur le sol pour le labour de plantation. On prend $0^m,25$ de largeur de bande et $0^m,10$ à $0^m,15$ de profondeur ; des femmes suivent cette charrue, plaçant dans la raie et en lignes les tubercules de $0^m,30$ à $0^m,35$ les uns des autres ;

une seconde charrue lève, auprès de la bande précédente,
une seconde raie dans laquelle on ne plante pas; pendant
ce temps, les femmes plantent derrière la première charrue, de l'autre côté de l'endos. Cinq à six femmes ou enfants fournissent ainsi deux charrues et plantent de 60 à
80 ares par journée de dix heures.

On peut encore remplacer la charrue par un buttoir
ou charrue à deux versoirs; le buttoir ouvre d'abord des
billons entre lesquels on place le tubercule; puis il refend
ces billons, et les pommes de terre se trouvent enterrées.

Fig. 82.

Billons ouverts et plantés.

Fig. 83.

Billons plantés et fermés.

Fig. 84.

Planche plantée et non hersée.

Les trois figures ci-dessus feront suffisamment comprendre
ces pratiques.

Nous avons dit, plus haut, que les plantations hâtives
ou très-tardives semblaient presque toujours soustraire les
plantes à la maladie. Aussi a-t-on adopté, dans la moyenne
et petite culture surtout, la plantation automnale et la
tardive en avril et mai.

La plantation automnale, praticable seulement sur les

20

terres légères et saines, s'opère d'octobre en février, en choisissant une variété très-hâtive, comme la marjolin ou kidney hâtive, et ne plantant que des tubercules entiers qu'on enterre de 0^m,25 au moins. Il est prudent de disposer le sol en billons ou en petites planches et d'y tracer des raies d'écoulement qu'on entretient bien nettes. On bine et on sarcle comme dans la culture ordinaire, selon les besoins.

La plantation tardive s'exécute, nous l'avons dit, en avril et mai, en choisissant une variété très-tardive, comme la pomme de terre Chardon, la yam, la tardive d'Irlande, ou la violette tardive, mais surtout la première. Cette variété fut découverte en 1846 par M. Chardon, qui sema de la graine achetée au Mans, et qu'on croit être provenue de la Saxe. C'est M. Dugrip qui se chargea de la multiplier et l'introduisit en 1859 dans la grande culture. Cette patraque montre très-tardivement ses pousses et ne mûrit que dans la dernière quinzaine d'octobre. Cultivée chez M. Nouel-Lecomte, à la ferme de l'Ile, près d'Orléans, comparativement avec la schaw ou pomme de terre de Saint-Jean, elle produisit 14,000 kilos par hectare, tandis que la schaw n'en donnait que 11,200 kilos. Elle n'est que très-exceptionnellement atteinte de la maladie.

C'est en 1844 que se montra pour la première fois, en France, la maladie désignée sous le nom de gangrène sèche ou pénétration brune. On croit que cette même maladie avait été observée déjà, en 1770, dans le Hanovre, et en 1775 en Prusse et en Flandre; mais on a la certitude qu'elle s'était déclarée dès 1843 en Amérique. On l'a attribuée à la propagation d'un champignon qu'on a appelé le *botrytis infestans;* les sporules de ce cryptogame, sans doute transportées par l'air, s'attachaient sur les feuilles et les tiges, puis de là gagnaient les racines. Depuis quelques années ses ravages ont un peu diminué, en même temps que son mode de propagation se modifiait. Ainsi les tubercules sont souvent atteints maintenant sans que la tige ni les feuilles paraissent attaquées, et souvent c'est en silos seulement, deux, trois ou même quatre mois après la récolte, que les racines pourrissent sous l'influence du développement cryptogamique. On a beaucoup discuté sur la cause et les remèdes, sans arriver à découvrir positivement ni l'une ni les autres, et le *botrytis* a triomphé aujourd'hui sans contestation. La frisolée, la rouille et la gale sont trois autres maladies dont les ravages sont à peu près insignifiants auprès de ceux du *botrytis;* les deux dernières sont dues à la présence de champignons d'espèces distinctes, et la première à des causes atmosphériques. Enfin la pomme de terre est, dans certaines contrées, exposée au parasitisme d'un rhizoctone violet (*byssocladum violaceum*) signalé en 1803 et 1807, dans le Nivernais, par M. Simonet; en 1847, dans la Bourgogne, par M. Fleurot, et en 1852, en Auvergne, par M. Lecoq.

Les soins d'entretien à donner à la pomme de terre consistent : 1° dans un hersage énergique, croisé, donné en mai, au moment de la levée des pousses, afin de rompre la croûte formée par les pluies, de faire de la miette autour des plantes et de détruire le germe des mauvaises herbes; 2° un binage à la houe à cheval et à la houe à main en juin, lorsque les tiges ont atteint $0^m,15$ à $0^m,20$ de hauteur; 3° un second binage au commencement de juillet, quand les tiges ont $0^m,30$ à $0^m,35$ de haut, pour nettoyer et ameublir le terrain; 4° un buttage à la fin d'août, pour les variétés qui forment leurs tubercules près de la surface du sol et dans les terrains peu profonds, afin, dans le premier cas, d'empêcher les tubercules de durcir en verdissant, et, dans le second, de procurer artificiellement aux plantes de la profondeur de terre.

On ne doit jamais, et à aucune époque de leur végétation, couper les fanes des pommes de terre; leur produit en racines s'en ressent notablement, et c'est d'ailleurs un assez pauvre fourrage. Mais il est bon de faire couper les fleurs des variétés qui, comme la tardive d'Irlande, les patraques blanche, jaune et rouge, produisent beaucoup de fleurs et de graines qui épuisent d'autant la plante et diminuent le rendement des racines.

La récolte s'opère du 1er août au 15 octobre, suivant qu'on cultive des variétés hâtives ou tardives; elle s'effectue à la main (pioche, houe, fourche) ou à la charrue. La première méthode rentre dans la moyenne et la petite culture; la seconde presque seule est praticable aujour-

Fig. 85.

Charrue-squelette pour l'arrachage des pommes de terre (vue de profil).

d'hui dans la grande culture. L'arrachage à la main exige en moyenne douze journées d'hommes et quinze journées de femmes par hectare, et coûte de 50 à 60 fr.

L'arrachage à la charrue s'opère en labourant le champ avec une charrue ou un buttoir ordinaire, ou mieux, dans les terres légères avec une charrue squelette, dont le versoir est formé de tringles en fer qui laissent passer la terre et jettent la pomme de terre dans la raie ouverte. Cette charrue, inventée par Finlayson, vers 1830, a été recommandée encore, en 1841, par M. Lawson. Des femmes ou des enfants suivent la charrue avec des paniers, ramassant les tubercules qu'ils aperçoivent, et vidant, lorsque besoin est, leurs paniers dans des sacs disposés sur la surface du champ, ou bien, mieux encore, étendant les racines en couches minces sur la partie déjà arrachée. Une charrue, avec cinq à six femmes ou enfants, peut arracher

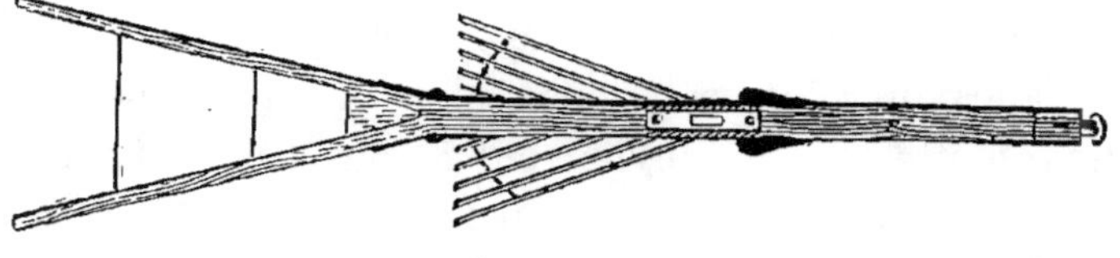

Fig. 86.

Charrue-squelette pour l'arrachage des pommes de terre (vue de dessus).

de 35 à 50 ares de pommes de terre par journée de dix heures.

Le rendement des pommes de terre, avant l'invasion de la maladie, pouvait être évalué, en moyenne, de 15 à 18,000 kilos par hectare, et s'élevait même (Schubart) jusqu'à 36,335 kilos. On ne saurait le fixer, aujourd'hui, en moyenne, à plus de 11 à 12,000 kilos. L'hectolitre de tubercules moyens pèse 63 à 68 kilos, soit, en moyenne, 65 kilos. Après l'arrachage on laisse, si le temps est beau, les racines sur le sol, pendant trois à huit jours ou même davantage, couvertes de leurs fanes, pour les préserver des rayons directs du soleil et aussi de la gelée.

On les conserve, comme les betteraves, dans des silos, des celliers ou des caves; mais il faut les examiner fréquemment, afin de s'assurer de leur bon état et de les trier dès qu'on s'aperçoit que quelques-unes commencent à pourrir. Nous avons dit, en effet, que souvent la maladie ne se manifestait que plusieurs mois après la récolte, et l'on sait combien elle est contagieuse. Huit jours de retard ou de négligence suffisent pour perdre entièrement le produit d'une récolte.

Il est bien rare qu'on donne les pommes de terre au bétail, sans leur avoir fait subir la cuisson. Ce n'est qu'alors qu'elles sont débarrassées en partie du tannin contenu dans leur parenchyme, et que leur fécule est devenue facilement assimilable. Crues, elles sont relâchantes et peuvent déterminer des irritations et des inflammations d'intestins; cuites, elles conviennent à tous les bestiaux de travail et surtout d'engrais. On peut en faire un pain très-nutritif et qui se conserve assez bien pendant un temps suffisamment long.

L'industrie en extrait de la fécule (10 à 15 kilos par 100 kilos de racines) ou de l'alcool (10 à 12 litres par 100 kilos). Il reste par 100 kilos de racines environ 60 à 75 kilos de résidus liquides ou 20 à 25 kilos de pulpe pressée, qu'on fait facilement entrer dans l'alimentation des animaux en lui donnant les premiers à la sortie des alambics, en moulant et passant au four, en forme de pain, la pulpe des distilleries ou le gluten des amidonneries.

CHAPITRE V

Voir, pour les caractères de famille, 1re section, chap. III, page 219.

§ 1. Genre brassica.

Voir, pour les caractères de ce genre, 1re section, chap. III, page 222.

A. *Sous-genre napus.* Le sous-genre *navet* (*napus*) se distingue par son calice à moitié ouvert, par ses feuilles garnies de poils plus ou moins rudes, par sa racine d'un blanc jaunâtre ou jaune, de saveur douce ou sucrée.

1° *Le navet succulent* (*brassica napus esculentus*) est une espèce obtenue par la culture, et qui, par la culture encore, a fourni un grand nombre de variétés. Il est reconnaissable à sa racine charnue, plus ou moins fusiforme ou ovoïde, parfois conique, rarement sphérique, par ses tiges simples et glabres; ses feuilles inférieures pétiolées et lyrées, les supérieures sessiles, toutes plus ou moins entières ou découpées et velues sur les deux surfaces; ses siliques horizontales un peu comprimées sur les côtés, bosselées et à deux valves convexes.

Parmi les meilleures variétés cultivées en grand, nous mentionnerons seulement :

Le navet long d'Alsace, gros de Berlin ou navet champêtre, à chair et peau blanche, à collet vert, sortant de terre au quart, à feuilles souvent entières, un peu tardif, mais productif et se conservant bien. Il contient 93,68 p. 100

d'eau et 0,076 d'azote, d'après M. Lecorbeiller. *Le navet du Palatinat*, à chair et peau blanche, à collet rouge violâtre, sortant de terre à moitié, un peu moins long que le précédent et un peu tardif comme lui, un peu moins productif, mais se conservant aussi bien. Il contient 92,85 p. 100 d'eau et 0,089 d'azote. *Le navet hybride de Wolton*, à peau blanche et à chair blanche avec le collet rouge violâtre, de forme globuleuse ou ovoïde, sortant de terre au quart; il est demi-hâtif. Le hasard a fait rencontrer, en Angleterre, cette variété dans un champ de rutabagas. *Le navet noir long d'Alsace*, à peau grise, à chair blanc grisâtre, de forme allongée, croissant en terre, à feuilles luisantes, très-rustique et très-répandu en Alsace et en Allemagne.

Les navets se plaisent exclusivement sur les terrains siliceux, tourbeux ou les terres de bruyères; les sols argileux et calcaires lui sont antipathiques; les terres silico-argileuses ou argilo-siliceuses et silico-calcaires, bien ameublies et un peu fraîches, les granitiques, produisent le plus souvent de bonnes récoltes sous les climats humides. Il faut, toujours et partout, que le sol qu'on lui destine soit parfaitement et profondément ameubli, fumé d'engrais très-décomposés et suffisamment nettoyé. La place qu'il occupe est celle d'une jachère, si on le sème en récolte principale, ou d'une demi-jachère, si on le cultive, comme c'est le plus ordinaire, comme plante dérobée. Dans le premier cas, on sème dans le courant de juin; dans le second, du 15 juillet au 15 août, à la volée, à la dose de 3 à 6 kilos par hectare. En Angleterre, on sème souvent en lignes sur billons fumés, espacés de $0^m,70$ à $0^m,80$, avec $2^k,500$ à 3 kilos de semence.

Les soins d'entretien se bornent à un ou deux binages ou sarclages et à un éclaircissage; quand on a semé à plat et en lignes et qu'on cultive des variétés sortant de terre, qu'enfin le sol est peu profond, on doit donner, à la fin de juillet, un léger buttage. Pour les cultures dérobées, les soins d'entretien sont le plus souvent réduits à un éclaircissage des parties trop épaisses; le binage et le sarclage sont, à tort, trop souvent négligés.

Les navets, comme toutes les crucifères, sont souvent détruits à la levée par l'altise potagère (*altica oleracea*) ou puce de terre (1). Les meilleurs moyens de les combattre sont le plâtrage, le chaulage ou le cendrage, à la rosée; l'arrosement avec des engrais liquides; l'emploi de la puceronnière de Grignon. C'est par la sécheresse que ces petits coléoptères exercent leurs ravages, et les saisons humides donnent à la plante assez de vigueur pour qu'elle puisse s'en défendre.

En France, on récolte les navets comme les betteraves, et on les conserve en silos ou en celliers. En Angleterre, on les fait consommer sur place par les moutons qui mangent les feuilles et rongent les racines en terre; le berger, avec une petite houe, arrache ce qui reste de la plante. En France, le produit moyen, en récolte principale, peut être évalué de 20 à 25,000 kilos par hectare, celui de la culture dérobée de 12 à 15,000 kilos. En Angleterre, où le climat est plus favorable, on obtient sur jachère de 50 à 100,000 kilos; on calcule que 100 kilos de racines correspondent à 40 kilos de feuilles, et que, pour remplacer dans la ration 100 kilos de foin, il faut 500 kilos de racines ou 650 kilos de feuilles. Les navets doivent être réservés pour les vaches laitières, les moutons et les porcs;

(1) Voir *Guide pratique d'entomologie agricole*, p. 111-113. *Biblioth. des profess. agric. et industr.* Eug. Lacroix.

et comme leur conservation est moins assurée que celle des autres racines, c'est par eux qu'il faut entamer la consommation en hiver. Cette plante redoute beaucoup la gelée et peut causer, dans certains cas, la météorisation. Sa culture sur jachère n'est guère répandue qu'en Alsace et dans le Limousin; sa culture sur chaume est usitée dans toutes les contrées de la France, mais non point encore assez généralisée, car elle peut donner une précieuse ressource dans les années où le fourrage est peu abondant.

2º *Le chou-navet* (*brassica-napo-brassica*) se distingue par sa racine renflée, ses feuilles hispides et ressemblant à la fois à celles du chou et du colza, tantôt lobées, tantôt lyrées, à pétioles et nervures tantôt blancs et tantôt violacés, suivant la variété. Le chou-navet a été découvert en 1758, en Angleterre, par Raynold, à travers des choux-raves dont il avait reçu la graine de Hollande, où elle avait été apportée de Russie. La culture en a obtenu trois variétés, savoir :

Le chou-navet blanc, à peau et chair blanches; à pétioles et nervures blancs; à racine oblongue, de forme irrégulière.

Le chou-navet à collet rouge, à peau et chair blanc jaunâtre, à collet rouge; à pétioles et nervures violacés; à racine oblongue et de forme assez régulière.

Le chou-navet de Laponie ou *de Sibérie*, à peau et chair blanches; à pétioles et nervures blancs, à racine oblongue et de forme assez régulière; à chair plus dense que le premier, très-rustique et très-productif.

Ces trois variétés ne redoutent point le froid et peuvent passer l'hiver en place, dans les sols non humides; aucune ne sort de la terre, que leur collet affleure. Elles se cultivent comme le rubataga, mais sont plus répandues en Allemagne qu'en France et en Angleterre, où elles sont restées dans la petite culture, et surtout dans la culture maraîchère. Dans la première de ces contrées, leur rendement moyen est de 30 à 35,000 kilos par hectare. Ils renferment en moyenne 81 p. 100 d'eau.

B. *Sous-genre rave* (*brassica rapa*). Le sous-genre rave, très-voisin du sous-genre précédent, en diffère pourtant par la forme plus franchement sphérique et aplatie de ses racines; par ses feuilles plus velues; ses fleurs ayant les folioles du calice étalées, enfin ses siliques redressées, à pédoncules hispides. Parmi les nombreuses variétés obtenues par la culture, nous citerons seulement :

1° *La rabioule* ou *grosse rave*, ou rave d'Auvergne, à peau et chair blanche, à collet verdâtre; à racine aplatie, de forme régulière, sortant un peu de terre; rustique, productive, mais un peu tardive.

La rave d'Auvergne hâtive, à peau et chair blanches, a collet violet; à racine très-aplatie, présentant de petites côtes; croissant au niveau du sol, très-hâtive, mais un peu moins productive que la précédente.

Le navet blanc plat hâtif, ou hâtif de Vilmorin, ou turneps de Hollande, à chair et peau blanches, à collet vert; à racine aplatie, très-grosse, présentant quelques côtes légères, sortant à moitié de terre; un peu plus hâtif que la rabioule ou grosse rave.

La rave ou *rabioule du Limousin*, à peau et chair blanches, à collet vert; à racine un peu allongée quoique globuleuse, sortant de terre au quart; tardive.

Le navet de Norfolk rouge, à peau et chair blanches, à collet violet; à racine globuleuse et un peu allongée, sortant de terre au quart; tardif.

Le navet de Norfolk blanc, ou turneps de Norfolk, à peau et chair blanches ; à racine très-aplatie, sortant de terre au tiers ; réussit dans les sols argileux et ceux calcaires ; tardif.

Le navet de Norfolk à collet vert, à peau et chair blanches, à collet vert ; à racine très-grosse, à côtes apparentes, sortant de terre au quart ; tardif.

Le navet jaune à collet pourpre, ou Border impérial, à peau et chair jaunes, à collet pourpre ; à racine assez grosse, globuleuse et peu aplatie, sortant de terre au quart ; un peu tardif, mais se conservant très-bien ; réussit sur les sols calcaires.

Le navet globe ou *de Poméranie*, à peau et chair blanches, à racine globuleuse et régulière, sortant très-peu de terre, demi-hâtive, la plus productive dans les terres fertiles.

Le navet jaune d'Écosse, à peau et chair jaune pâle ; à racine un peu aplatie avec le collet verdâtre, sortant de terre au quart ; très-hâtif et résistant très-bien au froid.

Le navet boule d'or, à peau orange et chair jaune pâle, à racine conique, dont le sommet est placé vers le collet, rustique au froid et assez hâtif.

Le navet jaune d'Aberdeen à collet vert, ou jaune de Hollande, à peau et chair jaunes, à collet vert ; à racines sphériques, de grosseur moyenne, sortant de terre au quart ; très-rustique, très-productif, mais un peu tardif.

Le navet jaune impérial de Hood, à peau et chair jaunes, à collet verdâtre ; à racine globuleuse, de forme régulière, sortant de terre au quart ; rustique au froid, se conservant bien, assez productif, mais tardif ; réussit bien sur les sols calcaires.

Les raves sont moins exclusives quant à la nature du

sol que les navets, et réussissent mieux sur les terrains argileux et calcaires ; la forme de leurs racines leur permet mieux aussi de réussir sur les sols peu profonds. On les cultive comme les navets, tantôt en récolte principale, tantôt en récolte dérobée. On sait les services que cette plante a rendus et rend encore à l'agriculture de l'Auvergne, du Limousin et de l'Angleterre, où on lui donne le nom de *turneps*. Dans l'Auvergne et le Limousin, c'est surtout pour la nourriture des bœufs de travail et des vaches laitières et leur engraissement qu'on la cultive ; en Angleterre, c'est principalement pour les moutons qui la consomment sur place ; mais on l'y emploie aussi à la nourriture et à l'engraissement du bétail à cornes. La composition chimique ainsi que le rendement de la rave sont les mêmes que ceux du navet.

2° *Le chou-rave* (*brassica caulo-rapa*) se distingue par un renflement globuleux de sa tige au-dessus du collet, renflement qui donne naissance aux pétioles de ses feuilles glabres, les unes lobées, les autres lyrées. On en connaît trois variétés :

Le chou-rave blanc, à renflement globuleux d'une couleur vert pâle, et à chair blanc verdâtre ; à feuilles larges et nombreuses ; très-tardif, mais très-rustique.

Le chou-rave blanc hâtif, à renflement sphérique, d'un blanc verdâtre et à chair blanche ; à feuilles plus étroites et plus rares que le précédent ; aussi rustique, mais plus hâtif.

Le chou-rave violet ou *chou-rave de Siam*, à renflement un peu aplati, d'un jaune violet en dessous, franchement violet en dessus ; à chair blanche ; à feuilles et pétioles violacés ; plus rustique, mais un peu moins productif que les précédents.

Les choux-raves se sèment en pépinière en février et mars, pour transplanter en mai et juin, à la distance de 0ᵐ,40 à 0ᵐ,50 en tous sens. On emploie de 300 à 350 grammes de graine par are, et cette surface peut suffire pour planter un hectare environ. En Angleterre, on obtient de cette plante de 50 à 75,000 kilos de racines (renflements) par hectare, et autant de poids en feuilles, qui passent pour très-nourrissantes ; en France, ce produit ne dépasse pas 20 à 25,000 kilos dans les meilleures circonstances.

3° *Le rutabaga* (*brassica napo-brassica*) paraît n'être autre chose, comme le dit Yvart, qu'une variété de rave approchant assez de la rave ordinaire, surtout de la jaune de Hollande à collet vert, par la forme et la disposition des feuilles et de la racine. Le rutabaga porte aussi les noms de navet de Suède ou rave de Suède. En effet, cette plante paraît nous être venue de la Suède, d'où elle fut introduite en Angleterre, en 1767, par Reynold. Il n'a été importé en France qu'en 1789 par M. de Lasteyrie; ce sont MM. Berthier de Roville, Poyféré de Cère, Delporte frères et de Père, qui ont contribué à répandre sa culture.

On connaît, en France, quatre variétés de rutabagas, dont la première, à peu près seule, est cultivée en grand; ce sont :

Le rutabaga de Laing, à peau et chair jaunes, à collet violâtre, à racine assez grosse, de forme sphérique, à feuilles très-grandes et presque horizontales, très-rustique et très-productif.

Le rutabaga de Skirwing, à peau et chair jaunes, à collet d'un rouge violacé, à racine demi-sphérique et un peu aplatie comme celle des raves, à feuilles plus dressées que le précédent, très-rustique, mais un peu moins productif.

Le rutabaga à chair blanche, à peau jaune clair et à chair blanche et à collet verdâtre, de forme un peu plus allongée que les deux précédents, à feuilles d'un vert plus pâle, moins rustique et moins productif.

Le rutabaga à collet vert, à peau et chair jaunes et à collet vert, à racine arrondie, mais un peu allongée, très-rustique, mais moins productif que les deux premiers.

Les Anglais, d'après M. Heuzé, connaissent quatorze variétés de cette plante, obtenues par la culture ou l'hybridation ; en effet, leur climat, comme celui de l'ouest de la France, convient admirablement au rutabaga comme aux turneps, et il a sur ceux-ci l'avantage de ne pas redouter la gelée et de pouvoir passer l'hiver dans le sol.

Le rutabaga semble se plaire à peu près exclusivement sur les terres arides, les tourbes, les terres de bruyères, les défrichements de landes, de bois, de prairies, etc. ; ce n'est que là du moins qu'il donne des produits abondants et de bonne qualité. Dans les terres très-riches et non acides, la racine vient moins grosse et ligneuse. Dans tous les cas, le sol doit être profondément ameubli et suffisamment fumé, c'est-à-dire à dose moyenne, par la raison que nous venons d'indiquer. En effet, en Angleterre, Fleming n'a obtenu que 12 kilos d'augmentation de produit par 100 kilos ajoutés au sol en fumier, et Hannam l'a vu diminuer de 10,000 kilos par hectare, par une addition de 15,000 kilos de fumier. Ces faits sont bien connus en Bretagne, où l'on ne peut obtenir cette racine dans les meilleurs jardins. Aussi, à mesure que la fertilité du sol s'accroît, le rutabaga est-il remplacé par la betterave.

On sème le rutabaga soit en place, soit en pépinière ; en place, sur la sole de jachère ; en pépinière, pour repiquer après le trèfle incarnat, les choux pommés ou à vaches, le seigle ou l'avoine fauchés en vert, le sarrasin fourrage, etc. Dans le premier cas, on sème de la mi-mai à la mi-juin, à plat ou en billons, mais toujours en lignes espacées de $0^m,50$ à $0^m,60$, et à raison de 2 à 3 kilos de graines par hectare. Dans le second, on sème en février ou mars, en planches de 1 mètre à $1^m,30$ de largeur, à raison de 80 grammes par are, pour transplanter en juin.

La transplantation s'opère comme pour les betteraves, en rognant l'extrémité de la racine et des feuilles, à la charrue ou au plantoir. On bine et on sarcle selon le besoin, afin d'entretenir le terrain propre et remué, et on donne, en septembre, un léger buttage à la charrue à deux versoirs.

On arrache de la fin de l'automne au printemps, à mesure de la consommation, ou bien on arrache en octobre pour mettre en silos ou rentrer en magasins. L'arrachage se fait, partie à la main, partie à la fourche, suivant que le sol est plus ou moins meuble et sec.

Le produit du rutabaga varie singulièrement suivant le sol sur lequel on l'a placé. Dans celui qui lui convient, le rendement moyen peut être évalué à 40,000 kilos par hectare; à Grand-Jouan, M. Rieffel a obtenu jusqu'à 48,000 kilos; en Angleterre, on dépasse parfois 60,000 kilos. 100 kilos de racines correspondent en moyenne à 30 kilos de feuilles, aussi nutritives au moins que celles des choux. On s'accorde à admettre que, pour remplacer 100 kilos de foin dans la ration, il faut 350 kilos de rutabagas. Cette racine convient parfaitement à toutes les bêtes à cornes et à laine, laitières, de travail ou d'engrais, et aussi aux porcs.

CHAPITRE VI

Voir pour les caractères de la famille, 1re section, chap. 5, page 236.

I. *Tribu des radiées*. Voir pour les caractères, *ut suprà*, page 240.

§ 1. Genre hélianthe.

Le genre *hélianthe* ou *soleil* (*hélianthus*) présente, comme caractères : fleurs à fleurons ventrus dans le milieu ; rayons neutres ; involucre imbriqué ; semences couronnées de deux paillettes caduques.

A. *L'hélianthe tubéreux* ou *topinambour* (*hélianthus tuberosus*) se distingue par sa fleur droite ; les folioles de l'involucre ciliées ; ses racines chargées de tubercules oblongs et féculents ; ses feuilles entières, alternes, couvertes de poils nombreux et rudes ; ses fleurons jaunes ; ses tiges sont annuelles et ses tubercules vivaces.

Le topinambour est originaire du Chili ou du Brésil ; il fut importé en France en 1517, et porta longtemps le nom de poire de terre (Bosc). Mais ce n'est qu'à la fin du dernier siècle et au commencement de celui-ci que, d'après les conseils de Duhamel-Dumonceau et de Yvart, afin de nourrir les troupeaux mérinos, pour lesquels on s'était enthousiasmé, on tenta sa culture en grand. Depuis cette époque, cette plante a rendu de grands services agricoles, bien qu'on l'ait toujours reléguée dans les sols les plus infertiles.

. Outre la variété commune, on en connaît une seconde, le topinambour jaune, obtenu en 1808 par Vilmorin père, d'un semis de graines récoltées à Toulon. M. Vilmorin fils, essayant d'obtenir une variété à tubercules lisses et arrondis, a obtenu de graines 26 variétés de cette plante, dont aucune ne lui a semblé présenter de qualités fixes égales à celles du type.

Le topinambour présente de grands avantages à la grande culture : il est vivace par ses racines et peut occuper longtemps le même sol sans avoir besoin d'être replanté ; il résiste parfaitement au froid et peut passer l'hiver en pleine terre ; il se contente des sols les plus stériles et les plus secs et y donne un produit que n'atteindrait aucune plante; ses racines, souvent employées à la nourriture de l'homme, conviennent parfaitement à celle des vaches laitières et surtout des brebis nourrices; ses tiges, fauchées en septembre et passées au hache-paille, forment une bonne nourriture pour les bœufs de travail; enfin, il exige peu de main-d'œuvre, n'est atteint d'aucune maladie spéciale, et redoute peu les ravages des insectes.

Sa racine contient de 77 à 78 p. 100 d'eau; ses cendres renferment 14.70 p. 100 de glucose et de sucre incristallisable, 3.12 p. 100 d'albumine, 1.86 p. 100 de cellulose, 0.92 d'inuline, 0.37 d'acide pectique, 0.20 de pectine, et 1.29 de sels minéraux. Elle est donc plus riche que la pomme de terre en principes gras, sucrés et azotés. Sa saveur particulière provient d'une huile essentielle qui lui communique, quand elle est cuite, le goût de l'involucre charnu de l'artichaut. MM. Quesnay de Beauvoir, dans la Nièvre; Dujonchay et de Tracy, dans l'Allier; Yvart, dans la Seine; Vilmorin et de Béhague, dans le

Loiret, ont tiré grand parti de cette culture à laquelle on n'a fait qu'un seul reproche, celui de trop persister dans le sol et d'être difficile à détruire ensuite.

Le topinambour réussit dans tous les sols, excepté ceux trop humides en hiver; les sables siliceux ou calcaires, les grèves arides, les tourbes asséchées, les terres de bruyères, les terrains silico-argileux ou silico-calcaires, lui conviennent également. Il faut dire pourtant que, s'il peut se contenter de sols très-maigres et y végéter, son produit, comme celui de toutes les plantes, est en raison directe de la fertilité du sol, et que lorsqu'on lui consacre un champ séparé de l'assolement pendant plusieurs années, il faut le fumer si l'on ne veut voir le produit décroître et le sol s'épuiser et s'effriter rapidement. Il peut résister à la sécheresse, mieux que la plupart des plantes cultivées, grâce à ses tiges hautes, serrées, qui garnissent le sol et interceptent les rayons solaires, et à ses feuilles dont les propriétés absorbantes pour l'azote de l'atmosphère (86 kilos par hectare) ont été bien constatées par M. Boussingault.

On plante le topinambour, comme la pomme de terre, en février et mars, à la bêche ou à la charrue, en employant des tubercules toujours entiers et de moyenne grosseur; on emploie ainsi de 15 à 20 hectolitres par hectare. On espace les lignes de $0^m,50$ à $0^m,75$, et les racines de $0^m,25$ à $0^m,30$.

Voici comment nous avons vu pratiquer économiquement à Dampierre, par M. de Béhague : Le sol ayant reçu une fumure moyenne avant l'hiver, on plante, au printemps, en lignes, à la charrue à deux versoirs; le terrain se trouve par conséquent disposé en billons que, pendant tout l'été, on entretient propres à la houe à cheval alternant avec le buttoir. On ne récolte pas la première année, et l'on se borne, au second printemps, à donner un hersage énergique avec une lourde herse en fer; on reforme ensuite les billons dans le sens primitif, et on donne, pendant l'été, les mêmes soins que la première année. A l'automne et pendant l'hiver, on récolte les tubercules, à la pioche, au fur et à mesure des besoins; l'arrachage terminé, on reforme les billons comme les années précédentes, et ainsi de suite, les tubercules qui restent en terre suffisant amplement au réensemencement; tous les trois ans, on donne une demi-fumure qui se trouve enterrée lorsqu'on reforme les billons, soit à l'automne, soit au printemps. A partir de la seconde année, on fauche, à l'automne, et avant qu'elles soient sèches, les tiges qui donnent un bon fourrage pour les bœufs de trait. On voit que la main-d'œuvre se réduit à peu de chose, un hectare n'exigeant, en moyenne, que 12 à 15 journées de chevaux et 6 à 8 journées d'hommes par an pour la culture; on paye à tâche 0 fr. 60 par hectolitre pour l'arrachage.

Dans les mauvaises terres, le produit moyen est de 6 à 8,000 kilos de tubercules par hectare et par an; mais dans les bons sols entretenus par des fumures, il s'élève de 25 à 45,000 kilos par hectare, plus que la pomme de terre et la carotte, autant au moins que la betterave. L'hectolitre pèse en moyenne 65 kilos, et conséquemment, le mètre cube 650 kilos.

On peut distiller aussi le topinambour, qui fournit 5 litres à 5 lit. 50 d'alcool à 90° par 100 kilos de racines, plus 70 à 75 kilos d'une pulpe comparable à celle de la betterave. L'un de ses inconvénients, dans les terres sableuses, c'est que les tubercules, de formes très-irrégulières le plus souvent, sont difficiles à débarrasser des graviers logés dans leurs interstices et qui ébrèchent ou brisent fréquemment les lames des coupe-racines. C'est pour obvier à cet inconvénient que M. Vilmorin avait tenté, mais sans succès, d'améliorer la forme des tubercules.

Le topinambour contient 0,33 d'azote, et on estime, dans la pratique, que 250 kilos de ces racines peuvent remplacer, dans la ration, 100 kilos de foin de prés naturels de bonne qualité. Les tiges et les feuilles vertes sont plus riches encore en azote et en contiennent 0,53 p. 100; 200 kilos de tiges et feuilles sont regardés comme l'équivalent de 100 kilos de foin. C'est donc une culture trop négligée, par les éleveurs de bêtes à laine surtout, et par tous ceux qui possèdent des terres sèches et arides.

CHAPITRE VII

FAMILLE DES CONVOLVULACÉES

Cette famille renferme des plantes dycotylédones, monopétales et hypogynes.

Elle a pour caractères : un calice persistant, à cinq lobes ; une corolle régulière à cinq divisions ; cinq étamines insérées à la base de la corolle ; un style simple ou divisé ; un ou plusieurs stigmates ; une capsule trivalve à deux ou quatre loges ; des graines à endosperme charnu ; des tiges ordinairement volubiles.

§ 1. Genre batate.

Le genre *batate* (*batatas*) présente comme caractères : une tige herbacée, volubile ; des feuilles palmées, lancéolées, composées de cinq à sept lobes, ou entières et cordiformes ; des fleurs plus ou moins nombreuses, en panicules, à tube blanc rosé, avec le limbe rose et la gorge pourpre, paraissant de juillet à septembre ; des racines parfois renflées et féculentes.

A. *La batate douce* ou *batate comestible* (*batatas edulis*) est une plante à tiges annuelles et à racines vivaces, dans son climat natal ; originaire de l'Inde et de l'île de France, sa ra-

Fig. 87.

Fleur d'une convolvulacée
(liseron des champs).

cine ne supporte pas, dans nos climats, un froid au-dessous de $+ 4°C$. Elle fut introduite en Belgique et en Angleterre en 1597, en Autriche et en France en 1598, mais à peine cultivée, comme curiosité, dans les jardins royaux ; Louis XV, cependant, les aimait beaucoup et les fit cultiver à Trianon et à Choisy-le-Roi. En 1800, le comte Lelieur, administrateur des jardins de la couronne, les fit cultiver à Saint-Cloud et les mit à la mode. Mais c'est en 1844, lors de l'apparition de la maladie des pommes de terre, qu'on songea sérieusement à tenter leur essai dans la grande culture pour le midi ; la difficulté de la conser-vation des racines, en hiver, sera toujours un grand obstacle à sa propagation.

On connaît un grand nombre de variétés de batates ; nous emprunterons à M. Heuzé la description des princi-pales :

La rouge longue, à racine allongée, effilée, cylindrique ; à peau lisse et rouge jaunâtre ; à chair fine, jaunâtre, douce, très-sucrée et farineuse.

La jaune des Indes, à racine semblable à celle de la va-riété précédente, excepté que sa peau est jaune pâle. Cette variété forme tardivement ses tubercules.

La rose de Malaga, à racine ovoïde, cannelée, très-grosse ; à peau rose nuancée de jaunâtre ; chair excellente, ayant le goût de la châtaigne. Cette variété est plus pro-ductive que les précédentes.

La batate igname, à racine courte, grosse, irrégulière, cannelée, renflée, à peau blanc grisâtre, à chair blanche, peu sucrée. M. Vilmorin l'a reçue de la Guadeloupe, dont la latitude correspond à celle de Bordeaux ; elle est très-recherchée des confiseurs.

La violette, à racine grosse, irrégulière ; à peau rouge

violàtre, à chair moins fine que celle de la batate rouge.
Les racines de cette variété sont celles qui se conservent
le moins bien. Elle a été introduite, en 1836, de la Nou-
velle-Orléans.

De ces variétés, l'avant-dernière est celle qui est le plus
généralement cultivée. D'après M. Payen, la batate igname
blanche renferme 2,60 p. 100 de sucre et 13,20 de fécule
amylacée; la jaune des Indes, 2,80 p. 100 de sucre; la
rouge longue, 3.20 p. 100 de sucre et 17 p. 100 de fécule
amylacée; la batate rose de Malaga, d'après Proust,
9,50 p. 100 de fécule. Ces tubercules sont donc moins
nourrissants que ceux de la pomme de terre, mais aussi
la plante se contente d'un sol peu riche en engrais azotés,
pourvu qu'il soit formé de terreau et très-perméable à
ses racines et à l'eau et entretenu frais. Mais la patate
exige, pour arriver à maturité, 3,645°C. de température
totale, circonstance qu'elle ne rencontre que dans le Sud
de la France, dans la région des oliviers.

Elle se propage de boutures de tiges ou de plantation de
racines; les boutures s'obtiennent assez facilement sous
panneaux ou châssis et sous cloches. La plantation a l'inconvénient d'exiger la conservation d'une grande quantité
de tubercules pendant l'hiver; aussi le premier mode est-il
surtout usité. Voici comment il se pratique d'après
MM. Régnier et de Gasparin : « Quand la température
« moyenne des jours a atteint $+$ 12°C. (vers le 15 avril, à
« Orange), on dispose, au pied d'un mur exposé au midi,
« un lit de terreau de 0^m,20 d'épaisseur; on y place les
« tubercules de patates à une distance de 0^m,05 à 0^m,08
« les uns des autres, en les recouvrant de 0^m,05 de ter-
« reau. On les arrose; on recouvre la plantation d'un
« châssis incliné recouvert de calicot huilé avec de l'huile

« grasse (huile de lin). On tient ce châssis fermé pendant
« quarante-huit heures après la plantation, en le recou-
« vrant de paillassons. Au bout de ce temps, il est fermé la
« nuit et ouvert le jour, excepté pendant les jours froids ;
« on arrose au besoin avec de l'eau chauffée au soleil. Bien-
« tôt les stolons et les drageons poussent de toutes parts ;
« on pince les premières pousses qui paraissent, de ma-
« nière à amener la bifurcation de nouvelles pousses, et
« on obtient bientôt un grand nombre de tiges propres à
« devenir des boutures. On peut compter au moins sur
« 150 boutures pour chaque tubercule de moyenne gros-
« seur. » (*Cours complet d'agric.*, t. IV, p. 63-64.)

Voici comment on la cultive dans les Landes, la Gironde
et le département de Vaucluse, d'après les indications pratiques de M. Aug. de Gasparin. Dans un champ qui vient
de porter une céréale, on creuse des fosses de 0^m,35 de
côté sur 0^m,20 de profondeur, placées à 0^m,60 l'une de
l'autre ; on les remplit de terreau, et on y plante à la che-
ville les boutures qu'on arrose de suite ; dix à douze jours
ensuite, on bine et on butte ; un mois plus tard, nouveau
binage ; on arrose, selon le besoin, entre le premier et le
second binage, mais non après. A la fin de septembre, on
coupe les tiges pour fourrage, et on recueille les tubercules
à la bêche, et après les avoir laissés ressuyer sur le sol, on
les rentre en celliers ou en silos.

La conservation s'obtient à peu de frais, en creusant en
terre des silos de 1 mètre à 1^m,50 de profondeur, et en y
stratifiant les tubercules avec du sable bien sec, ou encore
dans une chambre sèche et chauffée à la température
constante de +9° à 10°C. Le produit de cette plante, dans
le Midi, varie de 18 à 30,000 kilos par hectare.

B. *Igname (ipomœa batatas, dioscorea japonica) de la*

Chine ou du Japon, plante originaire de Madagascar et de la Chine, importée en France, en 1846, par l'amiral Cécile, et de nouveau, en 1850, par M. de Montigny, nôtre consul général à Shang-Haï, à qui nous devons déjà l'introduction de tant de plantes et d'animaux utiles. L'igname, plante vivace, se distingue par ses tiges volubiles, striées, pubescentes; ses feuilles cordiformes, et acuminées; ses pédoncules multiflores; ses fleurs dioïques, les mâles, petites et vertes, disposées en épis placés dans l'aisselle des feuilles; les femelles, en épis assez longs, naissant également de l'aisselle des feuilles, mais d'un beau rose carminé; ses racines renflées, charnues et féculentes, pivotent très-profondément dans le sol et peuvent supporter un froid très-intense. Sur les plantes âgées de deux ans, il se développe, à l'aisselle des feuilles, des bulbilles aériens qui peuvent servir à la propagation de la plante.

L'igname contient de 13 à 16 p. 100 d'amidon; de 1.50 à 2.55 p. 100 de matières azotées; 0.20 à 1.10 de matières grasses; 0.40 à 1.45 de cellulose; 77 à 79 d'eau et 1.10 à 2 de matières minérales, composition assez semblable à celle de la patate. Malheureusement, la grande profondeur à laquelle s'enfoncent ses racines ($0^m,60$ à 1^m.) rend l'arrachage et la préparation du sol coûteux et difficiles. Resterait à savoir si la plante ne modifierait pas son mode de végétation dans un sol où elle rencontrerait un obstacle, naturel ou artificiel, au pivot de ses racines; peut-être suffirait-il de quelques générations pour obtenir une variété plus superficielle.

L'igname se reproduit de cinq manières différentes : 1° par le bouturage des tiges; 2° par la plantation des bulbilles aériens ou grenons; 3° par la plantation des bulbilles terrestres qui s'obtiennent en laissant traîner les tiges sur la terre où elles s'enracinent par une sorte de marcottage; 4° par la plantation des tronçons ou divisions des rhizômes; 5° enfin par le semis des graines. Le quatrième mode est le plus usité et celui qui donne les meilleurs résultats. Voici comment M. Fauvel pratique cette culture :

Dans une terre profondément remuée, et amendée autant que possible, l'automne précédent, par du fumier bien consommé, il ouvre, dans les premiers jours d'avril, des rigoles séparées par autant de billons hauts de $0^m,30$ à $0^m,35$ et espacés les uns des autres de $0^m,40$; il plante alors sur le sommet de ces billons, à une distance de $0^m,25$, et à quelques centimètres seulement de profondeur, des tronçons épais de $0^m,06$ à $0^m,07$, pris dans la partie supérieure et amincie des tubercules, la partie inférieure et charnue devant être utilisée pour les usages ordinaires de la consommation.

Lorsque les plantes ont acquis un certain développement, il les soutient à l'aide de fortes perches, hautes de 2 à 3 mètres; les tiges qui sont sarmenteuses ne tardent pas à pousser avec vigueur, et bientôt elles atteignent le haut des perches autour desquelles elles s'enroulent à la manière des lierres. On peut également laisser ramper les tiges sur le sol sans que, pour cela, la production souterraine en soit amoindrie; cependant on a remarqué que, dans ce cas, les rhizômes sont plus nombreux, mais plus petits, et quand on veut obtenir des racines volumineuses, il faut ramer les tiges. Dès ce moment, la plantation n'exige plus d'autres soins que le sarclage. Cependant, si la sécheresse était grande, on ferait bien d'arroser copieusement chaque pied avec de l'eau mélangée de tourteau, de guano ou de jus de fumier; mais on doit se garder de faire usage de l'engrais humain, qui ne convient nullement à ce genre de culture.

A la fin du mois d'octobre, lorsque les rhizômes sont arrivés à une maturité parfaite, ce qui est indiqué par la couleur du feuillage qui prend une teinte jaunâtre, on en fait la récolte. C'est ici que commence positivement la difficulté. En effet, on ne peut se dissimuler que l'extraction de tubercules longs de $0^m,70$ à $0^m,80$ et quelquefois plus, qui s'enfoncent perpendiculairement dans le sol, ne soit une opération excessivement longue et laborieuse. On peut néanmoins parer à une partie de cet inconvénient, en établissant des billons, ainsi qu'il a été dit plus haut. On doit s'attacher surtout à obtenir par le semis et les soins de la culture des rhizômes plus charnus, plus épais, plus courts et plus superficiels.

M. Decaisne, au Muséum, a obtenu des racines du poids de $1^k,500$ et un rendement à raison de 60,000 kilos de racines par hectare. Leur conservation est aussi facile que celle des pommes de terre, puisqu'ils peuvent supporter un froid de 14° C. C'est une culture nouvelle à étudier, et une plante à accommoder aux circonstances de notre agriculture. Il y a là une grande et belle tâche dont s'occupent nos naturalistes et nos horticulteurs les plus instruits et les plus savants.

FIN.

TABLE DES MATIÈRES

TABLE ALPHABÉTIQUE

DES FAMILLES, DES GENRES ET DES ESPÈCES DES PLANTES

DÉCRITES DANS CE VOLUME

Paris. — Imp. P.-A. Bourdier et Cie, rue des Poitevins, 6.

PUBLICATIONS PÉRIODIQUES

DE LA LIBRAIRIE SCIENTIFIQUE, INDUSTRIELLE ET AGRICOLE

EUGÈNE LACROIX

LIBRAIRE DES INGÉNIEURS CIVILS

15, quai Malaquais.

Annales du Génie civil et recueil de Mémoires sur les sciences pures et appliquées, les ponts et chaussées, les routes et chemins de fer, les constructions et la navigation maritime et fluviale, les mines, l'architecture, la métallurgie, la chimie, la physique, les arts mécaniques, l'économie industrielle. — LE GÉNIE RURAL, revue descriptive de l'INDUSTRIE FRANÇAISE ET ÉTRANGÈRE, publié par une réunion d'ingénieurs, d'architectes, de professeurs et d'anciens élèves de l'École centrale et des Écoles des arts et métiers, avec le concours de savants étrangers. — Cette revue paraît mensuellement, depuis le 1er janvier 1862, en cahiers de quatre à cinq feuilles de texte et trois ou quatre planches. Chaque année forme un volume grand in-8 de 8 à 900 pages avec figures et un atlas grand in-8 de 40 à 45 planches doubles. — Prix de l'abonnement pour toute la France et l'Algérie, 20 francs par an; pour l'étranger, 25 francs ; les pays d'outre-mer, 30 francs.

Nouveau Portefeuille des principaux appareils, machines et outils employés dans les différentes professions industrielles et agricoles, mines, machines à vapeur, Revue générale des expositions et des inventions françaises et étrangères, publié par les rédacteurs des *Annales du Génie civil*. — Il paraît une livraison chaque mois depuis le 1er janvier 1866. Elle se compose de quatre planches grand in-4 avec cotes et légendes explicatives; plus quatre pages de texte compacte, grand in-4 à deux colonnes. — Prix de l'abonnement : pour Paris, toute la France et l'Algérie, par an, 10 francs; pour l'étranger, 15 francs; le numéro, ou la livraison séparée, 2 francs.

C'est à une classe nombreuse que s'adresse cette publication. En présence du grand développement que prend le génie industriel, le *Nouveau Portefeuille des appareils, machines et outils* a pour but de mettre à la portée des constructeurs, des mécaniciens, des propriétaires de mines et d'usines, des entrepreneurs, des chefs d'ateliers, des agriculteurs et des contre-maîtres, des élèves des écoles professionnelles, les documents et les modèles des appareils, des machines, des outils qu'il est utile, et pour mieux dire, qu'il est indispensable de connaître dans chaque profession spéciale.

Ce programme est bien vaste, mais la collaboration des rédacteurs des *Annales du Génie civil* est une garantie certaine que l'éditeur saura tenir ce qu'il promet.

———

La Science populaire ou Revue du progrès des connaissances et de leur application aux arts et à l'industrie, par M. J. Rambosson (1865, 4ᵉ année), publication annuelle paraissant à la fin de chaque année, sous la forme d'un fort volume grand in-18 (format des volumes de la Bibliothèque), illustrée de nombreuses gravures; ouvrage mis à la portée des gens du monde. — Prix de l'année ou volume, 3 fr. 50 cent. pour toute la France et l'Algérie; *idem*, cartonné, 4 fr.

———

Science pittoresque (La) (Ancien *Musée des Sciences*), ou la Science vulgarisée et mise à la portée de tout le monde, recueil de notes et d'observations sur tous les faits nouveaux qui se produisent; revue générale du progrès des sciences, de l'industrie et de l'agriculture. Eugène Lacroix, directeur; A. Jeunesse, rédacteur en chef.

La *Science pittoresque* paraît depuis le 1ᵉʳ mai 1856. Cette publication a d'abord porté pour titre le *Musée des Sciences*. Les premières années sont à peu près introuvables; cependant nous avons réussi à former quelques collections complètes que nous avons réunies en cinq volumes magnifiquement reliés (1856-1865) et que nous pouvons céder au prix de 150 fr. par collection.

Cette collection complète, enrichie d'environ 3,000 gravures sur bois, forme un recueil encyclopédique dans lequel tous les progrès des sciences et de l'industrie, réalisés depuis dix ans, sont passés en revue. La *Science pittoresque* offre une lecture attrayante et peut être placée dans toutes les mains. L'homme qui sait la lira avec plaisir; l'homme qui veut apprendre la lira avec fruit.

PUBLICATIONS SCIENTIFIQUES

INDUSTRIELLES ET AGRICOLES

D'Eugène **LACROIX**, quai Malaquais, 15.

Dictionnaire des arts et manufactures, de l'agriculture, des mines, etc., par M. CH. LABOULAYE, ancien élève de l'École polytechnique, membre du jury international de l'Exposition universelle de Londres en 1862, et une réunion de savants, d'ingénieurs et de fabricants, 3e édition, revue et considérablement augmentée. Ouvrage illustré de 5,000 gravures sur bois, représentant les machines et appareils employés dans l'industrie et les chefs-d'œuvre de l'art industriel. Cette troisième édition est publiée en 30 livraisons, renfermant chacune la matière d'un volume in-8 ordinaire ; l'ensemble forme deux forts volumes grand in-8 à deux colonnes. Prix de la livraison, 2 fr. L'ouvrage complet, 60 fr.

SAINT-LAURENT (CH.), **Dictionnaire encyclopédiq ue usuel** ou Résumé de tous les dictionnaires historiques, biographiques, géographiques, mythologiques, scientifiques, artistiques, technologiques, etc., Répertoire universel et abrégé de toutes les connaissances humaines, contenant la matière de 50 volumes in-8 ordinaire, et présentant la définition exacte et précise de 40,000 mots. 4e édition, revue, corrigée et augmentée. 2 volumes grand in-8 à trois colonnes, 1488 pages. Prix, 25 fr.

Les deux volumes de ce Dictionnaire encyclopédique usuel ne forment pas eux seuls toute une bibliothèque, mais pour toute bibliothèque ils sont un complément indispensable. L'homme qui lit est souvent arrêté par le nom d'un personnage ou d'une localité qu'il ne connaît pas ; tantôt c'est un terme scientifique qui l'embarrasse, tantôt c'est une expression technologique dont il a besoin de connaître la signification. Tout cela est réuni dans l'œuvre de M. Saint-Laurent qu'à bon droit il a pu nommer Répertoire des connaissances humaines.

Ajoutons que ce Dictionnaire n'est pas seulement un livre qu'on consulte, mais, fort différent en cela de la plupart des dictionnaires, c'est un ouvrage qu'on peut lire avec un intérêt véritable et sans en passer une seule ligne.

Quant à l'étendue de l'ouvrage, nous établirons un simple calcul : il se compose de 1,487 pages à trois colonnes, ayant chacune 94 lignes ; il renferme donc 419,334 lignes, et chaque ligne étant composée de 36 lettres, c'est donc un ensemble de plus de quinze millions de lettres qu'il contient.

PUBLICATIONS SCIENTIFIQUES

INDUSTRIELLES ET AGRICOLES

D'Eugène LACROIX, quai Malaquais, 15.

AGRICULTURE

(EXTRAIT DU CATALOGUE GÉNÉRAL DE LA LIBRAIRIE E. LACROIX.)

BENGY-PUYVALLÉE (M.-C.-A. DE), ancien président de la Société d'agriculture du Cher. **Mémoire sur la culture du pêcher**. 2ᵉ édition. In-12 de 234 pages et 3 planches.   3 fr. 50

CHABANNE (GONTIER DE). Le Maître jardinier. Manuel complet d'**Horticulture** à l'usage des habitants des villes et des campagnes, contenant la théorie et l'application des connaissances nécessaires à la culture. 2ᵉ édition. 1 vol. in-12 de 376 pages.   3 fr.

DUBOS (ERNEST), vétérinaire. **De l'entretien et de l'amélioration des animaux domestiques**. Études zootechniques, habitations, alimentation, soins hygiéniques, amélioration des races, croisement, etc. 1 vol. in-8, 260 pages.   3 fr.

GAYOT (EUGÈNE). **L'agriculture** en 1862, exposition et concours. 1ʳᵉ année. 1 vol. in-12, 358 pages.   3 fr.

— **L'agriculture** en 1863, exposition et concours à travers champs. 2ᵉ année. In-12, 316 pages.   3 fr.

GÉRADON (DE). **Code des campagnards**. 1 vol. in-12, 226 p. 2 fr.

GODARD (C.-N.-J.). **La vie rurale**, contenant tout ce qui a rapport à la basse-cour et aux animaux domestiques, l'explication de l'influence de la nourriture et des soins sur les animaux, en général, et sur la vache laitière en particulier, suivie des causes qui contribuent à leur dégénération, ainsi que d'un grand nombre de renseignements, de comparaisons et d'observations très-utiles pour tous; des principes et méthodes de culture pour les arbres, les fleurs, les fruits, les pépinières, les vignes, les vignobles, la taille, la greffe des arbres et la multiplication des végétaux en général, etc. 1 volume in-12 de 200 pages.   3 fr.

GOSSIN. **Principes d'agriculture** appliqués aux diverses parties de la France. In-4, 402 pages et 39 planches.   60 fr.

— Le même ouvrage en 2 volumes in-12, XLV-1165 pages et une carte coloriée.   10 fr.

Paris. — Imprimerie de P.-A. Bourdier et Cie, rue des Poitevins, 6.